LA

SCIENCE ÉLÉMENTAIRE

LECTURES POUR TOUTES LES ÉCOLES

PAR

J.-HENRI FABRE

Ancien élève de l'École normale primaire de Vaucluse,
Docteur ès-sciences, Correspondant du ministère de l'Instruction publique,
Lauréat de l'Institut et de la Sorbonne,
Officier de l'Instruction publique, Chevalier de la Légion d'honneur.

LECTURES SCIENTIFIQUES

ZOOLOGIE

PARIS
CH. DELAGRAVE ET Cie, LIBRAIRES-ÉDITEURS
58, RUE DES ÉCOLES, 58

LA SCIENCE ÉLÉMENTAIRE

LECTURES SCIENTIFIQUES

ZOOLOGIE

A la même librairie

OUVRAGES DU MÊME AUTEUR

(LA SCIENCE ÉLÉMENTAIRE, LECTURES POUR TOUTES LES ÉCOLES).

Chimie agricole. In-12, cartonné, avec fig........................ 1 25
Physique. In-12, cartonné, avec fig........................ 2 »
La Terre. In-12, cartonné, avec fig........................ 2 »
Le Ciel. In-12, cartonné, avec fig........................ 2 »
Les Ravageurs. In-12, cartonné, avec fig........................ 1 25
Les Auxiliaires. In-12, cartonné, avec fig........................ 2 »
Les Serviteurs. In-12, cartonné, avec fig........................ 2 »
Zoologie. — Lectures scientifiques. In-12, cartonné, avec fig.......... 2 »
Botanique. — Lectures scientifiques. In-12, cartonné, avec fig......... 2 »
La Plante. In-12, cartonné, avec fig........................ 2 »

COURS COMPLET DE SCIENCES.

Nouvelle Arithmétique. In-12, cartonné........................ 1 50
Solutions raisonnées des problèmes d'arithmétique. In-12, broché.... 1 75
Géométrie. In-12, cartonné........................ 2 50
Algèbre et Trigonométrie. In-12, cartonné........................ 2 50
Physique. In-12, cartonné, avec fig........................ 3 50
Chimie. In-12, cartonné, avec fig........................ 3 50
Mécanique. In-12, cartonné, avec fig........................ 2 »
Cosmographie. In-12, cartonné, avec fig........................ 3 50
Géographie. In-12, cartonné, avec fig........................ 2 50

ENSEIGNEMENT SPÉCIAL.

Physique, 1re année. In-12, cartonné, avec fig........................ 3 50
Physique, 2e année. In-12, cartonné, avec fig........................ 4 »
Physique, 3e année. In-12, cartonné, avec fig........................ 4 »
Chimie, 1re année. In-12, cartonné, avec fig........................ 1 50
Chimie, 2e année. In-12, cartonné, avec fig........................ 3 50
Chimie, 3e année. In-12, cartonné, avec fig........................ 5 »

ENSEIGNEMENT CLASSIQUE.

Leçons de choses (*classe préparatoire*). In-12 cart., avec fig.......... » »
Histoire naturelle, animaux et végétaux (*cl. de* 8e). In-12, cart. av. fig. » »
— — pierres et terrains (*cl. de* 7e). In-12, cart. av. fig.. 2 »
Premiers éléments de Sciences expérimentales (*cl. de* 7e). In-12, cartonné, avec fig........................ 1 50
Notions élémentaires de Physique (*cl. de* 6e). In-12, cart. av. fig... 2 50
Notions élémentaires de Chimie (*cl. de* 6e). In-12, cart. avec fig.... 1 80
Zoologie (*cl. de* 5e). In-12, cartonné, avec fig........................ » »
Botanique et Géologie (*cl. de* 4e). In-12, cart. avec fig.............. »

ENSEIGNEMENT PRIMAIRE.

Le Livre d'histoires. In-12, cartonné, avec fig........................ 1 50
Le Livre des champs. In-12, cartonné, avec fig........................ 1 50
Aurore. — Cent récits sur des sujets variés. In-12, cartonné, avec fig... 1 50
Le Ménage. — Causeries d'Aurore sur l'économie domestique. In-12, cartonné, avec fig........................ 1 50
L'Industrie. — Simples récits de l'oncle Paul. In-12, cartonné......... 1 50
Arithmétique des écoles primaires. In-12, cartonné................ » 70
Arithmétique agricole. In-12, cartonné........................ 1 25

COURS COMPLET D'INSTRUCTION ÉLÉMENTAIRE.

Astronomie. In-18, cartonné, avec fig........................ 1 50
Physique. In-18, cartonné, avec fig........................ 1 50
Chimie. In-18, cartonné, avec fig........................ 1 50
Arithmétique. In-18, cartonné........................ 1 50
Botanique. In-18, cartonné, avec fig........................ 1 50
Zoologie. In-18, cartonné, avec fig........................ 1 50
Géologie. In-18, cartonné, avec fig........................ 1 50
Histoire naturelle. In-18, cartonné, avec fig........................ 1 50
Géographie. In-18, cartonné, avec fig........................ 1 50

LA

SCIENCE ÉLÉMENTAIRE

LECTURES POUR TOUTES LES ÉCOLES

PAR

J.-Henri FABRE

Ancien élève de l'École normale primaire de Vaucluse,
Docteur ès sciences, Correspondant du ministère de l'instruction publique,
Lauréat de l'Institut et de la Sorbonne,
Officier de l'Instruction publique, Chevalier de la Légion d'honneur.

LECTURES SCIENTIFIQUES

ZOOLOGIE

PARIS
LIBRAIRIE CH. DELAGRAVE
15, RUE SOUFFLOT, 15

1882

LECTURES SCIENTIFIQUES

ZOOLOGIE

> Legi aliquot Dei vestigia per creata rerum, in quibus omnibus, etiam in minimis, ut ferè nullis, quæ vis, quanta sapientia, quàm inextricabilis perfectio.
>
> LINNÉ, *Systema naturæ*.

I

L'Orang-Outang.

Ce grand singe ne se trouve qu'à Sumatra et à Bornéo. Il reçoit des Malais le nom d'*Orang-Outang*, qui signifie *homme des bois*.

Les forêts sauvages et touffues, où les rayons du soleil ne pénètrent qu'avec peine, servent de retraite ordinaire aux Orangs. Pendant le jour, on les voit parcourir la cime des arbres. Il est rare qu'ils en descendent pour attaquer les hommes qui les poursuivent; on cite cependant plusieurs exemples de naturels terrassés et même tués par ces animaux, dont la force est prodigieuse. Vers le déclin du jour, ils se blottissent dans l'épaisseur du feuillage pour se mettre à l'abri du froid et du vent, et leur gîte pendant la nuit est la cime fourrée de quelque arbre touffu, tel que le pandanus; souvent aussi ils se cachent dans quelque grosse touffe des orchidées qui croissent sur ces arbres gigantesques. En quelque lieu qu'ils passent la nuit, ils disposent leur gîte en forme d'aire, le garnissent de feuilles et le recouvrent de branches. C'est là, à une dizaine de mètres environ au-dessus du sol, que les Orangs se retirent. Ils dorment couchés sur le dos ou sur le côté, les membres repliés vers le corps, et l'un des bras étendus sous la tête, qui repose dans la main. Quelquefois aussi ils se croisent les bras sur la poitrine. Pendant les nuits froides ou pluvieuses, ils se protègent le corps en le recouvrant de feuilles; et ils ne sortent de leur retraite que lorsque le soleil a dissipé les brouillards du matin.

La manière dont ils grimpent aux arbres et se promènent sur les branches leur donne une apparence de circonspection réfléchie, que l'on ne trouve pas ordinairement chez les quadrumanes; et, sous ce rapport, leurs mouvements ressemblent plus à ceux de l'homme. C'est avec la même prudence qu'ils passent d'un arbre à l'autre, ayant soin de choisir les endroits où les rameaux s'entrecroisent; ils les réunissent, s'étendent de toute leur longueur sur ces ponts improvisés et en essayent la solidité avant d'en risquer le passage.

La nourriture des Orangs-Outangs consiste principalement en fruits. Il en résulte pour eux des habitudes plus ou moins nomades, suivant les saisons. C'est ainsi qu'ils se montrent dans les parties méridionales de Bornéo pendant les mois d'avril et de mai, époque de la maturité des fruits du figuier des teinturiers, dont eux et quelques autres singes sont très friands. Passé cette époque, on ne les voit plus dans ces localités. Les Orangs mangent aussi les bourgeons, les feuilles et les fleurs de divers arbres et arbustes; mais, d'après le dire des naturels, ils ne font jamais usage de nourriture animale. Un Orang, haut de quatre pieds, que l'on avait réussi à prendre vivant après l'avoir blessé, n'a jamais voulu toucher à aucune espèce de viande, soit crue, soit cuite. Lorsqu'un être vivant, un poulet par exemple, l'approchait de trop près et venait ainsi le déranger, il le saisissait et le lançait loin de lui avec mécontentement.

Cet Orang était extrêmement sauvage; bien que souffrant des blessures que lui avaient faites les flèches empoisonnées des chasseurs, il était resté intraitable. Son œil perçant, son regard farouche et son extrême force musculaire le rendaient redoutable. Il était faux et méchant. Presque toujours accroupi, il se levait lentement, et, saisissant le moment opportun, il se lançait avec impétuosité sur l'objet qui lui portait ombrage, dirigeant le plus souvent une de ses mains vers la figure des personnes les plus rapprochées des barreaux de sa cage. Tant que cet animal a vécu, on n'a pu lui faire prendre pour nourriture que du riz cuit, préparé en boulettes et froid. Il ne cherchait pas à mordre, mais il paraissait user de ses bras vigoureux comme unique moyen de défense, et se fier particulièrement à l'extrême force de ses mains.

Les Malais chassent les Orangs-Outangs avec des flèches empoisonnées, et les poursuivent jusqu'à ce que ces animaux, saisis de convulsions par la violence du poison, se laissent tomber à terre. Alors on les achève avec de longues piques. Lorsque l'Orang se sent grièvement blessé, il monte incontinent sur la cime de l'arbre où il se trouve, ou bien, lorsque cet arbre ne lui paraît pas assez élevé, il passe sur un autre qui puisse mieux le mettre à l'abri des flèches. Pendant ce temps, il fait entendre sa voix mugissante, qui ressemble à celle de la panthère. Ne pouvant assouvir sa rage contre ses ennemis, il s'en prend aux branches de l'arbre, casse des bûches de la grosseur du bras et les lance à terre, de façon que toute la cime est souvent dévastée pendant cette ascension tumultueuse. Il est probable que cette manière de fuir a pu fournir matière à tous ces contes exagérés relatifs aux projectiles que les Orangs lanceraient contre ceux qui les attaquent, ce qui est complètement faux, les grosses branches qu'ils cassent échappant aussitôt de leurs mains et tombant à terre.

L'Orang-Outang ne montre pas les dents à son adversaire comme le font beaucoup de singes, il n'en fait aucun usage pour mordre. Sa véritable force réside uniquement dans ses muscles. Malheur à qui serait enlacé par ses bras vigoureux ! La prudence et la ruse viennent à son secours. Il a le sens de l'ouïe très délicat, et, au moindre bruit qu'il entend, sa défiance le met en éveil. La voix ou les pas d'un ennemi qui se dirige vers son gîte, le frottement des feuilles ou des fougères que l'on traverse, l'avertissent et lui commandent la retraite. Alors il se glisse furtivement dans les touffes les plus épaisses du feuillage, et il s'y tient immobile jusqu'à ce que le danger soit passé.

Quoique ses yeux aient beaucoup de vivacité et montrent de l'expression, l'Orang semble néanmoins avoir la vue basse. Lorsque, en captivité, on lui montre des fruits cultivés, son avidité pour les posséder est extrême. Aussitôt qu'il les tient, il les regarde de près, les tâte, les soumet à l'odorat et les rejette souvent ensuite avec indifférence. Tout ce qui lui tombe sous la main est aussitôt porté à peu de distance des yeux, et bientôt après au-devant des narines, ce qui fait soupçonner qu'il a ce sens aussi peu développé que la vue. Les lèvres remplissent chez lui les principales fonctions tactiles, surtout la lèvre inférieure, qu'il a la facilité d'allonger et d'étendre d'une manière remarquable. Pour boire, il se sert de la main et laisse couler l'eau qu'elle peut contenir dans cette même lèvre inférieure, qui s'allonge alors en gouttière.

L'Orang est morne et sédentaire, même à l'état de liberté. Le besoin de nourriture semble seul le faire sortir de sa paresse ordinaire et l'engager à prendre du mouvement. Aussitôt repu, il reprend sa pose favorite : l'attitude accroupie, le dos courbé, la tête penchée sur la poitrine, le regard fixement dirigé au-dessous, quelquefois retenu à une branche par l'un de ses bras étendus, le plus souvent les deux bras pendant le long du corps. Il reste ainsi des heures entières, en faisant entendre par intervalles un son morne et bourdonnant.

S. Muller.

Un de ces animaux fut pris par l'équipage d'un brick anglais en relâche sur les côtes de Sumatra.

Ayant été avertis qu'un animal de grandes dimensions se trouvait sur un arbre du voisinage, les gens du brick résolurent de s'en emparer. Plusieurs chasseurs du pays partirent avec eux. C'était un vieil Orang. A leur approche, celui-ci descendit de l'arbre sur lequel il était; mais, quand il vit qu'on s'apprêtait à l'attaquer, il se réfugia sur un autre. Dans sa fuite, il rappelait l'aspect d'un homme de la plus grande taille, dont la démarche serait chancelante et qui, pour ne pas trébucher, appuierait de temps à autre ses mains sur le sol ou s'aiderait d'un bâton. Il cheminait alors assez doucement. Bientôt on jugea de sa force et de son agilité lorsqu'il fut parvenu sur une cime. Ce n'est qu'après avoir abattu plusieurs arbres qu'on réussit à l'isoler. Il fut alors atteint de cinq balles, dont une parut lui avoir traversé le ventre. Ses forces s'épuisèrent avec rapidité et semblèrent complètement éteintes. Néanmoins il se tenait toujours debout dans le feuillage. La surprise des chasseurs fut grande, lorsque, après avoir forcé son dernier asile, ils le virent se relever avec vigueur et s'élancer aussitôt sur d'autres arbres. Mais bientôt il retomba presque mourant, et tout annonçait qu'il allait rendre le dernier soupir. Les marins, se croyant assurés de leur proie, voulurent s'en emparer, mais le malheureux animal recueillit ce qui lui restait de forces et se mit en posture de se défendre. Assailli à coups de piques, il brisa l'une d'elles comme un faible roseau. Mais cet effort l'épuisa, et, renonçant à une défense inutile, il prit, assure-t-on, l'expression de la douleur suppliante. La manière piteuse avec laquelle il regardait les larges blessures dont il était couvert toucha tellement les chasseurs, qu'ils commencèrent à se reprocher l'acte de barbarie qu'ils avaient commis sur une créature qui leur semblait presque humaine, par la manière dont elle exprimait ses douleurs autant que par ses formes corporelles.

CLARK-ABEL.

Un jeune Orang élevé en domesticité a été pour F. Cuvier le sujet des observations suivantes :

Je l'ai vu très souvent se jeter à terre et pousser des cris de douleur en se frappant la tête, pour témoigner ainsi son impatience dès qu'on lui refusait quelque chose qu'il désirait vivement. Dans sa colère, il relevait la tête de temps en temps et suspendait ses cris pour regarder les personnes qui étaient près de lui, et voir s'il avait produit quelque effet sur elles et si elles se disposaient à lui céder. Lorsqu'il croyait ne rien apercevoir de favorable dans les regards ou dans les gestes, il recommençait à crier. Le besoin d'affection portait ordinairement notre Orang-Outang à rechercher les personnes qu'il connaissait et à fuir la solitude, qui paraissait beaucoup lui déplaire. Ce besoin le poussa un jour à un trait remarquable d'intelligence. On le tenait dans une pièce voisine du salon où l'on se rassemblait habituellement; plusieurs fois il avait monté sur une chaise pour ouvrir la porte du salon; la place ordinaire de cette chaise était près de la porte, et la serrure se fermait avec un pène. Une fois, pour l'empêcher d'entrer, on avait ôté la chaise du voisinage de la porte; mais, à peine celle-ci fut-elle fermée, qu'on la vit s'ouvrir, et l'Orang descendre de cette même chaise qu'il avait apportée pour s'élever au niveau de la serrure.

Notre animal avait pris pour deux petits chats une affection qui ne lui était pas toujours agréable. Il tenait ordinairement l'un ou l'autre sous son bras, et, d'autres fois, il se plaisait à les placer sur sà tête. Mais, comme dans ces divers mouvements les chats éprouvaient souvent la crainte de tomber, ils s'accrochaient avec leurs griffes à la peau de l'Orang, qui souffrait avec beaucoup de patience la douleur qu'il en ressentait. Deux ou trois fois, il examina attentivement les pattes de ses compagnons, et, après avoir découvert leurs ongles, il chercha à les arracher, mais avec ses doigts seulement. N'ayant pu le faire, il se résigna à souffrir plutôt que de sacrifier le plaisir qu'il trouvait à jouer avec eux.

Pour manger, il prenait les aliments avec ses mains ou avec ses lèvres. Il n'était pas fort habile à manier nos instruments de table, mais il suppléait par son intelligence à sa maladresse. Lorsque les aliments qui étaient sur son assiette ne se plaçaient pas aisément sur sa cuiller, il donnait celle-ci à son voisin pour la faire remplir. Il buvait très bien dans un verre en le plaçant entre ses deux mains.

Un jour, après avoir reposé son verre sur la table, il vit qu'il n'était pas d'aplomb et qu'il allait tomber; il plaça sa main du côté où ce verre penchait pour le soutenir.

Notre animal avait été habitué à s'envelopper de couvertures pour se garantir du froid, et il en avait presque un besoin continuel. Sur le vaisseau qui l'avait amené en France, il prenait, pour se coucher, tout ce qui lui paraissait convenable. Aussi, lorsqu'un matelot avait perdu quelques hardes, il était presque toujours sûr de les retrouver dans le lit de l'Orang. Le soin que cet animal prenait à se couvrir le mit dans le cas de nous donner encore une très belle preuve de son intelligence. On mettait tous les jours sa couverture sur un gazon devant la salle à manger, et, après son repas, qu'il faisait ordinairement à table, il allait droit à sa couverture, qu'il plaçait sur ses épaules, et revenait dans les bras d'un petit domestique pour qu'il le portât dans son lit. Un jour qu'on avait retiré la couverture de dessus le gazon et qu'on l'avait suspendue au bord d'une croisée pour la faire sécher, l'Orang alla, comme à l'ordinaire, pour la prendre; mais, ne la voyant pas à sa place ordinaire, il la chercha des yeux et la découvrit sur la fenêtre. Alors il s'achemina vers elle, la prit et revint pour se coucher.

F. Cuvier.

II

Le Chimpanzé.

Les Chimpanzés sont confinés dans les régions brûlantes de l'Afrique, sur les côtes de la Guinée et du Congo. Leur taille est celle de l'homme. Ils sont couverts d'un poil épais et noir. La face approche de la couleur de chair; les oreilles sont grandes et arrondies; le front est peu saillant, même dans le jeune âge; le museau s'allonge moins que celui de l'Orang; il en est de même des bras, moins disproportionnés que ceux de ce dernier. La démarche des Chimpanzés sur le sol est oblique et embarrassée quand elle s'exécute sur les pieds seuls, mais des plus agiles quand les mains viennent l'aider. C'est surtout dans leurs rapides évolutions sur les arbres que se manifestent la souplesse et la force musculaire de leurs membres.

Dans leur bas âge, les Chimpanzés joignent aux formes arrondies des enfants la même pétulance et la même gaieté. Ils ont de la douceur et de la docilité pour apprendre, et un rare esprit d'imitation. On les a vus, dans la domesticité, sérieux, graves, rendre caresses pour caresses, s'attacher à ceux qui leur accordaient de bons traitements, imiter nos actions, s'habituer à nos mets, racheter la gaucherie de leurs gestes par leur sagacité et leur finesse intelligente. Mais avec l'âge ces qualités s'émoussent ; en vieillissant, le Chimpanzé, comme l'Orang, devient morose, triste, bestial.

LESSON.

Le jeune Chimpanzé dont je vais essayer de décrire les mœurs à l'état de captivité a été apporté à Bristol par le capitaine Wood, qui se l'est procuré sur la côte de Gambie. Les naturels qui le lui ont vendu ont prétendu qu'il venait de l'intérieur du pays, d'une distance de cent vingt milles, et qu'il n'était pas âgé de plus d'un an. La mère, qui était avec lui, suivant leur rapport, avait quatre pieds et demi de hauteur, et ce n'est qu'après l'avoir tuée qu'ils ont pu s'emparer du jeune animal.

Ceux qui ont vu notre Chimpanzé se rappelleront sans doute la description, si pénible à lire, qu'a faite le docteur Clark-Abel du meurtre d'un Orang de Sumatra, surtout quand il peint les gestes de cet animal blessé à mort, l'expression toute humaine de ses attitudes et de ses mouvements au milieu des plus cruelles douleurs ; enfin l'émotion qu'éprouvèrent les chasseurs et leurs regrets sur l'acte qu'ils venaient d'accomplir.

Pendant tout le temps de la traversée, notre Chimpanzé était d'une pétulance extrême. Il était libre, montait fré-

Fig. 1. — Le Chimpanzé.

quemment dans les haubans et montrait une vive affection pour les marins qui le traitaient bien.

Je l'ai vu, ce mois-ci, dans la cuisine du gardien de la ménagerie. Il porte une jaquette et repose, comme un enfant, sur les genoux d'une bonne vieille, toutes les fois que celle-ci lui permet d'y monter. Son air est doux et pensif; il ressemble à un petit vieillard flétri par les ans. Ses yeux, sa face sans poil et ridée, ses oreilles semblables à celles de l'homme, quoique plus grandes, rendent la ressemblance assez frappante, quand on ne remarque pas son nez déprimé et sa bouche avancée.

Dès qu'il fut devenu un peu familier avec moi, je lui montrai un jour, en jouant, un miroir, et le mit tout à coup devant ses yeux. Aussitôt il fixa son attention sur ce nouvel objet et passa subitement de la plus grande activité à une immobilité complète. Il examinait le miroir avec curiosité et paraissait frappé d'étonnement. Ensuite il me regarda, puis porta de nouveau ses yeux sur le miroir, passa par derrière, revint par devant, et, pendant qu'il regardait toujours son image, il cherchait, à l'aide de ses mains, à s'assurer s'il n'y avait rien derrière le miroir. Enfin il appliqua ses lèvres sur la surface de celui-ci.

BRODERIP.

Au sujet d'un jeune Chimpanzé qu'il appelle Jocko, Buffon s'exprime ainsi :

Son air était assez triste, sa démarche grave, ses mouvements mesurés, son naturel doux et très différent de celui des autres singes. Il n'avait ni l'impatience du Magot, ni la méchanceté du Babouin, ni l'extravagance des Guenons. Il fallait le bâton pour le Babouin et le fouet pour les autres, qui n'obéissent guère qu'à force de coups; le signe et la parole suffisaient pour le faire agir.

Je l'ai vu présenter sa main pour reconduire les gens qui venaient le visiter, se promener gravement avec eux et comme de compagnie; je l'ai vu s'asseoir à table, déployer sa serviette, s'en essuyer les lèvres, se servir de la cuiller et de la fourchette pour porter les aliments à sa bouche, verser lui-même sa boisson dans son verre, le choquer lorsqu'il y était invité, aller prendre une tasse et une soucoupe, l'apporter sur la table, y mettre du sucre, y verser du thé, le laisser refroidir pour le boire ; et tout cela sans autre instigation que les signes ou la parole de son maître, et souvent de lui-même. Il ne faisait de mal à personne,

Fig. 2. — Tête de Chimpanzé.

s'approchait même avec circonspection et se présentait comme pour demander des caresses. Il mangeait presque de tout, seulement il préférait les fruits mûrs et secs à tous les autres aliments. Il buvait du vin, mais en petite quantité, et le laissait volontiers pour du lait, du thé ou d'autres liqueurs douces.

BUFFON.

Nous avons eu dans ces dernières années un jeune Chimpanzé. J'ai pu l'étudier, et il m'a souvent étonné par son intelligence.

Il faisait tout ce que Buffon avait vu faire à son Jocko.

Il était fort doux, aimait singulièrement les caresses, particulièrement celles des petits enfants. Il jouait avec eux et cherchait à imiter tout ce qu'ils faisaient devant lui.

Il savait très bien prendre la clef de la chambre où il était logé, l'enfoncer dans la serrure et ouvrir la porte. On mettait quelquefois cette clef sur la cheminée; il grimpait alors sur la cheminée au moyen d'une corde suspendue au plancher. On fit un nœud à cette corde pour la rendre plus courte; il défit ce nœud.

Il n'avait pas l'impatience, la pétulance des autres singes; son air était triste, sa démarche grave, ses mouvements mesurés.

J'allai, un jour, le visiter avec un illustre vieillard, observateur fin et profond. Un costume un peu singulier, une démarche lente et débile, un corps voûté, fixèrent, dès notre arrivée, l'attention du jeune animal. Il se prêta, avec complaisance, à tout ce qu'on exigea de lui, l'œil toujours attaché sur l'objet de sa curiosité. Nous allions nous retirer, lorsqu'il s'approcha de son nouveau visiteur, prit avec douceur et malice le bâton qu'il tenait à la main, et feignant de s'appuyer dessus, courbant son dos, ralentissant son pas, il fit ainsi le tour de la pièce où nous étions, imitant ainsi la pose et la marche de mon vieil ami. Il rapporta ensuite le bâton de lui-même, et nous le quittâmes, convaincus que lui aussi savait observer.

P. Flourens.

III

Le Gorille.

Le Gorille, *Engé-éna* des naturels, habite l'intérieur de la Basse-Guinée, tandis que le Chimpanzé, ou *Engé-éko*, se rapproche davantage du bord de la mer. Sa hauteur dépasse cinq pieds; il est démesurément large au niveau des épaules, et couvert d'un pelage noir, épais et grossier, qui devient gris avec l'âge.

Les traits les plus saillants de sa tête consistent dans la grande largeur et l'allongement de la face, la profondeur de la région des joues, les branches de la mâchoire infé-

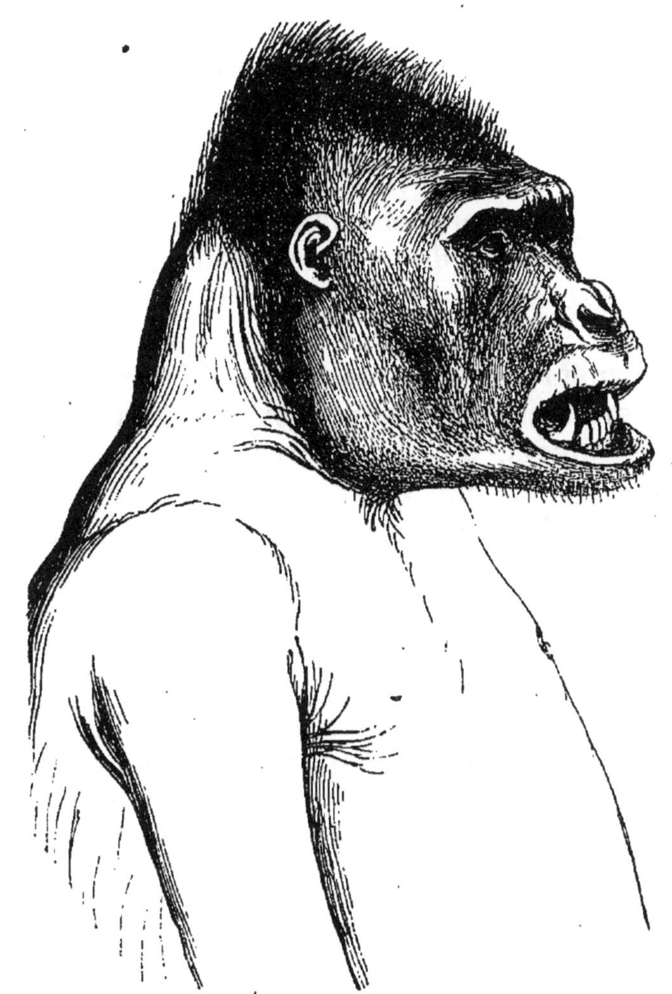

Fig. 3. — Le Gorille.

rieure étant très étendues en arrière, et dans la petitesse relative de la portion crânienne. Les yeux sont très grands, de couleur noisette ; le nez est large et plat, légèrement élevé près de la racine ; le museau est large et proéminent ; les lèvres et le menton ont quelques poils gris épais ; la lèvre inférieure, très mobile, est susceptible de s'allonger beaucoup quand l'animal est en colère, et alors elle pend sur le menton ; la peau de la face et des oreilles est nue et d'un brun foncé approchant du noir. Le caractère le plus remarquable de cette tête est une forte crête médiane de poils, qui rencontre postérieurement une crête transversale semblable s'étendant d'une oreille à l'autre. L'animal a la faculté de mouvoir librement le cuir chevelu en avant et en arrière ; quand il est furieux, il le contracte fortement au-dessus des sourcils en abaissant la crête de poils et redressant ses cheveux en avant, de façon à présenter un aspect féroce au delà de toute expression.

Le cou est court, épais et poilu ; la poitrine et les épaules sont très larges ; les bras, d'une longueur excessive, atteignent un peu au-dessous du genou ; les mains sont très grandes, avec les pouces beaucoup plus gros que les autres doigts. Abdomen très large et proéminent, revêtu de poils plus fins que ceux du dos ; jambes fléchies ; ni queue, ni callosités ; une petite touffe de poils à l'extrémité du coccyx.

Le Gorille n'a pas les allures franches ; il ne se tient jamais droit comme l'homme, mais il est courbé en avant et se meut quelquefois en se roulant, ou bien de droite à gauche. Ses bras étant plus longs que ceux du Chimpanzé, il ne s'abaisse pas autant en marchant. Comme ce dernier, il se meut en avançant les bras, en posant les mains à terre, et en imprimant à son corps un mouvement moitié de saut, moitié de balancement. Dans cet acte, il ne fléchit pas les doigts, comme le fait le Chimpanzé, en s'appuyant sur les jointures, mais il les étend en se faisant un arc-boutant de sa main. Quand il se met dans cette posture, qu'il paraît affectionner beaucoup, il balance son énorme corps en s'élevant sur ses bras.

Ces animaux vivent en troupes. Leurs habitations, si l'on peut se servir de ce mot, rappellent celles des Chimpanzés, et consistent seulement en quelques bâtons et rameaux garnis de feuilles, soutenus par les fourches et les branches des arbres. Elles leur servent seulement pour la nuit. Les naturels se moquent de cette habitude de l'*Engé-éna*. Ils disent qu'il est fou de faire une maison sans toit dans un pays où il pleut si souvent.

Les Gorilles sont excessivement féroces et ont des habitudes constamment offensives ; ils ne fuient jamais devant l'homme, comme le fait le Chimpanzé. Les naturels les redoutent beaucoup et ne les attaquent pas. Le petit nombre d'individus qu'on a pris ont été tués par les chasseurs d'éléphants et les marchands du pays, lorsqu'ils venaient soudainement vers ceux-ci pendant leur passage à travers les forêts.

On rapporte que, quand le mâle est rencontré le premier, il pousse un hurlement terrible, qui résonne au loin dans la forêt, quelque chose comme un *kh-ah! kh-ah!* prolongé et aigu. Ses énormes mâchoises s'ouvrent largement à chaque aspiration ; sa lèvre inférieure pend sur le menton ; la crête de poils et le cuir chevelu se contractent au-dessus des sourcils, ce qui leur donne une physionomie d'une incroyable férocité. Les femelles et les jeunes disparaissent promptement au premier cri. Le Gorille s'approche alors de son ennemi, dans un état de grande fureur et répétant avec rapidité ses cris terribles. Le chasseur attend son approche en tenant le fusil en joue. S'il n'est pas sûr de son coup, il laisse l'animal empoigner le canon, et, au moment où le Gorille le porte à la bouche, comme c'est son habitude, il fait feu. Si le coup ne part pas, le canon du fusil est broyé entre les mâchoires de l'animal, et la rencontre devient fatale au malheureux chasseur.

Le meurtre d'un *Engé-éna* est regardé comme un acte de grande habileté et de courage, et rapporte à son auteur un honneur signalé. Un esclave, revenant de la chasse à l'éléphant, rencontra un *Engé-éna* mâle ; et, comme il était bon tireur, il l'étendit bientôt à terre. Il ne marcha pas longtemps sans rencontrer la femelle, qu'il tua également. Ce haut fait, dont on n'avait pas d'exemple jusque-là, fut considéré comme surhumain. La liberté lui fut immédiatement accordée, et on le proclama le prince des chasseurs.

S. Savage.

La découverte de ce géant des quadrumanes remonte à une très haute antiquité, puisqu'il en est déjà fait mention sous le nom de Gorille dans la relation du voyage en Afrique du navigateur carthaginois Hannon, qui, d'après quelques historiens, vivait environ 500 ans avant notre ère. Dans les temps modernes, Andrew Battell paraît être le premier voyageur qui ait eu de nouveau connaissance de cette grande espèce de singe. Il la décrit sous le nom de Pongo. Il assure que ce Pongo est communément de la hauteur de l'homme, mais que son corps est plus gros et fait à peu près le double du volume d'un homme ordinaire. On ne peut, dit-il, prendre les Pongos vivants, parce qu'ils sont si forts, que dix hommes ne suffiraient pas pour en dompter un seul. Ces récits, ainsi que beaucoup d'autres de divers voyageurs, étaient regardés comme exagérés, lorsque la monstrueuse bête est parvenue en Europe par les soins du docteur S. Savage.

La hauteur du Gorille, mesurée en ligne droite du talon au sommet de la tête, est de 1 mètre 60 centimètres ; mais sa poitrine est beaucoup plus large que celle de l'homme, et ses extrémités supérieures beaucoup plus longues et plus fortes. La puissance des bras et de la poignée de ce formidable animal doit être prodigieuse. Les membres inférieurs sont proportionnellement plus courts que chez l'homme, mais cependant d'une grande force. L'ensemble de l'organisation montre que le Gorille est impropre à la station verticale et doit marcher à terre, la tête et le tronc inclinés en avant, peut-être en s'appuyant sur un bâton. On reconnaît en outre que l'animal est particulièrement conformé pour grimper sur les arbres. On le rencontre principalement sur la côte occidentale de l'Afrique tropicale, dans le district de Gabon et près de la rivière Danger. Les nègres de ce pays recueillent l'huile de palme et l'ivoire pour les échanger contre les marchandises des Européens, et c'est dans leurs excursions à la recherche de l'Éléphant qu'ils rencontrent le Gorille, ennemi plus redouté que le Lion. Ses canines sont si grandes et ses mâchoires si puissantes, que les blessures qu'elles font sont très dangereuses et souvent mortelles. Mais la principale force de ce géant des quadrumanes réside dans l'étreinte de ses longues mains, avec lesquelles il étrangle rapidement son ennemi. A moins que les nègres n'aient le bonheur de tuer d'une balle ou de blesser grièvement le Gorille, au moment où il s'avance vers eux pour les attaquer, ils sont ordinairement dispersés et mis en fuite ou laissés morts sur le champ de bataille. Cette formidable espèce de singe n'a jamais été vue vivante en Europe.

R. OWEN.

Hannon, dans son *Périple*, mentionne certainement sous le nom de Gorille ce grand singe, voisin de l'Ourang-Outang et du Chimpanzé.

Périple d'Hannon, suffète des Carthaginois.

Les Carthaginois ont décrété qu'Hannon naviguerait hors des Colonnes d'Hercule et fonderait des villes. Il a appareillé, emmenant soixante vaisseaux et trente mille Liby-Phéniciens, tant hommes que femmes, des vivres et autres objets.

Après avoir levé l'ancre, nous avons dépassé les Colonnes, navigué pendant deux jours hors du détroit et fondé la première ville, que nous avons nommée *Thymiaterion* (Dumathir). Au-dessous était une grande plaine.

Ensuite, ayant mis le cap au couchant, nous sommes arrivés à Solvé, promontoire de Libye, couvert d'arbres touffus.

De là, après avoir construit un temple à Neptune, nous avons navigué pendant une demi-journée vers le soleil levant, jusqu'à ce que nous soyons arrivés dans un lac peu éloigné de la mer, rempli de nombreux et grands roseaux. Il y avait là un grand nombre d'éléphants et d'autres bêtes sauvages qui prenaient leur pâture . . . .

. . . . . . Après deux jours de navigation, nous entrâmes dans un golfe de mer incommensurable (*le golfe de*

Guinée), lequel, des deux côtés, offrait uue terre plate d'où, pendant la nuit, nous vîmes des feux qui se portaient de tous côtés et qui changeaient de place, tantôt plus, tantôt moins grands.

Après avoir fait de l'eau, nous naviguâmes, pendant cinq jours, le long de la terre, jusqu'à ce que nous fussions arrivés dans un grand golfe que nos interprètes nous dirent qu'on appelait la *Corne occidentale*. Dans ce golfe était une grande île (*l'île Harang*), et dans cette île un grand estuaire marin. De cet estuaire s'élevait une autre île dans laquelle, étant descendus, nous ne vîmes, pendant le jour, rien que des forêts, mais, pendant la nuit, beaucoup de feux allumés, et nous entendîmes la voix des flûtes, un immense tapage et grand bruissement de cymbales et de tambour. La peur nous prit, et les devins nous ordonnèrent d'abandonner l'île.

Ayant promptement appareillé, nous passâmes le long d'un pays tout en feu qui exhalait un parfum d'encens ; et des ruisseaux de feu coulaient de cette côte à la mer. Étant effrayés, nous appareillâmes, et, pendant quatre jours de navigation, nous vîmes toujours la terre, pendant la nuit, remplie de flammes (*c'était à coup sûr des courants de laves*). Au milieu était un feu très élevé, plus grand que les autres (*le sommet du cratère*), et qui nous semblait toucher aux astres. Pendant le jour, cette montagne nous a paru la plus grande de toutes. On l'appelait le Char des Dieux (*c'était un volcan en ignition*).

Après avoir navigué pendant trois jours le long de ces ruisseaux enflammés, nous arrivâmes dans le golfe appelé la *Corne du Sud*.

Dans le fond de ce golfe était une île, semblable à la première, qui avait un lac, et, dans ce lac, était une autre île remplie d'hommes sauvages velus sur tout le corps (*Hannon prend les grands singes pour des hommes sauvages*). En beaucoup plus grand nombre étaient les femmes. Nos interprètes les appelaient *Gorilles*. Nous les poursuivîmes, mais nous ne pûmes prendre les hommes ; tous nous échappaient par leur grande agilité, étant *cremnobates* (*c'est-à-dire grimpant sur les rocs les plus escarpés et les troncs d'arbres les plus droits*), et se défendant en nous lançant des pierres. Nous ne prîmes que trois femmes, qui, mordant et déchirant ceux qui les emmenaient, ne voulurent pas les suivre. On fut forcé de les tuer. Nous les écorchâmes et nous portâmes leurs peaux à Carthage ; car nous ne naviguâmes pas plus avant, les vivres nous ayant manqué.

Tel est le raport officiel lu au sénat de Carthage par l'amiral commandant cette expédition maritime, composée de soixante vaisseaux de guerre et portant, sur des vaisseaux de charge, trente mille Liby-Phéniciens, hommes et femmes, destinés à former des colonies et des comptoirs dans des positions avantageuses sur cette vaste côte de l'Afrique occidentale. Ce rapport fut déposé, consacré par Hannon, dans le temple de Saturne à Carthage. De même les trois Gorilles femelles prises par lui, et nommées par Pline Gorgones, furent consacrées par Hannon dans le temple de Junon (*Astarté*) ; tout cela dans le même but, celui d'attester la véràcité, l'étendue et la limite de ce périple partant des Colonnnes d'Hercule et arrivant à l'équateur, après avoir longé toute la côte occidentale de l'Afrique. « Hannon, dit Pline, rapporta du pays des Éthiopiens des corps velus de femmes, les hommes s'étant échappés, grâce à leur grande agilité. En preuve de la vérité de ses assertions, Hannon avait placé et consacré ces Gorgones empaillées dans le temple de Junon, où on les a vues jusqu'à la prise de Carthage. »

Ces peaux se sont donc conservées saines et entières, avec leurs poils, pendant trois cent quarante-cinq ans, car le périple d'Hannon a été exécuté cinq cent dix ans avant la naissance de Jésus-Christ, époque de la création du consulat et du premier traité de Rome avec Carthage ; et la prise de Carthage a eu lieu cent quarante-six ans avant l'ère vulgaire.

DUREAU DE LAMALLE.

IV

La chasse au Lion.

A cinq heures du soir, j'arrivai à un douar des Ouled-Bou-Azizi, situé à une demi-lieue du repaire de ma bête, qui, au dire des vieillards, avait élu domicile dans la montagne voisine depuis plus de trente ans. J'appris en arrivant que, tous les soirs, au coucher du soleil, le lion rugissait en quittant son repaire, et qu'à la nuit il descendait dans la plaine, toujours rugissant. Sa rencontre me parut presque infaillible ; aussi m'empressai-je de charger les deux fusils que j'avais. A peine avais-je terminé cette opération, que j'entendis le lion rugir dans la montagne. Mon hôte s'offrit de m'accompagner jusqu'au gué que le lion devait franchir en quittant la montagne. Je lui donnai mon second fusil, et nous partîmes.

Il faisait noir à ne pas se voir à deux pas. Après avoir marché pendant un quart d'heure environ à travers bois, nous arrivâmes sur le bord d'un ruisseau qui roule au pied de la montagne. Mon guide, très ému par les rugissements qui se rapprochaient, me dit : « Le gué est là. » Je cherchai à reconnaître la position ; tout, autour de moi, était noir ; je ne voyais même pas mon Arabe, qui me touchait. Ne pouvant rien distinguer par les yeux, je me mis à descendre jusqu'au ruisseau pour rencontrer, en tâtant avec la main, quelque voie de cheval ou de troupeau. C'était bien un gué très encaissé et dont les abords étaient difficiles.

Ayant trouvé une pierre qui pouvait me servir de siège, tout à fait au bord du ruisseau et un peu en dehors du gué, je renvoyai mon guide, qui ne demandait pas mieux. Pendant que je cherchais à prendre connaissance du terrain, il ne cessait de me dire :

« Rentrons au douar, la nuit est trop noire, nous chercherons le lion demain pendant le jour. »

N'osant se rendre au douar tout seul, il se blottit dans

un massif de lentisques, à une cinquantaine de pas de moi. Après lui avoir ordonné de ne pas bouger quoi qu'il pût entendre, je pris position sur ma pierre.

Fig. 4. — Le Lion.

Le lion rugissait toujours et se rapprochait. Ayant tenu mes yeux fermés pendant quelque temps, je finis par voir, en les ouvrant, qu'à mes pieds était un talus vertical créé sans doute par un débordement du ruisseau qui coulait à plusieurs mètres plus bas ; à ma gauche et au bout du canon de mon fusil, se trouvait le gué. Mon plan fut aussitôt arrêté : s'il m'était possible de voir le lion dans le lit du ruisseau, je devais le tirer là, le talus pouvant me sauver si j'étais assez heureux pour le blesser grièvement.

Il pouvait être neuf heures, quand un rugissement se fit entendre à cent mètres au delà du ruisseau. J'armai mon fusil, et, le coude sur le genou, la crosse à l'épaule, les yeux fixés sur l'eau, que je distinguais par moments, j'attendis.

Le temps commençait à me paraître long, quand, de la rive opposée du ruisseau et juste en face de moi, s'échappa un soupir long, guttural, qui avait quelque chose du râle d'un homme à l'agonie. Je levai les yeux dans la direction de ce son étrange, et j'aperçus, braqués sur moi comme deux charbons ardents, les yeux du lion. La fixité de ce regard, qui jetait une clarté blafarde, n'éclairant rien, pas même la tête de l'animal, fit refluer vers mon cœur tout ce que j'avais de sang dans les veines. Une minute avant je grelottais de froid, maintenant la sueur ruisselait sur mon front.

Quiconque n'a pas vu un lion adulte à l'état sauvage peut croire à la possibilité d'une lutte corps à corps à l'arme blanche avec cet animal ; celui qui en a vu un sait que l'homme aux prises avec le lion est la souris dans les griffes du chat. J'avais déjà tué deux lions ; le plus petit pesait cinq cents livres ; il avait, d'un coup de griffe, arrêté un cheval au galop ; cheval et cavalier étaient restés sur place. Depuis cette époque, je connaissais suffisamment leurs moyens pour savoir à quoi m'en tenir. Aussi le poignard n'a jamais été, dans mon esprit, une arme de salut.

Mais voilà ce que je me disais : Dans le cas où une ou deux balles ne tueraient pas le lion (chose très possible), quand il bondira sur moi, si je résiste au choc, je ferai en sorte de lui faire avaler mon fusil jusqu'à la crosse, puis, si ses griffes puissantes ne m'ont ni terrassé ni harponné, je jouerai du poignard dans la région du cœur.

Je venais donc de tirer mon poignard du fourreau et de le planter dans la terre, à portée de la main, quand les yeux du lion commencèrent à descendre vers le ruisseau.

Fig. 5. — Tête de Lion, vue de face.

Je fis mentalement mes adieux et la promesse de bien mourir à ceux qui me sont chers, et, lorsque mon doigt chercha doucement la détente, j'étais moins ému que le lion qui allait se mettre à l'eau.

J'entendis son premier pas dans le ruisseau, qui courait rapide et bruyant ; puis... plus rien. S'était-il arrêté ? Marchait-il vers moi ? Voilà ce que je me demandais en cherchant à percer le voile noir qui enveloppait tout autour de moi, lorsqu'il me sembla entendre, là, tout près, à ma gauche, le bruit de son pas dans la boue. Il était, en effet, sorti du ruisseau et montait doucement la rampe du gué, lorsque le mouvement que je venais de faire le fit s'y arrêter.

Il était à quatre ou cinq pas de moi et pouvait arriver d'un bond. Il est inutile de chercher le guidon lorsqu'on ne voit pas le canon de son fusil. Je tirai au juger. Au coup de feu, je vis une masse énorme, sans forme aucune et à tous crins. Un rugissement épouvantable déchira l'air ; le lion était hors de combat. Au premier cri de douleur succédaient des plaintes sourdes, menaçantes. J'entendis l'animal se débattre dans la boue, sur le bord du ruisseau ; puis il se tut.

Le croyant mort, ou tout au moins hors d'état de se tirer de là, je rentrai au douar avec mon guide, qui, ayant tout entendu, était persuadé que le lion était à nous. Il va sans dire que je ne fermai pas l'œil de la nuit.

A la pointe du jour, nous arrivâmes au gué ; point de lion. Un os, gros comme le doigt, que nous trouvâmes au milieu du sang que l'animal avait perdu en abondance, me fit juger qu'il avait une épaule cassée. Une racine énorme avait été coupée par la gueule du lion contre le talus du gué, à un demi-mètre de l'endroit où j'étais assis. La douleur qu'il dut éprouver dans ce mouvement offensif, qui le renvoya en arrière, causa sans doute les plaintes que j'avais entendues et le fit renoncer à une seconde attaque. Nous suivîmes en vain ses traces par le sang ; le ruisseau qu'il avait descendu nous les fit perdre ce jour-là.

Le lendemain, les Arabes du pays vinrent me proposer de le chercher avec moi. Nous étions soixante, les uns à pied, les autres à cheval. Après quelques heures de recherches inutiles, je rentrai au douar et me disposais à partir, quand j'entendis plusieurs coups de feu et des hourras du côté de la montagne. Il n'y avait pas à en douter, c'était mon lion. Je partis au galop.

Les Arabes fuyaient dans toutes les directions en criant comme des forcenés. Quelques-uns avaient mis le ruisseau entre le lion et eux ; d'autres, plus hardis parce qu'ils étaient à cheval, l'ayant vu se traîner avec peine vers la montagne qu'il cherchait à gagner, s'étaient réunis au nombre de dix pour l'achever (disaient-ils). Le cheik les commandait. Je venais de passer le ruisseau et j'allais descendre de cheval, lorsque je vis les cavaliers, le cheik en tête, tourner bride au galop de charge.

Fig. 6. — Tête de Lion, vue de profil.

Le lion, avec ses trois jambes, franchissait derrière eux et mieux qu'eux les rochers et les lentisques, et poussait des rugissements qui mirent les chevaux dans un état tel, que les cavaliers n'en étaient plus maîtres. Les chevaux couraient toujours, mais le lion s'était arrêté dans une clairière, fier et menaçant. Qu'il était beau avec sa gueule béante, jetant à tous ceux qui étaient là des menaces de mort! Qu'il était beau avec sa crinière noire hérissée, avec sa queue qui frappait ses flancs de colère!

De la place où j'étais au lion, il pouvait y avoir trois cents pas. Je mis pied à terre et appelai un des Arabes qui se tenaient à l'écart, pour prendre mon cheval. Plusieurs accoururent, et force me fut, pour ne pas être remis sur mon cheval et emmené au loin, de laisser entre leurs mains le burnous par lequel ils me tenaient. Quelques-uns essayèrent de me suivre pour me dissuader ; mais, à mesure que je doublais l'allure en marchant vers le lion, leur nombre diminuait. Un seul resta, c'était mon guide du premier jour, il me dit :

« Je t'ai reçu sous ma tente, je réponds de toi devant Dieu et devant les hommes ; je mourrai avec toi. »

Le lion avait quitté la clairière pour s'enfoncer dans un massif à quelques pas de là. Marchant avec précaution, toujours prêt à faire feu, j'essayai en vain de suivre ses traces : le sol était rocailleux, et l'animal ne laissait plus de sang. Je venais de fouiller un à un les arbres du massif, lorsque mon guide, qui était resté au dehors, me dit :

« La mort ne veut pas de toi : tu as passé près du lion à le toucher. Si tes yeux s'étaient rencontrés avec les siens, tu étais mort avant d'avoir pu faire feu. »

Je lui ordonnai de jeter des pierres dans le repaire. A la première qu'il jeta, un lentisque s'ouvrit, et le lion, après avoir regardé de tous côtés, fit un bond vers moi. Il était à dix pas, la queue droite, la crinière sur les yeux, le cou tendu, la jambe cassée pendante. Dès qu'il avait paru, je m'étais assis, cachant derrière moi l'Arabe, qui me gênait par les : *feu! feu! feu donc!* qu'il mêlait à ses prières. A peine avais-je épaulé mon fusil, que le lion se rapprocha par un petit bond de quatre à cinq pas qui allait probablement être suivi d'un autre, lorsque, frappé à un pouce au-dessus de l'œil droit, il tomba.

Mon Arabe rendait déjà grâces à Dieu, quand le lion se mit sur son séant, puis se leva debout sur ses jarrets comme un cheval qui se cabre. Une autre balle, plus heureuse, trouva le cœur et le renversa, cette fois roide mort.

En faisant l'autopsie de ce lion à Bône, je découvris que la deuxième balle avait entamé l'os frontal sans le briser. Elle était aplatie sur l'os, large comme la paume de la main et épaisse comme dix feuilles de papier.

Jules Gérard.

V

La fosse aux Loups.

Le fermier me demanda si je voulais visiter avec lui quelques fosses à loups, qu'il avait établies dans le voisinage. J'accédai bien volontiers à sa proposition, et le suivis à travers champs, jusque sur la lisière d'un bois épais, où j'aperçus bientôt les engins de destruction.

Fig. 7. — Le Loup.

Les fosses, au nombre de trois, à quelques centaines de mètres l'une de l'autre, étaient plus larges d'en bas, de manière que, une fois tombé dedans, aucun animal ne pût s'en échapper. L'ouverture était couverte d'une plateforme à bascule, construite de branchages et fixée à un axe central formant pivot. Dessus, on avait attaché un gros morceau de venaison corrompue, dont les exhalaisons devaient attirer les loups.

Mon hôte était venu les visiter ce soir-là pour s'assurer que tout était en règle. Il me dit que les loups abondaient, qu'ils lui avaient mangé presque tous ses moutons et l'un de ses poulains, mais qu'il s'apprêtait à le leur faire payer cher. Il me promit pour le lendemain un spectacle comme je n'en avais pas encore vu. Sur ce, nous rentrâmes à la ferme, et, après une nuit employée à bien dormir, nous étions debout dès l'aurore.

« Je crois que tout va à souhait, dit mon hôte, car les chiens me paraissent impatients de partir. Ce ne sont pourtant que de pauvres chiens de berger; mais leur nez n'en est pas plus mauvais. »

Effectivement, en le voyant prendre son fusil, sa hache et un grand couteau, ils se mirent à hurler de joie et à gambader autour de nous. A la première fosse, nous trouvâmes l'appât enlevé et toute la plate-forme bouleversée : l'animal s'était pris; mais, à force de gratter, il était parvenu à se creuser un passage souterrain par où il avait pu s'échapper. Le fermier alla regarder à l'autre.

« Ah! ah! s'écria-t-il, il paraît que nous avons là-dedans trois camarades de la belle espèce. »

J'avançai la tête et je vis les loups, deux noirs, le troisième roussâtre, et tous de belle taille. Ils étaient étendus à plat ventre, les oreilles couchées, et les yeux manifestant plus de frayeur que de colère.

« Maintenant, dis-je, comment faire pour mettre la main dessus?

— Comment, monsieur? Mais en descendant dans la fosse, où nous leur couperons le tendon du jarret. »

Un peu novice en ces matières, je demandai au fermier la permission de rester simple spectateur.

« A votre aise, me répondit-il; demeurez ici et regardez-moi faire. »

Ce disant, il se laissa glisser au fond de la fosse, armé de sa hache et de son couteau, tandis que je gardais la carabine. C'était pitié de voir la couardise des loups. Il leur tira, l'une après l'autre, les jambes de derrière, et d'un coup de couteau il trancha le tendon au-dessus du joint. Il y allait d'un air aussi tranquille que s'il eût simplement marqué des agneaux.

« Ah! s'écria-t-il, quand il fut remonté, nous avons oublié la corde; je cours la chercher. »

Et il partit vif et léger, comme un jeune homme. Bientôt il était de retour, essoufflé, tout en nage, et s'essuyant le front du revers de la main.

« A présent, en besogne! »

Moi je dus relever et maintenir la plate-forme, pendant que lui jetait la corde et passait un nœud coulant au cou de l'un des loups. Nous le hissâmes en haut, complètement immobile, comme mort de peur, ses jambes, désormais sans mouvement et sans vie, ballottant çà et là contre les parois du trou, sa gueule toute grande ouverte. Une fois le loup étendu sur le sol, le fermier défit la corde au moyen d'un bâton et abandonna l'animal aux chiens, qui se ruèrent dessus et l'étranglèrent. Le second fut traité sans plus de cérémonie; mais le troisième, le plus noir et le plus vieux sans doute, quoique n'ayant l'usage que de ses jambes de devant, fuit et batailla avec un courage digne d'un meilleur sort. Il se défendit, donnant de droite et de gauche un coup de dent aux chiens assez hardis pour l'approcher, et leur enlevant chaque fois une gueulée de peau. Il fit tant et si bien, que le fermier, de peur qu'il ne s'échappât, lui envoya une balle au travers du cœur. Alors les chiens se jetèrent dessus et assouvirent leur vengeance dans le sang de la maudite bête qui avait ravagé le troupeau.

AUDUBON.

VI

Le Lièvre.

Le chapitre des ruses du Lièvre ne se terminerait pas si l'on avait la prétention de les énumérer toutes; car ces ruses varient nécessairement avec le territoire, le climat et la disposition des lieux. Le moindre accident de terrain, une mine toute fraîche, un éboulement de la veille, un arbre abattu par la cognée ou renversé par l'ouragan, tout est matière à stratagème pour le Lièvre, tout phénomène nouveau lui suggère une idée. Il n'a pas étudié le Code civil, mais nul légiste ne connaît mieux que lui les entraves qu'apporte à la liberté du droit de chasse le droit de la propriété individuelle : il spécule sur ces entraves. Il sait l'inviolabilité du domicile du citoyen ; il en réclame le bénéfice pour lui, toutes les fois que l'occasion s'en présente. Il ne craint pas d'invoquer le droit d'asile du potager ou du parterre, quand la meute le serre de trop près.

J'ai connu un lièvre de Bresse dont le bonheur était de s'épanouir et de s'étirer au soleil, au pied d'un jeune épicéa isolé au milieu d'une verte pelouse, comme pour tenter le chasseur. J'ai donné une fois dans le piège. La pelouse n'était séparée que par un fossé en ruines d'une forêt de dahlias, de rosiers et de chrysanthèmes qui remplissaient la presque totalité d'un parterre situé au devant d'une riche demeure, alors inhabitée par ses maîtres et confiée à la garde de quelques serviteurs. La pelouse semblait de loin protéger le parterre, et l'épicéa faisait point de vue. Il fallait que l'animal fût parfaitement au courant de tous ces détails pour affecter la tranquillité d'âme avec laquelle il attendit l'attaque de mes chiens. J'ai observé par deux fois sa tactique. Il ne se levait du gîte qu'après un long rapprocher et lorsque le chien de tête n'était plus qu'à deux pas de lui, afin d'entraîner tous les chiens sur sa voie. Alors notre bête endiablée traversait légèrement le vieux fossé, pénétrait sous les voûtes sacrées des dahlias, y décrivait quelques circuits, gagnait le perron de la demeure, puis doucement s'insinuait dans l'étroit soupirail de la cave, au fond de laquelle il allait chercher un asile sous des fûts de tonneaux. Et alors les chiens de faire vacarme au milieu du parterre et de ravager les plates-bandes, et tous les gardiens du poste d'accourir, armés de faux et de fourches, de jurer, de tempêter et d'arrêter les chiens ;

bref, de me forcer à une capitulation déraisonnable en espèces pour me tirer de là. Ce ne fut pas moi qui payai les dahlias cassés la seconde fois, mais un ami trop jeune, qui avait le tort de ne pas croire aux perfidies du Lièvre et qui exigeait une leçon. J'eus grand soin de lui présenter le Lièvre de l'épicéa comme une rencontre de hasard, non comme une connaissance de huit jours.

Fig. 8. — Le Lièvre.

Le Lièvre de nos pays se lance habituellement au bois; suivons-le à partir du lancer. Le voici qui débuche en plaine pour faire sa première *randonnée*. La randonnée est une espèce de demi-circonférence d'un kilomètre de rayon, plus ou moins, que l'animal décrit autour du point de départ. Dans cette première randonnée, le Lièvre n'a pas même songé à tirer parti de ses ressources; le danger ne presse pas. Il n'a besoin que d'une chose essentielle : connaître le caractère et les jambes de ses ennemis, afin de proportionner sa défense à leurs moyens d'attaque. Vous voyez bien qu'il s'arrête tous les cent pas dans la plaine, les oreilles redressées et tournées vers l'arrière, pour calculer la rapidité de la meute et la férocité de ses intentions d'après le rapprochement des voix et le timbre des gosiers.

S'il n'a affaire qu'aux jambes torses des bassets, il témoigne son mépris pour cette race de tortues en folâtrant devant eux, ou bien en se rasant dans le premier sillon venu.

Si la poursuite est plus rapide, les voix plus ameutées, la question change de face. Ce n'est plus le moment de s'arrêter paisiblement à cinquante pas des chiens et de filer au petit trot devant eux pour déployer ses grâces. Avec ceux-ci il n'y a pas de temps à perdre en vaines fanfaronnades; il s'agit de déployer ses talents au plus vite, et surtout de ménager ses moyens. Le plan du Lièvre est déjà arrêté dans sa tête.

Il profite de cinq cents mètres d'avance qu'il a sur les chiens pour jouer son premier tour. De l'autre côté du petit bois où il a été lancé et où il est revenu se trouve un chemin de grande communication, très fréquenté à certains jours de la semaine. C'est le cas d'y passer au devant de tout ce monde, qui s'en vient du marché et qui effacera notre pied et emportera notre piste. Le Lièvre le traverse; il s'y promène quelques minutes, recherchant les veines de poussière; il revient sur ses voies pour mieux celer sa route; il sort enfin du chemin par un bond de côté, bien au-dessus de l'endroit où il y est entré. La meute a déjà des hiéroglyphes à deviner pour un bon quart d'heure. Le Lièvre profitera de ce temps d'arrêt pour reprendre haleine, et se placera à distance pour juger de l'effet de son premier moyen.

Il eût peut-être réussi, le moyen; mais, hélas! des langues indiscrètes ont révélé la tactique du fugitif et le lieu où il s'est recelé. D'ailleurs un chien de tête, un griffon de Vendée, n'a pas donné dans ces subterfuges d'allées et de venues, et n'a pas quitté la vraie voie une seule seconde, et voilà que toute la meute s'est ralliée à lui. Il faut fuir, fuir à travers la plaine. Heureusement que ce nuage de poussière qui s'élève là-bas annonce la présence d'un troupeau de moutons. C'est encore le cas de mêler sa voie à celle de toutes ces bêtes et de se glisser au milieu d'elles pour échapper ensuite inaperçu à la faveur du tumulte, et gagner le coteau voisin. Aussitôt dit, aussitôt fait. — Par malheur, tout berger est quelque peu braconnier, et tout chien de moutons quelque peu chien de Lièvre. Notre bête a été aperçue par le berger et par ses chiens, et voyez-vous, il y a, dans la voix du chien qui donne, un accent qui ne permet pas de se tromper sur le sens de ses paroles et que tout chien comprend. La mèche est éventée une seconde fois.

Cependant le Lièvre a conservé son avance; il a déjà gagné le coteau, que les chiens en sont encore à se débrouiller du troupeau. Le coteau est planté de vignes en *hautains*, c'est-à-dire en espèce d'espalier en plein vent. Ces chiens de Vendée, si rustiques et si persévérants, ont l'avantage d'une haute taille. On leur fera payer ici ce triste avantage un peu cher. Le Lièvre a grand soin de prendre tous les hautains en travers et de se glisser sous les coulées les plus basses des treillis. Les chiens de Vendée s'assoupliront l'échine à imiter ce manège, mais plus d'un hurlera de rage et d'impuissance avant d'avoir atteint la dernière barrière.

Si le Lièvre avait bien su, il n'aurait pas bougé de cette position formidable, et son avenir était assuré; il s'est contenté de donner du *fil à retordre* (c'est le mot propre) à ses ennemis dans la passe maudite. Il a eu tort. Pendant que nos braves Vendéens maugréent contre le treillage qui leur barre la voie et se frayent un passage à la force des mâchoires, le Lièvre, tapi depuis un quart d'heure sous le vent, au milieu du grand bois qui couronne la colline, rumine de nouvelles ruses. — Alerte! alerte! et sur pied au plus vite : voici la voix infernale du griffon qui se rapproche de plus en plus et qui retentit déjà sous les voûtes de la forêt.

Mais si on lui faisait faire, à ce dépisteur incommode, une promenade accidentée et énervante à travers les fondrières, les houx et les épines dont cette crête est semée? Sans doute, mais le satané griffon a deviné la pensée de l'ennemi, et, appelant à son aide son expérience de limier, il tourne l'enceinte des fondrières pour s'enquérir d'abord si le lièvre y est resté, et il se rencontre nez à nez avec celui-ci au moment où il débusque de la dernière fosse.

Désappointé si brusquement dans ses espérances légitimes de répit, notre Lièvre commence à s'inquiéter sérieusement et, dans le trouble de ses idées, demande d'abord son salut à la course. Inutiles efforts : les jarrets du griffon et ceux de ses acolytes semblent redoubler de vigueur et d'élasticité, à mesure que les siens se détendent. Voilà déjà plus d'une heure, sans interruption, que dure cette course échevelée ; il faut se reposer pourtant, sinon périr, car la meute gagne, gagne ; encore cinq minutes, et c'est fait.

Dans cette perplexité affreuse, notre Lièvre se souvient avoir vu dans ces lieux, le matin même, un de ses compagnons de misère se retirer en un buisson qu'il connaît. L'égoïsme est de toutes les conditions, de la pauvreté comme de la richesse, de la faiblesse comme de la force : notre bête aux abois tente un dernier effort, rabat de nouveau ses voies, tournaille, et finit par se précipiter au milieu du buisson habité, par un bond démesuré, dans lequel il épuise ce qui lui reste de force. La meute arrive sur ces entrefaites, met le nez au buisson ; le lièvre frais s'en échappe, le lièvre de chasse se tient coi. La meute, emportée par la vue de la nouvelle bête, éclate en hurlements victorieux. Le péril est passé cette fois, et notre adroit compère s'applaudit déjà en silence du succès de sa ruse.

Amère illusion, trop promptement déçue ! Une voix, une seule voix fait défaut au concert triomphant de la meute, c'est celle du griffon. L'intelligent enfant de la Vendée n'a pas pris longtemps le change ; il a bientôt reconnu l'imposture ; la piste d'un Lièvre chassé depuis deux heures n'a pas le fumet aussi prononcé que celle d'un Lièvre frais. Et aussitôt le griffon de revenir à la première voie. La voilà ; il la tient ! La meute se rallie au rappel de son chef. La fin du drame n'est plus qu'un *à vue* continuel, un long et cruel *hallali !*

TOUSSENEL.

VII

Pêche de la Baleine.

Les navires qu'on emploie à la pêche de la Baleine ont ordinairement de trente-cinq à quarante mètres de longueur. On les double d'un bordage de chêne assez épais et assez fort pour résister au choc des glaces. On leur donne à chacun depuis six jusqu'à huit ou neuf chaloupes, d'un peu plus de huit mètres de longueur, de deux mètres en-

Fig. 9. — La Baleine.

viron de largeur, et d'un mètre de profondeur. Un ou deux harponneurs sont destinés pour chacune de ces chaloupes pêcheuses. On les choisit assez adroits pour percer la Baleine, encore éloignée, dans l'endroit le plus convenable ; assez habiles pour diriger la chaloupe suivant la route de la Baleine, même lorsqu'elle nage entre deux eaux ; et assez expérimentés pour juger de l'endroit où ce cétacé élèvera le sommet de sa tête au-dessus de la surface de la mer, afin de respirer par ses évents l'air de l'atmosphère.

Le harpon qu'ils lancent est un dard un peu pesant et triangulaire, dont le fer, long de près d'un mètre, doit être doux, bien corroyé, très affilé au bout, tranchant des deux côtés, et barbelé sur ses bords. Ce fer, ou le dard proprement dit, se termine par une douille de près d'un mètre de longueur et dans laquelle on fait entrer un manche très gros et long de deux à trois mètres. On attache au dard même, ou à sa douille, la ligne, qui est faite du plus beau chanvre et que l'on ne goudronne pas, pour qu'elle conserve sa flexibilité, malgré le froid extrême que l'on éprouve dans les parages où l'on fait la pêche de la Baleine.

La lance dont on se sert pour cette pêche diffère du harpon, en ce que le fer n'a pas d'ailes ou oreilles qui empêcheraient de la retirer facilement du corps de l'animal et d'en porter plusieurs coups de suite avec force et rapidité. Elle a souvent cinq mètres de long, et la longueur du fer est à peu près le tiers de la longueur totale de cet instrument.

Dès que le matelot *guetteur*, qui est placé en un point élevé du bâtiment, d'où sa vue peut s'étendre au loin, aperçoit une Baleine, il donne le signal convenu ; les chaloupes partent, et, à force de rames, on s'avance en silence vers l'endroit où on l'a vue. Le pêcheur le plus hardi et le plus vigoureux est debout sur l'avant de la chaloupe, tenant le harpon de la main droite. Les Basques sont fameux par leur habileté à lancer cet instrument de mort. Dès que la chaloupe est parvenue à une dizaine de mètres de la Baleine, le harponneur jette avec force le harpon contre l'un des endroits les plus sensibles de l'animal, comme le dos, le dessous du ventre, les deux masses de chair mollasse qui sont à côté des évents. Le plus grand poids de l'instrument étant dans le fer triangulaire, de quelque manière que le harpon soit lancé, il retombe la pointe la première. Une ligne de douze brasses environ est attachée à ce fer et prolongée par d'autres cordages.

A l'instant où elle se sent blessée, la Baleine s'échappe avec vitesse. Sa fuite est si rapide, que si la corde, formée par toutes les lignes qu'elle entraîne, lui résistait un moment, la chaloupe chavirerait et coulerait à fond. Aussi a-t-on le plus grand soin d'empêcher que cette corde ne s'accroche ; et, de plus, on ne cesse de la mouiller, afin que son frottement contre le bord de la chaloupe ne l'enflamme pas.

Cependant l'équipage, resté à bord du vaisseau, observe de loin les manœuvres de la chaloupe. Lorsqu'il croit que la Baleine s'est assez éloignée pour avoir obligé de filer la plus grande partie des cordages, une seconde chaloupe force de rames vers la première et attache successivement ses lignes à celles qu'emporte le cétacé.

Le secours se fait-il attendre, les matelots l'appellent à grands cris. Ils se servent de grands porte-voix ; ils font entendre leurs trompes ou cornets de détresse. La seconde chaloupe arrive ; d'autres la suivent et se placent autour de la première, à la distance d'une portée de canon l'une de l'autre, pour veiller sur un plus grand champ. Un pavillon particulier élevé sur le vaisseau indique par des signaux ce que l'on reconnaît, du haut des mâts, de la route de l'animal.

Cependant la Baleine, tourmentée par la douleur que lui cause sa large blessure, fait les plus grands efforts pour se délivrer du harpon qui la déchire ; elle s'agite, se fatigue, s'échauffe ; elle vient à la surface de la mer chercher un air qui lui donne de nouvelles forces. Toutes les chaloupes voquent alors vers elle ; le harponneur de l'une d'elles lui lance un second harpon ; on l'attaque avec la lance. L'animal plonge et fuit de nouveau avec vitesse ; on le poursuit avec courage ; on le suit avec précaution. Si la corde du second harpon se relâche, et surtout si elle flotte sur l'eau, on est sûr que le cétacé est très affaibli et peut-être déjà mort ; on la ramène à soi ; on la retire, en la disposant en spirales afin de pouvoir la filer de nouveau avec facilité, si le cétacé s'enfuit une troisième fois.

Mais, quelques forces que la Baleine conserve après la seconde attaque, elle reparaît à la surface de l'Océan beaucoup plus tôt qu'après sa première blessure. Si quelque coup de lance a pénétré jusqu'aux poumons, le sang sort en abondance par les deux évents. On ose alors s'approcher de plus près du colosse ; on le perce avec la lance ; on le frappe à coups redoublés ; on tâche de faire pénétrer l'arme meurtrière au défaut des côtes. La Baleine, blessée mortellement, se réfugie quelquefois sous les glaces voisines ; mais la douleur insupportable que ses plaies profondes lui font éprouver, les harpons qu'elle emporte, qu'elle secoue, et dont le mouvement agrandit ses blessures, sa fatigue extrême, son affaiblissement, que chaque instant accroît, tout l'oblige à sortir de cet asile. Elle ne suit plus dans sa fuite de direction déterminée. Bientôt elle s'arrête, et, réduite aux abois, elle ne peut plus que soulever son énorme masse et chercher à parer avec ses nageoires les coups qu'on lui porte encore. Tant qu'elle combat contre la mort, on évite avec effroi sa terrible queue, dont un seul coup ferait voler la chaloupe en éclats ; on ne manœuvre que pour l'empêcher d'aller terminer sa cruelle agonie dans les profondeurs recouvertes par des bancs de glace, qui ne permettraient d'en retirer son cadavre qu'avec beaucoup de peine.

Lorsqu'on s'est assuré que la Baleine est morte, on passe un nœud coulant par-dessus la nageoire de la queue, et les chaloupes remorquent la Baleine vers le navire ou vers le rivage où l'on doit la dépecer. L'animal étant amarré sur le flanc du vaisseau, deux palans sont préparés, l'un pour tourner le cétacé, l'autre pour tenir sa gueule élevée au-dessus de l'eau. Les dépeceurs garnissent leurs bottes de crampons, afin de se tenir fermes ou de marcher en sûreté sur la Baleine ; et les opérations du dépècement commencent. Deux dépeceurs se placent sur la tête et sur le cou de l'animal ; deux harponneurs se mettent sur son dos ; et des aides, distribués dans des chaloupes, dont l'une est à l'avant et l'autre à l'arrière, éloignent du cadavre les oiseaux de mer, qui se précipiteraient hardiment et en grand nombre sur la chair et sur le lard du cétacé. Les aides ont une autre fonction : celle de fournir aux travailleurs les instruments dont ces derniers peuvent avoir besoin. Les principaux de ces instruments consistent en couteaux dont l'acier est de deux tiers de mètre en longueur, et le manche de deux mètres.

Le dépècement commence derrière la tête, très près de l'œil. La pièce de lard qu'on enlève a deux tiers de mètre environ de largueur et occupe toute la longueur de l'animal. A mesure que les bandes de lard sont découpées, on les hisse sur le navire au moyen de crocs et on les fait tomber dans la cale, où on les arrange. Quand la Baleine est dépouillée de toutes ses bandes huileuses, on coupe la langue très profondément, et avec d'autant plus de soin que celle d'une seule Baleine ordinaire donne communément six tonneaux d'huile. Enfin on enlève les fanons, puis on repousse et on laisse aller à la dérive la gigantesque carcasse. Les oiseaux de mer s'attroupent sur ces restes immenses, quoiqu'ils soient moins attirés par ces débris que par un cadavre non encore dépouillé de sa graisse. Les ours blancs s'assemblent autour de cette masse flottante et en font curée avec avidité.

Pour fondre le lard et en retirer l'huile, on se sert de grandes chaudières de cuivre rouge, pouvant contenir chacune environ cinq tonneaux de graisse huileuse. On les maçonne dans les fourneaux pour éviter de les renverser sur le feu, ce qui amènerait un incendie dangereux. On met de l'eau dans la chaudière avant d'y jeter le lard, et après trois heures de fusion, on puise l'huile toute bouillante avec de grandes cuillers et on la verse dans des baquets contenant de l'eau froide où elle se purifie avant d'être mise en tonneaux. Il n'est pas rare qu'une seule baleine donne jusqu'à quatre-vingt-dix tonneaux d'huile.

LACÉPÈDE.

VIII

Les Rapaces.

Une de mes plus sombres heures fut celle où je rencontrai pour la première fois la tête de la vipère. C'était dans un précieux musée d'imitations anatomiques. Cette tête, merveilleusement reproduite et grossie énormément, jusqu'à rappeler celle du tigre et du jaguar, offrait dans sa forme horrible une chose plus horrible encore. On y saisissait à nu les précautions délicates, infinies, effroyablement prévoyantes, par lesquelles se trouve armée cette puissante machine de mort. Non seulement elle est pourvue de dents nombreuses, affilées, non seulement ces dents sont aidées de l'ingénieuse réserve d'un poison qui tue sur l'heure ; mais leur extrême finesse, qui les rend sujettes à se casser, est compensée par un avantage que nul animal n'a peut-être : c'est un magasin de dents de rechange, qui viennent à point prendre la place de celle qui se brise en mordant. Oh ! que de soins pour tuer ! quelle attention pour que la victime ne puisse échapper ! quel amour pour cet être horrible !... J'en restai scandalisé, si j'ose dire, et l'âme malade. La grande mère, la nature, près de laquelle je me réfugiais, m'épouvanta d'une maternité si cruellement impartiale.

Les impressions ne sont guère moins pénibles, quand on voit dans nos galeries les séries interminables des oiseaux de mort, brigands de jour et de nuit, masques effrayants d'oiseaux, fantômes qui terrifient le jour même. On est tristement affecté d'observer leurs armes cruelles ; je ne dis pas ces becs terribles qui peuvent d'un coup donner la mort, mais ces griffes, ces serres aiguës, ces instruments de torture qui fixent la proie frémissante, prolongent les dernières angoisses et l'agonie de la douleur.

Ah ! notre globe est un monde barbare, je veux dire jeune encore, monde d'ébauche et d'essai, livré aux cruelles servitudes : la nuit ! la faim ! la mort ! la peur !... La mort, on la prendrait encore ; notre âme contient assez de foi et d'espérance pour l'accepter comme un passage, une porte aux mondes meilleurs. Mais la douleur, hélas ! était-il donc si utile de la prodiguer ?

Et pourtant la douleur n'est-elle pas l'avertissement qui nous apprend à prévoir et à pourvoir, à nous garder par tous moyens de notre dissolution. Cette cruelle école est l'éveil, l'aiguillon de la prudence pour tout ce qui a vie. Elle est en quelque sorte l'artiste du monde qui nous fait, nous façonne, nous sculpte à la fine pointe d'un impitoyable ciseau. Elle retranche la vie débordante; et ce qui reste, plus exquis et plus fort, enrichi de sa perte même, en tire le don d'une vie supérieure. La terre elle-même a été améliorée par la douleur; la nature l'a travaillée par la violente action de ces ministres de la mort. Contre l'air non respirable qui l'enveloppa d'abord, les végétaux furent des sauveurs. Contre l'étouffement, la densité effroyable de ces végétaux inférieurs, bourre grossière qui la couvrait, l'insecte rongeur fut un agent de salut. Contre l'insecte, le reptile fut un utile expurgateur. Enfin quand la vie supérieure, la vie ailée prit son vol, elle trouva une barrière contre l'élan trop rapide de sa jeune fécondité dans les légions destructives des puissants rapaces, aigles, faucons et vautours.

Fig. 10. — Tète d'Aigle.

Mais ces destructeurs utiles vont diminuant peu à peu en devenant moins nécessaires. La masse des petits animaux sur qui frappait surtout la dent de la vipère s'éclaircissant infiniment, la vipère aussi devient rare. Le gibier ailé s'étant éclairci à son tour, soit par les destructions de l'homme, soit par la disparition de certains insectes dont vivaient les petits oiseaux, on voit d'autant diminuer les odieux tyrans de l'air. L'aigle devient rare, même aux Alpes, et les prix exagérés, énormes, dont on paye le faucon, semblent indiquer que le premier, le plus noble des oiseaux de proie a presque aujourd'hui disparu. Ainsi la nature tend vers un ordre moins violent.

En vérité, quand je regarde au Muséum la sinistre assemblée des oiseaux de proie nocturnes et diurnes, je ne regrette pas beaucoup la destruction de ces espèces. Quelque plaisir que nos instincts personnels de violence et notre admiration de la force nous fassent prendre à regarder ces brigands ailés, il est impossible de méconnaître sur leurs masques funèbres la bassesse de leur nature. Leurs crânes, tristement aplatis, témoignent assez qu'énormément favorisés de l'aile, du bec crochu, des serres, ils n'ont pas le moindre besoin d'employer leur intelligence. Leur constitution, qui les a faits les plus rapides des rapides, les plus forts des forts, les a dispensés d'adresse, de ruse et de tactique. Quant au courage qu'on est tenté de leur attribuer, quelle occasion ont-ils de le déployer, ne rencontrant que des ennemis toujours inférieurs? Des ennemis! non, des victimes. Quand la saison est rigoureuse, la faim pousse les petits à l'émigration, elle amène au bec de ces tyrans stupides, ces innocents, bien supérieurs en tout sens à leurs meurtriers; elle prodigue les oiseaux artistes, chanteurs, architectes habiles, en proie aux vulgaires assassins; à la buse, elle sert des repas de rossignols.

Fig. 11. — Tête de Faucon.

L'aplatissement du crâne est le signe dégradant de ces meurtriers. Ces voraces, au petit cerveau, font un contraste frappant avec tant d'espèces aimables, visiblement spirituelles, qu'on trouve dans les moindres oiseaux. La tête des premiers n'est qu'un bec; celle des petits a un visage. Quelle comparaison à faire de ces géants brutes avec l'oiseau intelligent, le rouge-gorge qui, dans ce moment, vole autour de moi, sur mon épaule ou mon papier, regardant ce que j'écris, se chauffant au feu, ou curieux, à la

Fig. 12. — L'Aigle.

fenêtre, observant si le printemps ne veut pas bientôt revenir!

S'il fallait choisir entre les rapaces, le dirai-je? autant que l'aigle, j'aimerais certainement le Vautour. Je n'ai vu, entre les oiseaux, rien de si grand, si imposant, que nos cinq vautours d'Algérie (au Jardin des Plantes), perchés ensemble comme autant de pachas turcs, fourrés de superbes cravates du plus délicat duvet blanc, drapés d'un noble manteau gris. Grave divan d'exilés qui semblent rouler en eux les vicissitudes des choses et les événements politiques qui les mirent hors de leur pays.

L'Aigle aime fort le sang et préfère la chair vivante. Le Vautour tue rarement, et sert directement la vie en remettant à son service et dans le grand courant de la circulation vitale les choses désorganisées. L'Aigle ne vit guère que de meurtres, et on peut l'appeler le ministre de la mort; le Vautour est au contraire le serviteur de la vie.

On loue la noblesse et la tempérance de l'Aigle. Près du Havre, j'observai ce qu'on peut croire en vérité de sa royale noblesse et surtout de sa sobriété. Un aigle qu'on a pris en mer, mais qui est tombé en trop bonnes mains, dans la maison d'un boucher, s'est fait si bien à l'abondance d'une viande obtenue sans combat, qu'il paraît ne rien regretter. Il engraisse et ne se soucie plus guère de la chasse, des plaines du ciel. S'il ne *fixe* plus le soleil, il regarde la cuisine et se laisse, pour un bon morceau, tirer la queue par les enfants.

Pour bien juger ces espèces, il faut regarder l'aire de l'Aigle, le grossier plancher, mal construit, qui lui sert de nid; comparer l'œuvre gauche et rude, je ne dis pas au délicieux chef-d'œuvre d'un nid de pinson, mais aux travaux des insectes, aux souterrains des fourmis, par exemple, où l'industrieux insecte varie son art à l'infini et montre un génie si étrange de prévoyance et de ressources.

L'estime traditionnelle qu'on a pour le courage des grands rapaces est bien diminuée quand on voit (dans Wilson) un petit oiseau, le tyran ou le martin-pourpre, chasser le grand aigle noir, le poursuivre, le harceler, le proscrire de son canton, ne lui pas donner de repos. Spectacle vraiment extraordinaire de voir ce petit héros, ajoutant son poids à sa force pour faire plus d'impression, monter et se laisser tomber de la nue sur le dos du gros voleur, le chevaucher sans lâcher prise et le chasser du bec au lieu d'éperon.

Sans aller jusqu'en Amérique, vous pourrez, au Jardin des Plantes, voir l'ascendant des petits sur les grands, de l'esprit sur la matière, dans le singulier tête-à-tête du Gypaëte et du Corbeau. Celui-ci, animal très fin et le plus fin des rapaces, qui, dans son costume noir, a l'air d'un maître d'école, travaille à civiliser son brutal compagnon de captivité. Le jeu le plus remarquable qu'il impose à son gros ami, c'est de lui faire tenir par un bout un bâton qu'il tire de l'autre. Cette apparence de lutte entre la force et la faiblesse, cette égalité simulée est très propre à adoucir le barbare qui s'en soucie peu, mais qui cède à l'insistance et finit par s'y prêter avec une bonhomie sauvage. En présence de cette figure d'une férocité repoussante, armée d'invincibles serres et d'un bec crochu de fer, qui tuerait du premier coup, le Corbeau n'a point du tout peur. Avec la sécurité d'un esprit supérieur, devant cette lourde masse, il va, vient et tourne autour, lui prend sa proie sous le bec; l'autre gronde, mais trop tard; son précepteur, plus agile, de son œil noir, métallique et brillant comme l'acier, a vu le mouvement d'avance, il sautille; au besoin, il monte plus haut d'une branche ou deux, il gronde à son tour, admoneste l'autre.

MICHELET.

IX

L'Aigle à tête blanche.

En automne, au moment où des milliers d'oiseaux fuient le Nord et se rapprochent du soleil, laissez votre barque effleurer l'eau du Mississipi. Quand vous verrez deux arbres dont la cime dépasse toutes les autres cimes, s'élever en face l'un de l'autre sur les bords du fleuve, levez les yeux; l'aigle est là, perché sur le faîte d'un des arbres.

Son œil étincelle dans son orbite et paraît brûler comme

la flamme ; il contemple attentivement toute l'étendue des eaux, il observe, il attend. Tous les bruits qui se font entendre, il les écoute, il les recueille, il les distingue ; le daim, qui effleure à peine les feuillages, ne lui échappe pas. Sur l'arbre opposé, l'aigle femelle reste en sentinelle ; de moment en moment, son cri semble exhorter le mâle à la patience. Il y répond par un battement d'ailes, par une inclination de tout son corps et par un glapissement dont la discordance et l'éclat ressemblent au rire d'un maniaque. Puis il se redresse ; à son immobilité, à son silence, vous le croiriez de marbre.

Les canards de toute espèce, les poules d'eau, les outardes, fuient par bataillons serrés que le cours de l'eau emporte ; proie que l'aigle dédaigne et que ce mépris sauve de la mort. Un son que le vent fait voler sur le fleuve arrive enfin à l'ouïe des deux brigands ; ce son a le retentissement et la raucité d'un instrument de cuivre : c'est le chant du cygne. La femelle avertit le mâle par un appel composé de deux notes. Tout le corps de l'aigle frémit ; deux ou trois coups de bec dont il frappe rapidement son plumage le préparent à son expédition ; il va partir.

Le cygne arrive comme un vaisseau flottant dans l'air, son cou d'une blancheur de neige étendu en avant, l'œil étincelant d'inquiétude. Le mouvement précipité de ses ailes suffit à peine à soutenir la masse de son corps, et ses pattes, qui se reploient sous la queue, disparaissent aux regards. Il approche lentement, victime dévouée. Un cri de guerre se fait entendre : l'aigle part avec la rapidité de l'étoile qui file ou de l'éclair qui resplendit. Le cygne voit son bourreau, abaisse son cou, décrit un demi-cercle et manœuvre dans l'agonie de sa crainte pour échapper à la mort. Une seule chance lui reste : c'est de plonger dans le courant. Mais l'aigle prévoit la ruse ; il force sa proie à rester dans l'air en se tenant sans relâche au-dessous d'elle, et en menaçant de la frapper au ventre et sous les ailes. Cette profondeur de combinaison, que l'homme envierait à l'oiseau, ne manque jamais d'atteindre son but. Le cygne s'affaiblit, se lasse et perd tout espoir de salut ; mais alors son ennemi craint encore qu'il n'aille tomber dans l'eau du fleuve : un coup de serres de l'aigle frappe la victime sous l'aile et la précipite obliquement sur le rivage.

Tant de puissance, d'adresse, d'activité, de prudence, ont achevé la conquête. Vous ne verriez pas sans effroi le triomphe de l'aigle. Il danse sur le cadavre, il enfonce ses

Fig. 13. — Le Cygne.

serres d'airain dans le cœur du cygne mourant, il bat des ailes, il hurle de joie. Les dernières convulsions de l'oiseau l'enivrent. Il lève sa tête chauve vers le ciel, et ses yeux enflammés se colorent comme le sang. Sa femelle vient le rejoindre. Tous deux ils retournent le cygne, percent sa poitrine de leur bec et se gorgent du sang encore chaud qui en jaillit.

AUDUBON.

X

L'Épyornis.

En 1850, durant une relâche à Madagascar, M. Abadie aperçut un jour entre les mains d'un Malgache un œuf gigantesque, que les naturels avaient perforé à l'une de ses extrémités et qu'ils employaient à divers usages domestiques. Les renseignements pris par M. Abadie auprès des Malgaches amenèrent bientôt après la découverte d'un second œuf, d'un volume presque égal, qui fut trouvé parfaitement entier dans le lit d'un torrent, parmi les débris d'un éboulement qui s'était fait depuis peu. Un peu plus tard encore, on découvrit, dans des alluvions de formation récente, un troisième œuf et quelques ossements non moins gigantesques, qui furent, avec raison, considérés comme fossiles. Tous ces objets furent aussitôt expédiés de Madagascar à l'île de la Réunion, et de celle-ci à Paris.

Voici les dimensions de l'un de ces œufs :

Grand diamètre	0m,34
Petit diamètre	0m,225
Grande circonférence	0m,85
Petite circonférence	0m,71
Volume	8 lit. 887 m.

L'épaisseur de la coquille est d'environ 3 millimètres.

La capacité de l'œuf du grand oiseau de Madagascar étant d'environ 8 litres 3/4, pour représenter ce volume il faudrait 6 œufs d'Autruche, 12 de Nandou, 16 1/2 de Casoar, 17 de Dromée, et 148 de Poule. Nous pouvons ajouter, pour opposer l'un à l'autre les deux termes extrêmes de la série, que ce même volume égale celui de 50,000 œufs d'Oiseau-Mouche.

Les grands diamètres, dans les œufs d'Épyornis et d'Autruche, sont entre eux dans le rapport de 2 à 1. Doit-on supposer que les deux oiseaux soient entre eux dans les mêmes rapports que leurs œufs ? L'Autruche ayant 2 mètres de hauteur, la taille de l'Épyornis s'élèverait alors à 4 mètres. Si nous ne possédions d'autres éléments de détermination que les œufs de l'Épyornis, l'évaluation que nous venons d'indiquer serait très douteuse, parce que les di-

Fig. 14. — Le Casoar.

mensions des œufs sont loin d'être exactement proportionnelles à la taille des espèces d'où ils proviennent; mais l'examen des os accompagnant les œufs conduit à cette conséquence que la taille de l'Épyornis est comprise entre 3 et 4 mètres, et comparable à celle de la Girafe parmi les Mammifères.

Selon les naturels de certaines parties de l'île, l'oiseau gigantesque de Madagascar existerait encore, mais il serait extrêmement rare. Dans d'autres districts, au contraire, on ne croit pas à son existence actuelle; mais on retrouve du moins une tradition fort ancienne relative à un oiseau, de taille colossale, qui terrassait un bœuf et en faisait sa pâture. C'est à cet oiseau que les Malgaches attribuent les œufs gigantesques que l'on trouve parfois dans leur île. Il est à peine besoin d'ajouter que la tradition que nous venons de rappeler prêterait à l'Epyornis des mœurs qui sont loin d'avoir été les siennes. L'Epyornis, dont les

Fig. 15. — L'Autruche.

croyances populaires ont fait un oiseau de proie gigantesque et terrible, comparable au *Roc* des contes orientaux, n'avait ni serres, ni ailes propres au vol, et devait se nourrir paisiblement de substances végétales.

GEOFFROY SAINT-HILAIRE.

XI

Les Vogelberg.

En été, le nombre des oiseaux qui hantent le Spitzberg est incalculable, mais la liste des espèces est fort courte :

elle ne s'élève pas au-dessus de 22, dont deux seulement sont des oiseaux terrestres; les autres sont des oiseaux marins ou aquatiques. Une seule espèce, le Lagopède du Nord, n'émigre pas; toutes les autres sont de passage.

Si le nombre des espèces est restreint, celui des individus est tellement considérable que leur présence anime les côtes silencieuses et désolées du Spitzberg. Au premier abord, on a de la peine à se rendre compte de ce prodigieux concours. La terre est couverte de neige, la végétation très pauvre; les insectes, au nombre de 15 espèces seulement. Un petit nombre de marais tourbeux entre les montagnes et la mer ne nourrissent ni vers, ni mollusques, ni poissons; mais la mer fourmille d'animaux, surtout de mollusques et de crustacés.

Un grand nombre d'oiseaux marins, qui l'hiver habitent nos côtes, vont pondre au Spitzberg, où ils sont sûrs de trouver une nourriture abondante et la paix. Tous ne couvent pas indifféremment sur tous les points de la côte. Les uns, tels que les Oies, se plaisent sur les rivages de la grande terre; les autres, comme l'Eider et le Stercoraire, affectionnent les petites îles basses et semées de flaques d'eau; la plupart se réfugient sur les rochers qui surplombent directement la mer, et leur nombre est tel que ces rochers sont connus sous le nom de montagnes d'oiseaux (*Vogelberg*).

Les escarpements de ces rochers, formés d'assises en retraite les unes derrière les autres, semblables aux galeries et aux loges d'une salle de spectacle, sont couverts de femelles accroupies sur les œufs, la tête tournée vers la mer, aussi nombreuses, aussi serrées que les spectateurs dans un théâtre le jour d'une première représentation. Devant le rocher, les mâles forment un nuage d'oiseaux s'élevant dans les airs, rasant les flots et plongeant pour pêcher les petits crustacés qui constituent la principale nourriture des couveuses. Décrire l'agitation, le tourbillonnement, le bruit, les cris, les croassements, les sifflements de ces milliers d'oiseaux de taille, de couleur, d'allure, de voix si diverses, est complètement impossible. Le chasseur, étourdi, ahuri, ne sait où faire feu dans ce tourbillon vivant; il est incapable de distinguer et encore moins de suivre l'oiseau qu'il veut ajuster. De guerre lasse, il tire au milieu du nuage. Le coup part; alors la confusion est au comble; des nuées d'oiseaux perchés sur les rochers ou nageant sur l'eau s'envolent à leur tour et se mêlent aux autres; une immense clameur discordante s'élève dans les cieux. Loin de se dissiper, le nuage tourbillonne encore plus. Les Cormorans, immobiles auparavant sur les rochers à fleur d'eau, s'agitent bruyamment; les Hirondelles de mer volent en cercle autour de la tête du chasseur et le frappent de l'aile au visage. Toutes ces espèces si diverses, réunies pacifiquement sur un rocher isolé au milieu des vagues de l'océan Glacial, semblent reprocher à l'homme de venir troubler jusqu'au bout du monde la grande œuvre de la conservation des espèces animales. Les femelles seules, enchaînées par l'amour maternel, se contentent de mêler leurs plaintes à celles des mâles indignés; elles restent immobiles sur les œufs, jusqu'à ce qu'on les enlève de force, ou qu'elles tombent frappées sur leur nid.

Les oiseaux ne sont pas rangés au hasard sur les corniches des rochers. Il en est où domine le Pétrel du Nord, le plus hardi des oiseaux de mer. Sur un rocher, les Guillemots à miroir occupent les assises inférieures; les Pétrels, les gradins intermédiaires, sur une hauteur de 250 mètres; en haut est établie la Mouette à manteau gris. Sur un autre rocher, la Mouette blanche forme la majorité; plus haut est la Mouette à trois doigts, et enfin, comme précédemment, la Mouette à manteau gris. Sur certains rochers, ce sont les Pingouins qui garnissent toutes les saillies jusqu'à la hauteur de 30 à 60 mètres; au-dessus est le Guillemot à miroir, ensuite le Macareux du Nord, et enfin le petit Guillemot, qui se trouve au Spitzberg en troupes innombrables.

Ch. Martins.

Le petit archipel des Feroë est formé par vingt-cinq grands rochers à oiseaux ou *Vogelberg*. Qu'on se figure un rocher noir, composé d'assises horizontales, s'élevant verticalement à 500 mètres environ au-dessus de la mer, qui mugit et se brise à ses pieds. La vague, pendant les tempêtes, s'élance à plus de trente mètres de hauteur et retombe en cascades le long de la paroi verticale; mais, par un temps calme, elle ondule doucement, en se jouant autour des écueils.

Ces escarpements présentent alors le spectacle le plus étrange : des myriades d'oiseaux sont rangés sur les corniches, à côté les uns des autres, les femelles sur leurs nids, les mâles près d'elles ou volant à une faible distance. Une salle de spectacle, un cirque, un amphithéâtre rempli de spectateurs, ne donnent qu'une faible idée du nombre prodigieux d'oiseaux rangés avec symétrie, la tête tournée vers la mer. L'arrivée de l'homme ne les trouble nullement; le bruit d'un coup de fusil ne fait envoler que les mâles, les femelles restent sur leurs œufs et se laissent même prendre sur leur couvée.

Les différentes espèces d'oiseaux établies sur ces rochers ont chacune leur campement particulier. Sur la plage niche le Goëland à manteau noir; au second rang, dans les endroits couverts de plantes, s'établit la Mouette argentée. Au-dessus, sur les rochers les plus découverts, sommeillent les stupides Cormorans. Sur les falaises baignées par la mer s'entassent les élégantes Mouettes à trois doigts et les Guillemots à miroir blanc. Tout à côté, parmi les varechs amoncelés, se redressent les Guillemots à capuchon et les ineptes Pingouins.

Tous ces oiseaux vivent en bonne intelligence. Souvent des femelles d'espèces différentes sont assises côte à côte sur leurs œufs, et l'on croirait, en voyant les mouvements de leur tête et les claquements de leur bec, qu'elles sont engagées dans une conversation animée, pour faire diversion aux ennuis d'une incubation prolongée.

Les îles Hébrides, et particulièrement celle de Saint-Kilda, sont encore un rendez-vous général des oiseaux de mer. Saint-Kilda offre cinq milles environ de tour. Elle sort presque perpendiculairement du sein des flots, et forme à son extrémité orientale, qui s'élève à plus de 440 mètres, le promontoire le plus haut des îles Britanniques. Les rocs de cette île sont couverts d'innombrables oiseaux aquatiques occupés à couver. D'énormes essaims de Fous blanchissent les sommets sur lesquels ils reposent. Ces plateaux ou ces pics semblent de loin couverts de neige. Les Mouettes à trois doigts et les Mouettes à pieds bleus ont envahi chaque crête un peu élevée. Plus bas, les Fulmars, les Puffins et les Guillemots ont pris possession de tous les talus, de toutes les pentes, de tous les endroits où croît un peu d'herbe. Au bord de la mer, à l'entrée des excavations, perchent les Cormorans, droits et immobiles comme des sentinelles avancées.

Tout autour, au sein des eaux, des milliers de nageurs de toute espèce plongent, barbotent, se poursuivent, se becquètent, se battent. D'autres remplissent l'air de leurs cris rauques ou aigus, allant de la mer à leurs nids, de leurs nids à la mer, appelant leurs femelles, tournoyant au-dessus d'elles, caressant leurs petits, jouant avec leurs frères, et manifestant, d'une manière bruyante et naïve, leurs craintes, leurs besoins, leur joie, leur bonheur.

Lorsqu'un fragment de rocher se détache et roule du haut de l'île dans les flots, il devient le signal d'un tumulte extraordinaire. La frayeur s'empare de toute la colonie. Le bloc écrase de malheureux Fulmars accroupis sur leur couchette et entraîne, en bondissant au milieu d'un fracas épouvantable, les herbes et le sable, les œufs et les poussins. Des nuées d'oiseaux épouvantés s'enfuient sur son passage. Mais bientôt ils reviennent à leurs nids, et tout reprend le calme habituel.

L. Wraxall.

XII

Le Coucou.

Dès le temps d'Aristote, on disait communément que jamais personne n'avait vu la couvée du Coucou ; on savait dès lors que cet oiseau pond comme les autres, mais qu'il ne fait point de nid; on savait qu'il dépose ses œufs ou son œuf (car il est rare qu'il en dépose deux dans un même endroit) dans les nids des autres oiseaux, plus petits ou plus grands, tels que les fauvettes, les verdiers, les alouettes, les ramiers, etc.; qu'il mange souvent les œufs qu'il y trouve; qu'il laisse à l'étrangère le soin de couver, nourrir, élever sa progéniture; que cette étrangère, et nommément la Fauvette, s'acquitte fidèlement de tous ces soins; on savait que leur plumage change beaucoup lorsqu'ils arrivent à l'âge adulte; on savait enfin que les coucous commencent à paraître et à se faire entendre dès les premiers jours du printemps et se taisent pendant l'été. Voilà les principaux faits de l'histoire du Coucou : ils étaient connus il y a deux mille ans, et les siècles postérieurs y ont peu ajouté. On n'a pas ajouté davantage aux fables qui se débitent, depuis le même temps à peu près, sur cet oiseau singulier; le faux a ses limites ainsi que le vrai, l'un et l'autre sont bientôt épuisés sur tout sujet qui a une grande célébrité, et dont par conséquent on s'occupe beaucoup.

Le peuple disait donc il y a vingt siècles, comme il le dit encore aujourd'hui, que le Coucou n'est autre chose qu'un petit Epervier métamorphosé; que, lorsqu'il revient au printemps, c'est sur les épaules du Milan, qui veut bien lui servir de monture, afin de ménager la faiblesse de ses ailes (complaisance remarquable dans un oiseau de proie tel que le Milan); qu'il jette sur les plantes une salive qui leur est funeste par les insectes qu'elle engendre; que la femelle Coucou a l'attention de pondre dans chaque nid qu'elle peut découvrir, un œuf de la couleur des œufs de ce nid pour mieux tromper la mère [1]; que celle-ci se fait la nourrice du jeune Coucou, qu'elle lui sacrifie ses

1. L'œuf du Coucou est plus gros que celui du Rossignol, de forme moins allongée, de couleur grise presque blanchâtre, tacheté vers le gros bout de brun violet presque effacé, et de brun foncé plus tranché; enfin marqué dans sa partie moyenne de quelques traits irréguliers couleur de marron.

petits qui lui paraissent moins jolis [1]; qu'en vraie marâtre elle les néglige, ou qu'elle les tue et les lui fait manger.

Je ne combattrai pas sérieusement la prétendue métamorphose des Coucous en Eperviers : c'est une absurdité qui n'a jamais été crue par les vrais naturalistes. Ce qui a pu y donner occasion, c'est que les deux oiseaux se ressemblent par le plumage, la couleur des yeux et des pieds, la longueur de la queue, la taille, le vol, la vie solitaire, les longues plumes qui descendent des jambes sur le tarse.

Quant à la salive du Coucou, on sait que ce n'est autre chose que l'exsudation écumeuse de la larve d'une petite cigale [2]. Il est possible qu'on ait vu un Coucou chercher cette larve dans son écume, et qu'on ait cru l'y voir déposer sa salive; ensuite on aura remarqué qu'il sortait un insecte de pareille écume, et on se sera cru fondé à dire qu'on avait vu la salive du Coucou engendrer la vermine.

L'habitude bien constatée qu'a le Coucou de pondre dans le nid d'autrui et de faire élever ses jeunes par les étrangers est la principale singularité de l'histoire de cet oiseau. Je connais plus de vingt espèces dans le nid desquelles le Coucou dépose son œuf : la Fauvette ordinaire, la Fauvette à tête noire, la Fauvette babillarde, la Lavandière, le Rouge-Gorge, le Troglodyte, la Mésange, le Rossignol, le Rouge-Queue, l'Alouette, la Farlouse, la Linotte, le Verdier, le Bouvreuil, la Grive, le Geai, le Merle, la Pie-Grièche. Le Coucou se nourrissant d'insectes, on sera peut-être surpris de trouver plusieurs oiseaux granivores, tels que la Linotte, le Verdier et le Bouvreuil, dans la liste des nourrices du Coucou; mais il faut se souvenir que plu-

1. Les Coucous sont hideux lorsqu'ils viennent d'éclore et même plusieurs jours après qu'ils sont éclos.

2. C'est le *Cercope écumeux*, petit cicadaire jaunâtre ou verdâtre commun dans toute l'Europe sur diverses plantes. Le point de l'écorce piqué par cet insecte laisse suinter une abondante écume blanche ayant l'aspect de la salive, au sein de laquelle le Cercope se tient pour se mettre à l'abri des rayons du soleil et se rendre invisible à ses ennemis. J. H. F.

sieurs granivores alimentent leurs petits avec des insectes, et que d'ailleurs les matières végétales macérées dans le jabot de ces petits oiseaux peuvent convenir au jeune Coucou à un certain point, jusqu'à ce qu'il soit en état de

Fig. 16. — Le Verdier.

trouver lui-même les chenilles, les araignées, les coléoptères et autres insectes dont il est friand.

Lorsque le nid est celui d'un petit oiseau, et par conséquent construit sur d'étroites dimensions, il se trouve ordinairement fort aplati et presque méconnaissable, effet naturel de la grosseur et du poids du jeune Coucou. Un autre effet de cette cause, c'est que les œufs ou les petits de la nourrice sont quelquefois poussés hors du nid.

Nouvellement éclos, les Coucous ont leur cri d'appel, et ce cri n'est pas moins aigu que celui des Fauvettes et des Rouges-Gorges leurs nourrices, dont ils prennent le ton par la force de l'instinct imitateur. Comme s'ils sentaient la nécessité de solliciter, d'importuner une mère adoptive, qui ne peut avoir les entrailles d'une véritable mère, ils répètent à chaque instant ce cri d'appel, ou, si l'on veut, cette prière, sans cesse excités par des besoins sans cesse renaissants et dont le sens est très clair, très déterminé par un large bec qu'ils tiennent continuellement ouvert de toute sa largeur. Ils en augmentent encore l'expression par le mouvement d'ailes qui accompagne chaque cri. Dès que leurs ailes sont assez fortes, ils s'en servent pour poursuivre leur nourrice sur les branches voisines lorsqu'elle les quitte, ou pour aller au-devant d'elle lorsqu'elle leur apporte la becquée. Ce sont des nourrissons insatiables et qui le paraissent d'autant plus que de petits oiseaux, tels que le Rouge-Gorge, la Fauvette et le Troglodyte, ont de la peine à fournir la subsistance à un hôte de si grande dépense, surtout lorsqu'ils ont en même temps une famille à nourrir, comme cela arrive quelquefois.

GUÉNEAU DE MONTBEILLARD.

Une des principales questions que se posèrent les observateurs, ce fut de savoir comment s'y prend le Coucou pour déposer clandestinement ses œufs dans des nids étrangers, presque toujours d'un oiseau relativement très petit. Le pondait-il directement dans le nid? Ce n'était guère probable, le nid étant beaucoup trop étroit pour recevoir l'oiseau; et d'ailleurs les propriétaires du nid, survenant d'un moment à l'autre, n'auraient pas laissé l'intrus en paix. On doit la solution de ce curieux problème au célèbre naturaliste voyageur Le Vaillant, qui a exploré l'Afrique australe.

La contrée, dit-il, était pleine de Coucous criards; chaque jour nous en rencontrions à mesure que nous étendions et varions nos courses; et, comme nous étions alors dans la saison de la ponte, nous trouvâmes plusieurs nids où des

Coucous avaient déposé leurs œufs. Nous en découvrîmes un entre autres de Capocier, dont la femelle couvait un de ces œufs : découverte vraiment étonnante, puisque le nid du Capocier est entièrement fermé, à la réserve d'un très petit trou par où pénètre l'oiseau qui le construit. Or ce nid, qui contenait un œuf de Coucou, n'étant en rien déformé, il est évident que le Coucou, incomparablement plus gros que le Capocier, n'a pas pu s'y introduire.

Si en même temps nous considérons qu'en général tous les nids dans lesquels pondent les Coucous sont ceux des plus petits oiseaux; que ces nids sont si peu spacieux et même posés sur des rameaux si faibles, qu'il doit être très difficile, et peut-être absolument impossible, à un oiseau d'un certain volume de s'y tenir enfermé pour pondre, il est incontestable que le dépôt de l'œuf ne se fait pas directement, à moins qu'on ne veuille que, perché sur une branche, tout juste au-dessus du nid, le Coucou y laisse de là tomber son œuf, ce qui est complètement impraticable par la position de quelques-uns de ces petits nids où je n'en ai pas moins trouvé l'œuf du grand Coucou. D'autre part, j'avais plusieurs fois trouvé l'œuf du Coucou d'Europe dans le nid du Roitelet huppé, nid presque entièrement fermé, comme celui du Capocier; je l'avais trouvé encore en Afrique dans plusieurs nids de Pincpinc, nids fermés aussi et dont l'entrée est une gorge fort étroite, très insuffisante pour livrer passage au Coucou. Ces faits, joints à ce que les Coucous font tous des œufs très petits, relativement à leur taille, et ont tous la bouche large et le gosier ample, m'ont conduit à penser que les Coucous pondaient partout ailleurs que dans les nids où ils se proposaient de déposer leurs œufs et les y transportaient ensuite avec le bec ou les serres. M'étant avisé, en effet, d'essayer tous les œufs de Coucous, dont j'avais une assez grande quantité, dans les becs et dans les serres de tous les Coucous que je tuais, en ayant soin, comme on le pense bien, d'essayer les œufs de chaque espèce aux individus de l'espèce correspondante, j'ai trouvé que l'œuf d'un Coucou quelconque tient très bien dans ses serres, mais encore mieux dans son gosier, sans qu'il empêche aucunement le bec de se refermer. Le même essai, fait sur beaucoup d'autres oiseaux avec leurs propres œufs, a été loin de me donner le même résultat.

Cependant il s'en fallait de beaucoup que tout cela satisfît à mon désir de savoir la vérité : je voulais une conviction et non des conjectures, si raisonnables que fussent ces conjectures. Est-ce bien dans son gosier ou dans ses serres, me disais-je souvent, qu'un Coucou transporte son œuf dans le nid d'un autre oiseau? J'avoue bonnement qu'une chose qui paraîtra sans doute futile à bien des gens ne laissait pas que de me tourmenter l'imagination. Je voyais bien des difficultés dans le moyen des serres : l'oiseau ayant besoin de se percher aux environs du nid où il aurait prétendu déposer son œuf, le pied qui aurait porté cet œuf en eût été gêné, embarrassé. D'ailleurs le tarse est si court, qu'il devrait être souvent impossible à l'oiseau d'étendre assez le pied pour arriver, de l'endroit où il se trouverait perché, à l'ouverture du nid. Et puis, comment ferait-il si ce nid était fermé? Mais je me rappelais très bien avoir été un jour témoin d'un couple d'Engoulevents emportant leurs œufs dans le bec pour déménager du point où mes visites les avaient troublés et aller chercher ailleurs une retraite plus sûre. Pourquoi les Coucous n'en feraient-ils pas autant, ayant pour cela les mêmes moyens que les Engoulevents, c'est-à-dire un gosier ample et une large bouche? Mais tout cela n'était encore que du domaine des probabilités.

Je mis tout mon monde à la recherche des nids, et je défendis de tirer les Coucous. Mon projet était de si bien guetter ces derniers, caché non loin d'un nid, que j'espérais en prendre un sur le fait; mais toutes mes tentatives furent inutiles. J'avais beau, lorsque j'avais trouvé un nid de ceux que les Coucous recherchent, me blottir dans les environs pendant des journées entières, et dans les cantons où il y avait beaucoup de Coucous, je n'eus jamais le bonheur de satisfaire ma curiosité sur la manière dont ces oiseaux déposent leurs œufs. Tous les moyens que je pris furent inutiles, tellement inutiles que je renonçais à mes recherches quand le hasard vint me donner la solution du problème.

Ayant tué une femelle de Coucou et voulant lui introduire dans la gorge un tampon de filasse, comme je le pratiquais toujours lorsque j'avais abattu un oiseau, afin d'empêcher le sang de sortir par le bec et de se répandre sur les plumes, je ne fus pas peu surpris de lui trouver dans la gorge un œuf entier, que je reconnus tout de suite, à sa forme et à sa coloration, pour appartenir à l'espèce d'oiseau même qui le portait. Ravi cette fois d'avoir enfin acquis la conviction entière de ce que je n'avais encore fait que soupçonner après bien d'inutiles efforts, j'appelai à grands cris mon fidèle compagnon Klaas, à qui j'avais d'autant plus de plaisir à faire part de mes découvertes, qu'il en prenait un extrême à seconder mes vues. Klaas, en voyant l'œuf dans le gosier de l'oiseau, me dit qu'il lui était plusieurs fois arrivé de tuer des femelles de Coucous qui transportaient ainsi le leur, c'est-à-dire que souvent, en ramassant ces femelles, il avait vu près d'elles un œuf cassé tout nouvellement, et qu'il avait toujours cru que, prêtes à pondre au moment où il les avait tirées, elles l'avaient laissé tomber en tombant elles-mêmes. Je me rappelai alors très bien que, lorsque ce bon Hottentot m'apportait les pièces de sa chasse, il lui était bien des fois arrivé de me dire, en me montrant un Coucou : « En voilà un qui a pondu son œuf en tombant de l'arbre. » Quoique cela me donnât la conviction que le Coucou dépose son œuf dans le nid d'un autre oiseau en l'y transportant avec son bec, je voulus sur ce point rassembler d'autres faits. En conséquence, Klaas et moi nous nous mîmes à tuer autant de Coucous que nous pûmes en rencontrer, et je finis par trouver une seconde femelle portant son œuf dans le bec comme la première.

Le Vaillant.

Il y a quelques années, vers la fin d'avril, je réussis à prendre au filet, dans un bois des environs de Paris, un Coucou femelle que je venais de voir retirer un œuf d'un nid de Bergeronnette et le déposer sur l'herbe. Pour rendre l'oiseau reconnaissable, je lui colorai les ailes avec de la teinture écarlate et je fixai sur sa tête un morceau de drap rouge; puis je lui rendis la liberté. Le lendemain, m'étant placé de manière à pouvoir l'observer, je la vis au point du jour s'abattre auprès du même nid de Bergeronnette et y enfoncer sa tête. Dès qu'elle fut éloignée, je m'approchai du nid et vis qu'elle venait de déposer un œuf. Dans l'espace de quatre heures environ, elle revint plus de cinquante fois dans le même endroit, tantôt s'y arrêtant, tantôt passant avec rapidité. Trois jours après, elle était dans un autre canton.

FLORENT PRÉVOST.

Le Coucou ne dépose pas ses œufs dans le nid des petits oiseaux sans éprouver quelquefois de leur part une résistance opiniâtre. Il en est même qui le forcent à y renoncer : telle est une femelle Rouge-Gorge qui, occupée à couver, se réunit avec son mâle pour défendre l'accès du nid à un de ces oiseaux qui s'en était approché de fort près. Tandis que l'un des opposants donnait au Coucou des coups de bec dans le bas-ventre, ce dernier avait dans les ailes un trémoussement presque insensible, ouvrait le bec fort large, et si large, que l'autre Rouge-Gorge, qui l'attaquait au front, s'y jeta plusieurs fois et y cacha sa tête tout entière, mais toujours impunément. Bientôt le Coucou accablé chancela, perdit l'équilibre et tourna sur sa branche, à laquelle il resta suspendu les pieds en haut, les yeux à demi fermés, le bec ouvert et les ailes étendues. Étant resté environ deux minutes dans cette attitude, et toujours pressé par les deux Rouges-Gorges, il quitta sa branche et ne reparut plus.

VIEILLOT.

C'est le jeune Coucou qui rejette lui-même hors du nid soit les œufs, soit les petits de la nourrice, pour rester seul nourrisson. S'aidant du croupion et des ailes, il tâche de se glisser sous le petit oiseau dont il partage le berceau et de le placer sur son dos. Alors, se traînant à reculons jusqu'au bord élevé du nid, il se repose un instant, puis, d'un dernier effort, il rejette sa charge dehors. Cela fait, il tâte du bout des ailes comme pour se convaincre du succès de son entreprise. J'ai toujours remarqué que les jeunes Coucous se servent du bout de leurs ailes pour reconnaître les œufs ou les petits oiseaux qu'ils veulent déloger. Cette partie, douée d'une grande sensibilité, paraît leur tenir lieu de la vue, dont ils sont privés durant quelques jours après leur naissance.

J'ai répété l'expérience sur un grand nombre de nids, et j'ai vu les jeunes Coucous constamment exécuter les mêmes manœuvres. En grimpant contre les parois du nid, l'oiseau laisse quelquefois retomber sa charge, mais il recommence bientôt son travail et ne reste en repos que lorsqu'il est venu à bout de son projet. Il est curieux de voir les efforts réitérés d'un Coucou de deux à trois jours, lorsqu'on met à côté de lui un oisillon déjà trop lourd pour qu'il puisse le soulever; il est alors dans une agitation continuelle et ne cesse de travailler. Mais quand il approche du douzième jour, le Coucou perd le désir de jeter dehors ses compagnons; du moins, passé cette époque, je ne me suis plus aperçu qu'il les inquiétât.

La configuration particulière du jeune Coucou le rend très propre à l'expulsion qui doit le rendre seul possesseur du nid. Contrairement à ce qui a lieu chez les autres oiseaux, la partie supérieure de son corps, depuis la nuque jusqu'au croupion, est très large et creusée en cuvette au milieu. Il semble que cet enfoncement est destiné à recevoir les œufs et les petits oiseaux que le Coucou veut rejeter; plus tard, vers le douzième jour, cette cuvette dorsale s'efface, et l'oiseau ne songe plus à déloger les petits ou les œufs qu'on dépose à côté de lui. La nécessité où le jeune Coucou se trouve de rejeter lui-même les petits oiseaux hors du nid commun rend raison des soins qu'a la mère de cette espèce de ne confier ses œufs qu'à des nids d'oiseaux de petite taille.

En juin 1787, je trouvai dans le même nid deux Coucous et une Fauvette, éclos tous les trois dans la matinée ; il y avait en outre un œuf de Fauvette. Peu d'heures après, les deux Coucous commencèrent à se disputer la possession du nid. La dispute dura jusqu'au lendemain matin. Enfin, le plus gros des deux parvint à jeter l'autre hors du nid, ainsi que la Fauvette et l'œuf non éclos. La lutte fut vive ; chacun des deux Coucous avait tour à tour l'avantage et portait son antagoniste jusqu'aux bords du nid, d'où il retombait au fond accablé sous le poids de sa charge. Après bien des efforts, le plus gros l'emporta, et il resta seul à profiter des soins des Fauvettes.

EDWARDS JENNER.

XIII

Le Pigeon voyageur.

Les pigeons voyageurs, ou pigeons sauvages de l'Amérique du Nord, émigrent d'une province à l'autre pour rechercher de la nourriture. Ils ont une puissance de vol qui leur permet de parcourir une immense étendue de pays en très peu de temps. Tout en voyageant, ils inspectent de leur vue perçante la contrée qui s'étend au-dessous d'eux, et découvrent aisément s'il s'y trouve de la nourriture. Quand ils passent au-dessus de terrains stériles ou peu fournis en aliments qui leur conviennent, ils se maintiennent haut en l'air, volant sur un front étendu, de manière à pouvoir explorer des centaines d'acres à la fois ; dès qu'apparaissent de riches moissons ou des arbres chargés de graines et de fruits, ils commencent à voler bas pour découvrir en quelle partie de la contrée les attend le plus ample butin.

La multitude de ces pigeons dans nos forêts est véritablement étonnante, à ce point que moi-même, qui ai pu les observer si souvent et en tant de circonstances, j'hésite encore et me demande si ce que je vais raconter est la réalité. Et pourtant je l'ai vu, je l'ai bien vu, et cela en compagnie de personnes qui, comme moi, en restèrent frappées de stupeur.

Pendant l'autonne de 1813, je me rendais, de Henderson sur les bords de l'Ohio, à Louisville, quand vinrent à passer des pigeons voyageurs en bandes si nombreuses, que je n'avais jamais rien vu de pareil. Voulant compter les troupes qui pourraient passer à portée de mes regards dans l'espace d'une heure, je descendis de cheval, m'assis sur une éminence et commençai à faire une marque au crayon pour chaque bande que j'apercevais. Mais j'eus bientôt reconnu qu'une pareille entreprise était impraticable, car les oiseaux se pressaient en innombrables multitudes. Je me levai et comptai les points marqués sur mon carnet; il y en avait 163 en 21 minutes. Je continuai ma route, et plus j'avançais, plus je rencontrais de pigeons. L'air en était littéralement rempli; la lumière du jour, en plein midi, s'en trouvait obscurcie comme par une éclipse; la fiente tombait semblable aux flocons d'une neige tombante; le bourdonnement continu des ailes m'étourdissait et me donnait envie de dormir.

Je m'arrêtai pour dîner au confluent de la rivière Salée avec l'Ohio; et, de là, je pus voir à loisir d'immenses légions passant toujours sur un front qui s'étendait de l'ouest à l'est. Pas un seul oiseau ne se posa, car on ne voyait ni un gland ni une noix dans le voisinage. Aussi volaient-ils si haut, qu'on essayait vainement de les atteindre, même avec la plus forte carabine. Je renonce à décrire l'admirable spectacle de leurs évolutions aériennes, lorsqu'un faucon venait par hasard à fondre sur l'arrière-garde de l'une de leurs troupes. Tous à la fois, comme un torrent et avec un bruit de tonnerre, ils se précipitaient en masses compactes, se pressant l'un sur l'autre vers le centre; et ces masses solides dardaient en avant en lignes brisées ou gracieusement onduleuses, descendaient et rasaient la terre avec une inconcevable rapidité, montaient perpendiculairement de manière à former une colonne immense; puis, à perte de vue, tournoyaient, en tordant leurs lignes sans fin, qui représentaient la marche sinueuse d'un serpent.

Au coucher du soleil, j'atteignis Louisville. Les pigeons passaient toujours en même nombre; ils continuèrent ainsi pendant trois jours sans cesser. Tout le monde avait pris les armes; les bords de l'Ohio étaient couverts d'hommes et de jeunes garçons fusillant sans relâche les voyageurs qui volaient plus bas en traversant la rivière. Des multitudes furent détruites; pendant une semaine et plus, toute la population ne se nourrit que de pigeons, et pendant ce temps l'atmosphère resta profondément imprégnée de l'odeur particulière à cet oiseau.

Le calcul suivant donne un aperçu du nombre de pigeons contenus dans l'une de ces bandes et de la quantité de nourriture journellement consommée par les oiseaux qui la composent. — Supposons une colonne d'un mille de large, ce qui est bien au-dessous de la réalité, et concevons-la passant au-dessus de nous, sans interruption, pendant trois heures; à raison d'un mille par minute, nous aurons ainsi un rectangle de 180 milles de long sur 1 de large. Supposons deux pigeons par mètre carré; le tout donnera 1 115 156 000 pigeons par chaque troupe. Comme chaque pigeon consomme journellemant une bonne demi-pinte de nourriture, la quantité nécessaire pour subvenir à cette immense multitude sera de 8 712 000 boisseaux par jour.

Aussitôt que s'annonce quelque part une abondance convenable, les pigeons se préparent à descendre, et volent d'abord en larges cercles en passant en revue la contrée au-dessous d'eux. C'est pendant ces évolutions que leurs masses profondes offrent le plus bel aspect et déploient, suivant leur direction, tantôt un tapis du plus riche azur, tantôt une couche brillante d'un pourpre foncé. Alors ils passent plus bas par-dessus les bois, et par instants se perdent parmi le feuillage, pour reparaître le moment d'après et s'enlever au-dessus de la cime des arbres. Enfin les voilà posés; mais aussitôt, comme saisis d'une terreur panique, ils reprennent le vol, avec un battement d'ailes semblable au roulement lointain du tonnerre, et ils parcourent en tous sens la forêt, comme pour s'assurer qu'il n'y a nulle part de danger. La faim cependant les ramène à terre, où on les voit retournant très adroitement les feuilles sèches qui cachent les graines et les fruits tombés des arbres. Sans cesse, les derniers rangs s'enlèvent et passent par-dessus le gros du corps, pour aller se reposer en avant, et ainsi de suite, d'un mouvement si rapide et si continu, que toute la troupe semble être à la fois sur ses ailes. La quantité de terrain qu'ils balayent est immense, et la place est rendue si nette, que le glaneur qui voudrait venir après eux perdrait complètement sa peine. Ils mangent quelquefois avec une telle avidité, qu'en s'efforçant d'avaler un gros gland ou une noisette ils restent haletants et tirant le cou, comme sur le point d'étouffer.

C'est lorsqu'ils remplissent ainsi les bois qu'on en tue des quantités prodigieuses, sans que le nombre paraisse en diminuer. Quand le soleil commence à disparaître, ils regagnent en masse, quelquefois à des centaines de milles, un point choisi pour leur juchoir nocturne. J'ai parcouru l'un de ces juchoirs établis, comme toujours, dans la partie de la forêt où il y a le moins de taillis et les plus hautes futaies. Les pigeons y avaient fait élection de domicile depuis une quinzaine, et il pouvait être deux heures avant le coucher du soleil lorsque j'y arrivai. On n'apercevait encore que très peu de pigeons; mais déjà un grand nombre de personnes, avec chevaux, charrettes, fusils et munitions, s'étaient installées sur la lisière de la forêt. Deux fermiers avaient amené près de trois cents porcs, pour les engraisser de la chair des pigeons qui allaient être massacrés. Çà et là, on s'occupait à plumer et à saler ceux qu'on avait tués la veille et qui étaient véritablement par monceaux. La fiente, sur plusieurs pouces de profondeur, couvrait la terre. Beaucoup d'arbres, de deux pieds de diamètre, étaient rompus assez près du sol; et les branches des plus grands et des plus gros étaient brisées comme si l'ouragan eût dévasté la forêt. En un mot, tout démontrait que le nombre des oiseaux qui fréquentaient cette partie du bois devait être immense et au delà de toute conception.

A mesure qu'approchait le moment où les pigeons devaient arriver, les chasseurs, sur le qui-vive, se préparaient à les recevoir. Les uns s'étaient munis de marmites de fer remplies de soufre pour suffoquer les pigeons endormis; d'autres, de torches et de pommes de pin; plusieurs, de gaules, et le reste de fusils. Cependant le soleil était descendu sous l'horizon, et rien encore ne paraissait. Chacun se tenait prêt, le regard dirigé vers le clair firmament qu'on apercevait par échappées à travers le feuillage des grands arbres...

Soudain un cri général a retenti : « Les voici ! ! » Le bruit qu'ils faisaient, bien qu'éloigné, me rappelait celui d'une brise de mer parmi les cordages d'un vaisseau. Quand ils passèrent au-dessus de ma tête, je sentis un courant d'air qui m'étonna. Déjà des milliers étaient abattus par les hommes armés de perches ; mais il continuait d'en arriver sans relâche. On alluma des feux, et alors ce fut un spectacle fantastique, merveilleux et plein d'une magnifique épouvante. Les oiseaux se précipitaient par masses et se posaient où ils pouvaient, les uns sur les autres, en tas gros comme des barriques; puis les branches, cédant sous le poids, craquaient et tombaient, entraînant par terre et écrasant les troupes serrées qui surchargeaient chaque partie des arbres. C'était une lamentable scène de tumulte et de confusion. En vain aurais-je essayé de parler, ou même d'appeler les personnes les plus rapprochées de moi. C'est à grand'peine si l'on entendait les coups de fusil; et je ne m'apercevais qu'on eût tiré qu'en voyant recharger les armes.

Personne n'osait s'aventurer au milieu du champ de carnage. On avait renfermé les porcs, et l'on remettait au lendemain la récolte des morts et des blessés. Les pigeons arrivaient toujours ; il était plus de minuit, que je ne remarquais encore aucune diminution dans le nombre des arrivants. Le vacarme continua toute la nuit. Enfin, aux approches du jour, le bruit s'apaisa un peu; et, longtemps avant qu'on pût distinguer les objets, les pigeons commencèrent à se remettre en mouvement dans une direction opposée à celle par où ils étaient venus le soir. Au lever du soleil, tous ceux qui étaient capables de s'envoler avaient disparu.

C'était maintenant le tour des loups, dont les hurlements frappaient nos oreilles. Renards, lynx, couguars, ours, ratons, opossums et fouines, bondissant, courant, rampant, se pressaient à la curée, tandis que des aigles et des faucons se précipitaient du haut des airs pour prendre leur part d'un aussi riche butin. Alors, eux aussi, les auteurs de cette sanglante boucherie, commencèrent à faire leur entrée au milieu des morts, des mourants et des blessés. Les pigeons furent entassés par monceaux ; chacun en prit ce qu'il voulut ; puis on lâcha les cochons pour se rassasier du reste.

AUDUBON.

XIV

Les Pétrels.

Ces oiseaux ont le bec crochu par le bout ; leurs narines sont réunies en un tube couché sur le dos de la mandibule supérieure ; leurs pieds n'ont, au lieu de pouce, qu'un ongle implanté dans le talon. Ce sont, de tous les palmipèdes, ceux qui se tiennent le plus constamment éloignés des terres ; aussi, quand une tempête approche, sont-ils souvent obligés de chercher un refuge sur les écueils et sur les vaisseaux, ce qui leur a valu le nom d'*oiseaux de tempête*. Celui de Pétrels (*Petrus*, Pierre) leur vient de la faculté de marcher sur l'eau en s'aidant des ailes. Ils font leurs nids dans les trous de rochers et lancent sur ceux qui les attaquent un liquide huileux dont ils ont toujours l'estomac rempli.

CUVIER.

Le Pétrel Fulmar est le compagnon assidu des pêcheurs de baleines. Il se joint à l'expédition immédiatement après.

qu'elle a passé les îles Shetland et suit les vaisseaux à travers les déserts de l'Océan, jusqu'aux plus hautes latitudes. Il est continuellement aux aguets, attendant qu'on lui jette quelque chose par-dessus le bord. La plus mince particule de graisse ne peut lui échapper ; les mousses, pour le prendre, se servent souvent d'un hameçon qu'ils amorcent avec du lard de baleine et qui pend au bout d'une longue corde. Au printemps, avant qu'ils se soient gorgés de gras de baleine, la chair de ces pétrels est mangeable, après qu'on l'a dépouillée de sa peau et bien nettoyée de toute la substance jaunâtre et huileuse qui forme couche au-dessous.

Ces oiseaux volent avec une aisance et une agilité remarquables ; ils peuvent monter contre le vent en affrontant la violence de la tempête ; ils reposent tranquilles sur la mer au milieu de son agitation la plus furieuse. Cependant on a remarqué que, pendant les grands coups de vent, ils se tiennent très bas et ne font, pour ainsi dire, qu'écumer la surface des vagues. Par terre, ils marchent péniblement, d'un air gauche, et les jambes tellement ployées que les pieds touchent presque le ventre. Sur la glace, ils se reposent le corps à plat et la poitrine tournée au vent. De même que le canard, ils ramènent parfois leur tête en arrière et se cachent le bec sous l'aile.

Ils sont extrêmement avides de gras de baleine. Parfois, au moment d'en harponner une, vous n'en apercevez encore que quelques-uns ; mais, dès que le dépècement commence, ils se précipitent de tous les côtés et se trouvent réunis par milliers. Ils se pressent dans le sillage du vaisseau que marque une trace de graisse ; et, comme leur voracité ne connaît pas la crainte, ils approchent à quelques mètres des hommes occupés à mettre le monstre en pièces, et même, si le flot ne leur apporte pas la pâture en quantité suffisante, ils se hasardent si près des pêcheurs, qu'on peut les tuer à coups de gaffe et quelquefois les prendre avec la main.

Autour de la poupe, la mer en est par moments si complètement couverte, qu'on ne peut lancer une pierre du bord sans en atteindre quelqu'un. Lorsqu'on jette ainsi quelque chose au milieu d'eux, les plus rapprochés de l'endroit où l'objet tombe prennent l'alarme, et, la panique se communiquant de proche en proche, ils partent par milliers. Mais, pour s'élever dans l'air, ils ont besoin d'abord de s'aider de leurs pieds, et l'eau qu'ils frappent tous à la fois rejaillit et bouillonne avec un bruit sourd, en produisant un effet très simgulier.

Il n'est pas moins amusant de voir la voracité sans égale avec laquelle ils saisissent les portions de gras qui tombent devant eux, ainsi que la grosseur et la quantité des aliments qu'ils engloutissent pour un seul repas. Pendant tout ce temps, on ne cesse d'entendre une sorte de gloussement étrange; car ils se dépêchent, craignant de n'en pas avoir assez, et se regardant d'un œil d'envie et même attaquant avec fureur ceux d'entre eux qui tiennent les plus beaux morceaux. D'habitude, il leur arrive de se gorger si complètement, qu'ils ne peuvent plus voler. Dans ce cas, lorsqu'ils ne sont pas soulagés en rendant gorge, ils tâchent de gagner quelque glaçon sur lequel ils restent jusqu'à ce que, la digestion étant en partie faite, ils aient recouvré leur capacité première. Alors, si l'occasion le permet encore, ils reviennent au banquet avec le même appétit.

Lorsque la charogne vient à manquer, les Fulmars suivent la baleine vivante; et parfois, quand ils planent à la surface de l'eau, le pêcheur, d'après leur manière de voler, reconnaît la position du géant des mers qu'il poursuit.

SCORESBY.

XV

Le Pélican.

Quand le poisson commence à s'agiter et à se former en colonne dans les vastes étangs ou les grands fleuves sur les rives desquels le Pélican a fait élection de domicile, avis en est donné au public à son de trompe ; aussitôt tous les pêcheurs se réunissent pour se concerter sur le choix du champ de pêche. C'est le plus communément une anse étroite dans le lac, et dans le fleuve quelque haut-fond situé sous la chute d'un rapide. L'abondance du poisson dans telle ou telle passe est, du reste, la raison déterminante du choix.

L'option décidée à l'unanimité des suffrages, un Pélican vieux d'un siècle, et expert en ce genre de travail, trace de l'aile la ligne de circonvallation ou d'investissement du poisson. A sa suite s'étagent avec ordre cent, deux cents Pélicans, tout l'effectif disponible de l'armée, qui se posent sur l'eau l'un après l'autre et en ligne, ayant grand soin de laisser entre chaque poste un espace d'une douzaine de pieds, un peu plus un peu moins, suffisant en tout cas pour assurer à chacun le libre jeu de ses ailes.

L'investissement opéré, et l'anse hermétiquement bloquée, il s'agit de pousser le poisson à la côte. Le signal de l'opération est donné par le vieux Pélican de tout à l'heure, le même qui s'est chargé de distribuer les postes. Au cri retentissant que répètent sur toute la ligne les sentinelles attentives, succède un bruit d'un autre genre : un bruit de trémoussement et d'ébattement universel. Chaque Pélican, se dressant sur ses pieds de toute sa hauteur, déploie son envergure immense, fustige l'eau du fouet de ses ailes, pique sous lui une tête verticale, et sans bouger de place exécute avec un grand fracas une série de mouvements rapides qui font clapoter les flots et croire à la tempête. Le poisson, effrayé de ce tintamarre et de ce bouleversement, s'enfuit dans toutes les directions. Celui qui est emprisonné entre la ligne des Pélicans et le rivage cherche son salut vers la côte ; c'est tout ce que désirent ses persécuteurs acharnés.

Toujours bruissant à la surface et fouillant au-dessous, le cordon des pêcheurs gagne, gagne ; les intervalles se rétrécissent, les sentinelles se coudoient ; c'est bientôt une muraille vivante, infranchissable, un filet à mailles serrées et saisissantes qui s'avance. Déjà le poisson, qui se voit acculé dans une impasse, qui voit que toute issue lui est fermée et qui rabote le sol en nageant, perd la tête et

Fig. 17. — Le Pélican.

s'élance dans les airs par bonds désespérés. Mais ce spectacle, qui ravit de joie le Pélican, ne lui fait pas perdre le sang-froid si nécessaire en pareille occurrence. Loin de céder à l'attrait de la convoitise qui l'entraînerait à rompre les rangs et à ouvrir une issue aux captifs, il redouble de vigilance à mesure que s'approche le moment du bonheur.

Voici, en effet, que toutes les poitrines des Pélicans se touchent, que l'eau ne leur vient plus qu'à mi-jambes, et que les poissons, pressés dans le cercle fatal, entassés les uns sur les autres, flottent à moitié pâmés. La débandade est désormais sans péril, l'heure de la curée a sonné........ Pille, pille, pille, et hardi ! qu'on emplisse ses sacoches ! Et soudain les longs cous, armés de larges becs, de piquer dans le tas ; et les sacoches de s'emplir à crever.

Quand l'opération est bien conduite et que les pêcheurs sont en nombre suffisant, ce qui est la première condition de succès, la part de prise peut s'élever à vingt livres pesant de poisson pour chaque actionnaire ; et notez que le Pélican n'admet guère que des morceaux de choix aux honneurs de sa table et qu'il dédaigne le menu fretin. Un Pélican qui a saisi une belle pièce se refuse rarement le plaisir de jongler avec : il la fait pirouetter dans l'air pour faire tous ses voisins jaloux de son bonheur et témoins de son adresse ; puis il s'y prend de façon à la recevoir dans son vaste jabot la tête la première.

Après les fatigues du travail, la douceur du repos, la bombance et les ris. La troupe de pêcheurs, chargée de son riche butin, gagne l'abri de la corniche escarpée dont la hauteur la protège contre les surprises du dehors, pour se livrer aux ébats du festin. Les poissons, attendris dans le garde-manger de la sacoche placée sous le bec, sont repris un à un, dégustés à loisir, avalés d'un seul trait et digérés. Puis la troupe s'endort, le bec rabattu sur le jabot gonflé.

TOUSSENEL.

C'est ordinairement dans les heures de la matinée ou le soir que les Pélicans se réunissent pour la pêche, procédant d'après un plan systématique qui est apparemment un résultat de convention. Après avoir choisi un endroit convenable, une baie où l'eau soit basse et le fond lisse, ils se placent tout autour, en formant un grand croissant ou un fer à cheval. La distance d'un oiseau à l'autre semble être mesurée ; elle équivaut à son envergure (3 à 4 mètres). En battant fréquemment la surface de l'eau avec leurs ailes déployées et en plongeant de temps en temps avec la moitié du corps, le cou tendu en avant, les Pélicans s'approchent lentement du rivage, jusqu'à ce que les poissons réunis de la sorte se trouvent enfermés dans un espace étroit. Alors commence le repas commun.

Outre les quarante-neuf Pélicans dont la compagnie se composait ce jour-là, il s'était rassemblé sur les tas d'algues, de conferves et de coquilles rejetées par les vagues et amoncelées sur le rivage, des centaines de Mouettes, d'Hirondelles de mer, de Chouas, qui se préparaient à happer les poissons chassés hors de l'eau et à partager entre eux les restes du repas. Enfin, plusieurs Grèbes, nageant dans l'espace circonscrit par le demi-cercle, tant que cet espace fut encore assez grand, prirent, eux aussi, leur part du festin, en plongeant fréquemment après les poissons effrayés et étourdis.

Quand tous furent rassasiés, la compagnie entière se rassembla sur le rivage pour attendre le commencement de la digestion. Les Pélicans lustraient leur plumage, recourbaient le cou pour le laisser reposer sur le dos, et faisaient ainsi, à côté des petites et frêles Mouettes, l'effet de colosses informes. Leur troupe se composait d'oiseaux de différents âges ; il y en avait de tout blancs, de bigarrés, de gris. De temps en temps, quelqu'un de ces oiseaux vidait sa poche bien garnie, en étendait le contenu devant lui et se plaisait à le contempler. Les poissons qui se débattaient encore avaient bientôt la tête écrasée d'un coup de bec.

NORDMANN.

XVI

Le Troglodyte.

Les mouvements du Troglodyte sont vifs et décidés. Observez-le quand il cherche sa nourriture, comme il sautille, rampe et se glisse furtivement d'une place à l'autre. Cet exercice n'est pour lui qu'un plaisir. A chaque instant il s'incline, de manière à toucher de sa gorge l'objet sur lequel il se tient; puis, étendant tout d'un coup son pied nerveux que seconde l'action de ses ailes concaves et à moitié tombantes, il se redresse et s'élance, en portant sa petite queue constamment retroussée.

Tantôt, par le creux d'une souche, il se faufile comme une souris; tantôt il s'accroche à la surface avec une singulière mobilité d'attitudes; puis soudain il a disparu, pour se remontrer la minute d'après. Par moments, il prolonge son ramage sur un ton langoureux; par moments, il jette une note brève et claire, puis garde le silence.

Volontiers il se porte sur la haute branche d'un arbrisseau ou d'un buisson, qu'il atteint en sautant légèrement d'un rameau à l'autre. Pendant qu'il monte, il change vingt fois de position et de côté, il se tourne et se retourne sans cesse, et, lorsqu'enfin il a gagné le sommet, il vous salue de sa plus délicate mélodie. Mais une nouvelle fantaisie lui passe par la tête, et, sans que vous vous en doutiez, en un clin d'œil il a disparu.

En hiver, quand il prend possession d'une pile de bois, non loin de la maisonnette du laboureur, il provoque le chat par ses notes dolentes; et montrant sa fine tête par le bout des bûches, au milieu desquelles il gambade en toute sûreté, le rusé met à l'épreuve la patience de Raminagrobis.

AUDUBON.

Le Troglodyte est ce très petit oiseau qu'on voit paraître dans les villages et près des villes à l'arrivée de l'hiver et jusque dans la saison la plus rigoureuse, exprimant d'une voix claire un petit ramage gai, particulièrement vers le soir; se montrant un instant sur le haut des piles de bois, sur les tas de fagots, où il rentre le moment d'après, ou bien sur l'avance d'un toit, où il ne reste qu'un instant et se dérobe vite sous la couverture ou dans un trou de muraille. Quand il en sort, il sautille sur les branchages entassés, sa petite queue toujours relevée. Il n'a qu'un vol court et tournoyant, et ses ailes battent d'un mouvement si vif, que les vibrations en échappent à l'œil.

Ce très petit oiseau est presque le seul qui reste dans nos contrées jusqu'au fort de l'hiver; il est le seul qui conserve sa gaieté dans cette triste saison; on le voit toujours vif et joyeux. Son chant, haut et clair, est composé de notes brèves et rapides, *sidiriti*, *sidiriti;* il est coupé par reprises de cinq ou six secondes. C'est la seule voix gracieuse qui se fasse entendre dans cette saison, où le silence des habitants de l'air n'est interrompu que par le croassement désagréable des corbeaux. Le Troglodyte se fait surtout entendre quand il est tombé de la neige, ou sur le soir lorsque le froid doit redoubler la nuit. Il vit dans les basses-cours, dans les chantiers, cherchant dans les branchages, sur les écorces, sous les toits, dans les trous des murs et jusque dans les puits, les chrysalides et les insectes.

BUFFON.

XVII

Le Freux.

Le Freux, un peu plus petit que la Corneille noire, a le plumage de cette dernière, avec des reflets plus violets et plus cuivrés. Son bec est aussi plus droit et plus pointu. Très facilement il est reconnaissable, parmi la gent noire des Corneilles et des Corbeaux, au signe caractéristique de son métier. Il a la peau du front et des entournures du bec toute dégarnie de plumes, blanche, farineuse et parfois cicatrisée. L'oiseau naît-il dans cet état? Nullement. De même que l'ouvrier maniant de rudes et lourdes pièces gagne à ses mains de nobles durillons, de même le Freux acquiert au travail les cicatrices galeuses de son front.

C'est un fervent piocheur, et sa pioche est le bec, qu'il enfonce en terre aussi profondément qu'il peut. Par un frottement continuel contre le sol, le front et le tour entier de la base du bec perdent leurs plumes, deviennent chauves, s'écorchent même et se couvrent de rugueuses cicatrices. Le but du Freux, en cette pénible besogne, est d'atteindre les vers blancs, son régal favori, et toutes les mauvaises larves, fléau des terres cultivées. J'en vis un jour dans un champ qui soulevaient et retournaient les pierres éparses çà et là; ils y allaient avec tant d'ardeur qu'ils faisaient sauter les moins lourdes à hauteur d'homme. Ce qu'ils cherchaient, si affairés, c'était des insectes et toute espèce de vermine. A ce métier de retourneur de pierres et de piocheur, les Freux ne peuvent manquer de s'endommager l'outil, le bec, et d'en déplumer la base.

J'aurais en grande estime ces oiseaux s'ils se bornaient à la chasse des insectes et des vers; malheureusement, ils ont un goût très prononcé pour les graines germées, friandise sucrée qui leur inspire d'ingénieux procédés pour s'en procurer. On dit qu'ils ont l'habitude d'enfouir des glands et qu'ils savent les retrouver longtemps après, quand la germination leur a fait perdre leur saveur acerbe. Le gland amer et dur est mis en terre. Lorsqu'il juge la préparation à point, le Freux, qui a bonne mémoire, revient à son atelier de confiserie, déterre le gland devenu tendre et d'agréable saveur, et s'en régale.

Jusque-là, rien de blâmable; un boisseau de glands de plus ou moins, ce n'est pas une affaire, volontiers je l'abandonne aux Freux pour exercer leur curieuse industrie. Mais toute graine en germination leur convient pareillement, le blé surtout, si facile à se procurer l'hiver dans les terres nouvellement ensemencées. Quand je vois une bande de Freux errer gravement pas à pas dans les sillons, enfonçant, d'ici, de là, le bec dans la terre ramollie par le dégel, je sais bien que ces oiseaux auraient à faire valoir pour excuse qu'ils cherchent des vers de hannetons. Bien naïf qui accepterait cette excuse : en ce moment de l'année, les vers blancs sont descendus à une trop grande profondeur pour que le bec des Freux puisse les atteindre. C'est le blé qui réellement est atteint. Comme les Freux vont par troupes extrêmement nombreuses, par vols capables d'obscurcir le ciel, on comprend que de tels moissonneurs aient bientôt fait la récolte.

Jamais le Freux ne touche à la charogne, si pressé qu'il soit par la faim. Il lui faut des grains et des fruits ou bien des larves et des insectes. Suivant qu'il se livre à l'un ou l'autre genre de nourriture, le Freux est donc, pour l'agriculture, un auxiliaire ou un ennemi.

Toute l'année, le Freux vit en société de ses pareils; il va par troupes à la recherche du manger, il niche par troupes dans le même canton. Un seul chêne porte parfois une douzaine de nids, et les autres arbres voisins en portent chacun tout autant dans une assez grande étendue. C'est grand vacarme dans la cité aérienne au moment de la construction des nids, car les Freux sont très criards et de plus enclins au vol. Quand un jeune couple, encore inexpérimenté, abandonne un moment sa bâtisse pour aller à la recherche d'autres matériaux, les voisins pillent son nid et emportent qui une bûchette, qui une touffe d'herbe ou de mousse, pour l'employer à leur propre construction. C'est plutôt fait que d'aller au loin les choisir. A leur retour, les volés entrent dans des colères bleues, accusent l'un, accusent l'autre, embauchent quelques amis et tombent à grands coups de bec sur les voleurs, si le larcin n'a pas été habilement dissimulé. Pour s'éviter pareil pillage, les couples mûris en prudence ne laissent jamais le nid seul : l'un reste et garde la maison pendant que l'autre va quérir des matériaux.

J.-H. Fabre

XVIII

Le Dindon sauvage.

Vers le commencement d'octobre, lorsqu'à peine quelques graines et quelques fruits sont tombés des arbres, les Dindons sauvages s'attroupent et se mettent en marche vers les riches vallées de l'Ohio et du Missisipi. Les mâles, réunis par sociétés de dix à cent, cherchent leur nourriture à part des femelles; tandis que celles-ci se tiennent seule à seule, emmenant chacune sa jeune couvée, ou bien se joignent à d'autres familles qui forment ensemble des compagnies de soixante à quatre-vingts individus. Mais toutes elles sont fort attentives à éviter la rencontre des vieux mâles, qui attaqueraient les jeunes et leur ouvriraient le crâne à coups de bec. Vieux et jeunes cependant s'avancent dans la même direction. S'ils rencontrent une rivière qui leur barre le passage, on les voit gagner les plus hautes éminences des environs, et souvent demeurer là tout un jour, quelquefois deux, comme pour délibérer. Cependant les mâles *glougloutent* et appellent à grand bruit; ils s'agitent, se pavanent, font la roue, comme pour élever leur courage au niveau d'une si périlleuse aventure. Les femelles, ainsi que leur famille, se laissent même aller à ces emphatiques démonstrations : elles étalent la queue, tournent l'une autour de l'autre avec un bruit sourd, et exécutent des sauts extravagants. A la fin, quand l'air est calme et qu'autour d'elle tout paraît tranquille, la bande entière monte au sommet des plus hauts arbres, d'où, à un signal consistant en un simple *cluck, cluck*, donné par le chef de file, elle s'envole vers la rive opposée. Les vieux, les forts, l'atteignent aisément, la rivière eût-elle un mille de large; mais les jeunes et les moins robustes tombent fréquemment à l'eau. Ils ramènent alors les ailes près du corps, étalent la queue pour se soutenir, allongent le cou, et, détachant à droite et à gauche de vigoureux coups de patte, nagent rapidement vers le bord. Ayant pris terre, ils courent çà et là quelque temps en désordre pour se sécher.

De leurs nombreux ennemis, les plus formidables, après l'homme, sont le Hibou de neige et le Grand-Duc de Virginie. Pour passer la nuit, les Dindons perchent habituellement en société, sur les branches nues; aussi sont-ils aisément découverts par leurs ennemis, les Hiboux, qui, sur leurs ailes silencieuses, s'approchent et voltigent autour d'eux, choisissant leur proie du regard. Heureusement tous ne dorment pas, et à un simple *cluck* de celui qui veille, toute la bande est avertie de la présence du meurtrier. A l'instant ils sont debout, attentifs aux évolutions du Hibou, qui, son choix fait, fond comme un trait sur l'oiseau et s'en emparerait infailliblement si, à l'instant même, le

Fig. 18. — Le Dindon.

Dindon, baissant la tête, n'étalait sur son dos sa queue renversée. Alors l'assaillant, ne rencontrant sous sa griffe qu'un plan mollement incliné, glisse sans faire de mal au Dindon; et celui-ci, sautant aussitôt à terre, en est quitte pour la perte de quelques plumes.

.... La femelle ne quitte jamais les œufs quand ils sont près d'éclore; aucun péril ne peut l'y déterminer. Elle souffrira même qu'on l'entoure, qu'on la capture, plutôt que de les abandonner. Un jour, je fus témoin d'une éclosion; j'avais guetté le nid dans l'intention de m'emparer des jeunes avec la mère. Je me couchai contre terre à quelques pas seulement, et je la vis se lever à moitié sur ses jambes, jeter sur les œufs un regard inquiet, glousser d'un ton alarmé, éloigner soigneusement chaque coquille vide, puis, avec son ventre, caresser et sécher les nouveau-nés, qui, tout chancelants, cherchaient déjà à se tenir debout. Oui, j'ai vu tout cela et j'ai oublié mes projets de capture; j'ai laissé la mère et ses petits aux soins de Celui qui leur avait donné la vie, qui m'a créé moi-même et qui, bien mieux que moi, devait subvenir à leurs besoins! Je les ai vus sortir de la coquille, et une minute après, roulant, culbutant, se pousser l'un l'autre hors du nid, par un instinct admirable dont nul ne peut scruter le mystère.

AUDUBON.

XIX

Chant du Rossignol.

Il n'est point d'homme bien organisé à qui le nom de Rossignol ne rappelle quelqu'une de ces belles nuits de printemps où, le ciel étant serein, l'air calme, toute la nature en silence et pour ainsi dire attentive, il a écouté avec ravissement le ramage de ce chantre des forêts. On pourrait citer quelques autres oiseaux chanteurs dont la voix le dispute, à certains égards, à celle du Rossignol. Les Alouettes, le Serin, le Pinson, les Fauvettes, la Linotte, le Chardonneret, le Merle commun, le Merle solitaire, le Moqueur d'Amérique, se font écouter avec plaisir, lorsque le Rossignol se tait. Les uns ont d'aussi beaux sons, les autres ont le timbre aussi pur et plus doux, d'autres ont des tours de gosier aussi flatteurs; mais il n'en est pas un seul que le Rossignol n'efface par la réunion complète de ces talents divers et par la prodigieuse variété de son ramage, en sorte que la chanson de chacun de ces oiseaux, prise dans toute son étendue, n'est qu'un couplet de celle du Rossignol. Le Rossignol charme toujours et ne se répète jamais, du moins jamais servilement : s'il redit quelque passage, ce passage est animé d'un accent nouveau, embelli par de nouveaux agréments. Il réussit dans tous les genres, il rend toutes les expressions, il saisit tous les caractères, et, de plus, il sait augmenter l'effet par le contraste.

Ce coryphée du printemps se prépare-t-il à chanter l'hymne de la nature, il commence par un prélude timide, par des tons faibles, presque indécis, comme s'il voulait essayer son instrument et intéresser ceux qui l'écoutent; mais ensuite, prenant de l'assurance, il s'anime par degrés, il s'échauffe, et bientôt il déploie dans leur plénitude toutes les ressources de son incomparable organe : coups de gosier éclatants, batteries vives et légères, fusées de chant où la netteté est égale à la volubilité; murmure intérieur et sourd, qui n'est point appréciable à l'oreille, mais très propre à augmenter l'éclat des tons appréciables; roulades précipitées, brillantes et rapides, articulées avec force et même avec une dureté de bon goût; accents plaintifs, cadencés avec mollesse; sons filés sans art, mais enflés avec âme; sons enchanteurs et pénétrants, vrais soupirs d'amour et de volupté, qui semblent sortir du cœur et font palpiter tous les cœurs, qui causent à tout ce qui est sensible une émotion si douce, une langueur si touchante. C'est dans ces tons passionnés que l'on reconnaît le langage du sentiment qu'un époux heureux adresse à sa compagne chérie, et qu'elle seule peut lui inspirer; tandis que dans d'autres phrases, plus étonnantes peut-être, mais moins expressives, on reconnaît le simple projet de l'amuser et de lui plaire, ou bien de disputer devant elle le prix du chant à des rivaux jaloux de sa gloire et de son bonheur.

GUÉNEAU DE MONTBEILLARD.

La nature a ses temps de solennité, pour lesquels elle convoque des musiciens des différentes régions du globe. On voit accourir de savants artistes avec des sonates merveilleuses, de vagabonds troubadours qui ne savent chanter que des ballades à refrain, des pèlerins qui répètent mille fois les couplets de leurs longs cantiques. Le Loriot siffle, l'Hirondelle gazouille, le Ramier gémit; le premier, perché sur la plus haute branche d'un ormeau, défie notre Merle, qui ne le cède en rien à cet étranger ; la seconde, sous un toit hospitalier, fait entendre son ramage confus ainsi qu'au temps d'Évandre; le troisième, caché dans le feuillage d'un chêne, prolonge ses roucoulements, semblables aux sons onduleux d'un cor dans les bois; enfin, le Rouge-Gorge répète sa petite chanson sur la porte de la grange où il a placé son gros nid de mousse. Mais le Rossignol dédaigne de perdre sa voix au milieu de cette symphonie : il attend l'heure du recueillement et du repos, et se charge de cette partie de la fête qui se doit célébrer dans les ombres.

Lorsque les premiers silences de la nuit et les derniers murmures du jour luttent sur les coteaux, aux bords des fleuves, dans les bois et dans les vallées; lorsque les forêts se taisent par degrés, que pas une feuille, pas une mousse ne soupire, que la lune est dans le ciel, que l'oreille de l'homme est attentive, le premier chantre de la création entonne ses hymnes à l'Éternel. D'abord il frappe l'écho des brillants éclats du plaisir : le désordre est dans ses chants; il saute du grave à l'aigu, du doux au fort; il fait des pauses; il est lent, il est vif : c'est un cœur que la joie enivre, un cœur qui palpite sous le poids du bonheur. Mais tout à coup la voix tombe, l'oiseau se tait. Il recommence. Que ses accents sont changés! Quelle tendre mélodie! tantôt ce sont des modulations languissantes, quoique variées; tantôt c'est un air un peu monotone, comme celui de ces vieilles romances françaises, chefs-d'œuvre de simplicité et de mélancolie. Le chant est aussi souvent la marque de la tristesse que de la joie : l'oiseau qui a perdu ses petits chante encore; c'est encore l'air du temps du bonheur qu'il redit, car il n'en sait qu'un; mais, par un coup de son art, le musicien n'a fait que changé la clef, et la cantate du plaisir est devenue la complainte de la douleur.

CHATEAUBRIAND.

Rien n'égale, dans la langue factice de l'imitation, le tour de force du savant ornithologiste Bechstein, qui est parvenu à exprimer assez heureusement, avec les signes usuels de notre langue parlée, toutes les modulations de la voix du Rossignol.

CH. NODIER.

On peut compter jusqu'à vingt-quatre strophes ou couplets différents dans le chant d'un bon Rossignol, sans y comprendre les petites variations fines et délicates. Ce chant est si articulé, si parlant, qu'on peut fort bien l'écrire.

CHANT DU ROSSIGNOL

Tiouou, tiouou, tiouou, tiouou,
Shpe tiou tokoua;
Tio, tio, tio, tio, tio, tio
Kououtio, kououtiou, kououtiou, kououtiou;
Tskouo, tskouo, tskouo, tskouo,
Tsii, tsii, tsii, tsii, tsii, tsii, tsii, tsii, tsii, tsii.
Kouorror, tiou, tskoua, pipitksouis,
Tso, tso, tso, tso, tso, tso, tso, tso, tso, tso, tsirrhading!
Tsi, si si, tosi, si, si, si, si, si, si, si,
Tsorre, tsorre, tsorre, tsorrehi;
Tsatn, tsatn, tsatn, tsatn, tsatn, tsatn, tsant, tsi,
Dlo, dlo, dlo, dlo, dlo, dlo, dlo, dlo, dlo,
Kouiou, trrrrrrrritzt!
Lu lu lu, ly ly ly, lì lì lì lì,
Kouio, diol li loulyli,
Ha guour, guour, koui kouio!
Kouio, kououi, kououi, kououi, koui, koui, koui, koui, ghi, ghi, ghi;
Gholl, gholl, gholl, gholl, ghia, hududoi.
Koui, koui, horrr, dia, dia, dillhi!
Hets, hets, hets, hets, hets, hets, hets, hets, hets, hets,
Touarrho hostehoi
Kouia, kouia, kouia, kouia, kouia, kouia, kouia, kouiati!
Koui, koui, koui, io io io io io io io, koui;
Lu, ly ly, lo lo, di di, io kouia.
Higuai guai, guai, guai, guai, guai, kouior, tsio tsiopsi!

Indépendamment de son chant, le Rossignol exprime ses diverses passions par des tons propres et particuliers. Le cri le moins significatif, quand il est seul, semble n'être qu'un simple sifflement, *fitt;* mais si la syllabe *crr* y est ajoutée, c'est alors l'appel du mâle avec sa femelle. Le signe du mécontentement ou de frayeur est *fitt*, répété rapidement et avec force avant d'y ajouter le *crr* terminal; tandis que celui de la satisfaction, par exemple à l'occasion d'un morceau friand, est un *tack* profond, que l'on pourrait imiter par un claquement de langue. Dans la colère, la jalousie, la rivalité ou une rencontre extraordinaire, ce sont des cris rauques et désagréables qui ne ressemblent pas mal à ceux d'un Geai ou d'un Chat. Enfin, au temps des amours, quand le mâle et la femelle s'agacent et se poursuivent du haut d'un arbre jusqu'à sa base, et de là jusqu'au sommet, un gazouillement doux et à demi-voix est tout ce qu'ils font entendre.

BECHSTEIN.

XX

Les Nids des oiseaux.

Les naturalistes n'ont pas craint d'introduire jusqu'à douze divisions pour classer les conceptions architecturales des oiseaux, qui diffèrent plus ou moins les unes des autres. J'abrège et je cite seulement les formes les plus remarquables.

Il y a d'abord les oiseaux mineurs, comme le Martin des sables, qui creusent leurs nids dans les escarpements des puits et des carrières. Viennent ensuite les constructeurs à fleur de terre. L'Hirondelle est le type des oiseaux maçons. D'autres sont charpentiers. Il y a aussi des constructeurs de plates-formes. Les tresseurs de corbeilles constituent une autre classe très nombreuse. Dans un sixième groupe, nous trouvons la série des oiseaux tisserands.

Le métier de tailleurs semble tout d'abord assez peu approprié à la nature des oiseaux; il y en a pourtant beaucoup qui pratiquent cet art avec succès. Le Sansonnet de jardin, un oiseau des Etats-Unis, construit la partie extérieure de son nid à l'aide d'herbes longues et flexibles cousues ensemble dans diverses directions comme avec une aiguille. Wilson raconte qu'une vieille dame à laquelle il montrait un jour ce curieux ouvrage lui demanda, sur un ton moitié plaisant, moitié sérieux, si l'on ne pourrait pas dresser cet oiseau à raccommoder les bas.

L'oiseau tailleur de l'Inde ramasse une feuille morte et en forme un nid en la cousant à une feuille vivante. Forbes, qui l'a observé de près, décrit ainsi la méthode de l'oiseau : « Il commence par choisir une plante à larges feuilles; puis il ramasse du coton sur les cotonniers, le file avec son long bec, et alors, comme avec une aiguille, coud les feuilles ensemble pour cacher son nid au fond de leur cornet.

L'instinct enseigne à la classe des oiseaux désignés sous le nom de feutriers les matériaux qui conviennent le mieux et la manière de les unir, de les feutrer en une masse solide. Le nid du Capocier ressemble à un morceau de beau drap un peu usé. Il a fallu bien du temps avant que les sociétés humaines apprissent l'art d'employer ces matériaux dans les manufactures; l'oiseau, lui, les utilise depuis l'aube de la création.

Les nids de l'Hirondelle de Java constituent un article important de commerce. Ces nids se mangent et sont considérés par les gourmets comme une délicatesse de table. On les croit composés de végétaux océaniques, dont les principes sont très gélatineux et qui, cimentés par la salive de l'oiseau, forment une sorte de pâte comestible.

Les constructeurs de dômes composent une autre série dans laquelle nous rencontrons plusieurs oiseaux familiers, tels que la Pie et le Roitelet.

Ces maçons, ces charpentiers, ces tisseurs d'étoffe, ces tailleurs, ces cimenteurs, ces architectes — car on en rencontre de tous les métiers parmi les oiseaux — sont tous des ouvriers habiles; mais on admirera encore plus leur talent si l'on songe qu'ils exécutent ces ouvrages si parfaits sans outils et avec très peu de matériaux.

L'Oriole des États-Unis fixe son habitation aux extrémités hautes et flexibles des branches, au moyen de fortes ficelles de chanvre ou de lin. Avec les mêmes matériaux, mélangés d'une certaine quantité d'étoupe, il tisse et fabrique un nid d'étoffe, qui ressemble assez bien au feutre des chapeaux dans l'état grossier. Il forme ainsi une poche de six à sept pouces de profondeur. Cela fait, il double l'intérieur du nid à l'aide de différentes substances molles. Le tout se trouve abrité des rayons du soleil par un toit naturel ou un dais de verdure.

Certains oiseaux vivent en société et se construisent un édifice commun, on dirait volontiers une ville. On peut les comparer aux castors parmi les mammifères, aux abeilles parmi les insectes. Les Gros-Becs républicains de l'Afrique australe forment un immense dais ou pavillon avec une masse d'herbes. Ces herbes, tressées et unies ensemble comme les osiers d'une corbeille, présentent un ouvrage si ferme et si compacte, que la pluie n'y saurait pénétrer. De semblables auvents entourent quelquefois un grand arbre et lui donnent la forme d'un champignon. Les oiseaux ne bâtissent pas leur nid sur la surface extérieure du toit ou sur le chapeau du champignon gigantesque. Cette couverture sert uniquement à protéger les habitations individuelles contre les pluies et l'humidité. Les nids se pressent les uns contre les autres autour des bords du toit; leur nombre est quelquefois de trois cents.

Le nid de l'oiseau, ce miracle de l'instinct, ne présente pas toujours des traits d'architecture aussi savants; dans tous les cas et chez toutes les espèces, il répond aux vues de la nature. Qu'il affecte la forme d'un globe, d'un berceau, d'une conque, d'une bourse, d'une cornue, d'un bonnet, ce nid défend les jeunes du froid et de l'extrême chaleur; il les cache à l'œil des ravisseurs; il les protège contre leur propre faiblesse. Un art si admirable indique une chose plus admirable encore : c'est le sentiment qui l'a inspiré. Ce sentiment est celui de la famille. L'architecte a trouvé son génie dans son cœur.

JONATHAN FRANKLIN.

Une admirable providence se fait remarquer dans les nids des oiseaux. On ne peut contempler sans être attendri cette bonté divine qui donne l'industrie au faible et la prévoyance à l'insouciant.

Aussitôt que les arbres ont développé leurs fleurs, mille ouvriers commencent leurs travaux. Ceux-ci portent de longues pailles dans le trou d'un vieux mur, ceux-là maçonnent des bâtiments aux fenêtres d'une église; d'autres dérobent un crin à une cavale, ou le brin de laine que la brebis a laissé suspendu à la ronce. Il y a des bûcherons qui croisent des branches dans la cime d'un arbre; il y a des filandières qui recueillent la soie sur un chardon. Mille palais s'élèvent, et chaque palais est un nid; chaque nid voit des métamorphoses charmantes: un œuf brillant, ensuite un petit couvert de duvet. Ce nourrisson prend des plumes; sa mère lui apprend à se soulever sur sa couche. Bientôt il va jusqu'à se pencher sur le bord de son berceau, d'où il jette un premier coup d'œil sur la nature. Effrayé et ravi, il se précipite parmi ses frères, qui n'ont point encore vu ce spectacle; mais, rappelé par la voix de ses parents, il sort une seconde fois de sa couche, et ce jeune roi des airs, qui porte encore la couronne de l'enfance autour de la tête, ose déjà contempler le vaste ciel, la cime ondoyante des pins et les abîmes de verdure au-dessous du chêne paternel.

CHATEAUBRIAND.

La mère est l'architecte du nid; le père s'emploie comme pourvoyeur, il va chercher des matériaux, herbes, mousses, racines et branchettes. Quand la charpente extérieure est faite et qu'il s'agit de l'intérieur, l'affaire devient plus difficile. Il faut songer que cette couche doit recevoir un œuf infiniment sensible au froid, dont tout point refroidi serait pour le petit un membre mort. Ce petit naîtra nu. Sa couchette doit le réchauffer. Aussi la mère est-elle là-dessus d'une précaution, d'une inquiétude bien difficiles à satisfaire. Le père apporte du crin, mais c'est trop dur: il ne servira que dessous, et comme un sommier élastique. Il apporte du chanvre, mais c'est trop froid. La soie ou le duvet soyeux de certaines plantes, le coton ou la laine, sont admis seuls ; ou mieux, ses propres plumes, son duvet, qu'elle s'arrache et qu'elle met sous le nourrisson.

Il est intéressant de voir le père en quête de matériaux, quête habile et furtive : il craint qu'en le suivant des yeux on n'apprenne trop bien le chemin de son nid. Souvent, si vous le regardez, pour vous tromper, il prend un chemin différent. Cent petits vols ingénieux répondront aux désirs de la mère. Il suivra la brebis pour recueillir un peu de laine. Il prendra à la basse-cour les plumes tombées de la pondeuse. Il épiera, dans son audace, si la fermière, sous l'auvent, laisse un moment sa pelote ou sa quenouille, et s'en ira riche d'un fil dérobé.

Dans chaque art, les oiseaux qui s'y livrent vont plus ou moins haut, selon l'intelligence des espèces, la facilité des matériaux ou l'exigence des climats. Le Manchot, le Pingouin, dont le petit, à peine né, sautera à la mer, se contentent de faire un trou. Mais le Guêpier, l'Hirondelle de rivage, se creusent sous terre une véritable habitation, très bien proportionnée, non sans quelque géométrie. Ils la jonchent de matières molles, sur lesquelles la nichée sentira moins la dureté ou la fraîcheur du sol.

Parmi les oiseaux maçons, le Flamant, qui élève la boue en pyramide pour isoler ses œufs de la terre inondée, et les couve debout sur ses longues jambes, se contente d'une œuvre grossière. C'est encore un manœuvre. Le vrai maçon, c'est l'Hirondelle, qui suspend sa maison aux nôtres.

La merveille du genre est peut-être l'étonnant cartonnage que travaille la Grive. Son nid, fort exposé sous l'humide abri des vignes, est de mousse au dehors et échappe aux yeux, mêlé à la verdure ; mais regardez dedans : c'est une coupe admirable de propreté, de poli, de luisant, qui ne cède point au verre. On pourrait s'y mirer.

L'art rustique, et propre aux forêts, de la charpente, du menuisage, de la sculpture en bois, a son infime essai dans le Toucan, dont le bec est énorme, mais faible et

Fig. 19. — La Mésange à longue queue et son nid.

mince; il ne s'attaque qu'aux arbres vermoulus. Le Pic, mieux armé, peut davantage : c'est le vrai charpentier, le vrai sculpteur.

Le tressage fort élémentaire des Hérons, des Cigognes, est dépassé par les vanniers des bois, par le Geai, le Moqueur, l'Étourneau, le Bouvreuil. Ils fondent des assises grossières, mais par-dessus adaptent un panier plus ou moins élégant, un tressage de racines et de bûchettes fortement liées. La Cistole entrelace délicatement trois roseaux dont les feuilles, mêlées au tissu, en font la base mobile et sûre; il ondule avec elle. La Mésange penduline suspend son berceau en forme de bourse à l'extrémité d'une haute branche flexible et se confie au vent pour bercer sa famille.

Le Serin, le Chardonneret, le Pinson, sont des feutreurs habiles. Ce dernier, inquiet et défiant, colle à l'ouvrage des lichens blancs, dont la moucheture trompe le chercheur et lui fait prendre ce charmant nid, si bien dissimulé, pour un accident de verdure, une chose fortuite et naturelle.

Le collage et le feutrage jouent un grand rôle dans l'œuvre même des tisseurs. L'Oiseau-Mouche consolide avec la gomme des arbres sa petite maison. Quelques-uns, chose étrange ! excellent dans un art pour lequel leurs organes leur donnent le moins de secours. Un Sansonnet américain parvient à coudre des feuilles avec son bec, et très adroitement.

MICHELET.

Pour bâtir la charpente, l'extérieur du nid, les oiseaux emploient les méthodes et les matières les plus variées. L'un entrelace des bûchettes, l'autre tisse du crin et de fines racines; celui-ci feutre des mousses et des lichens, celui-là devient maçon et gâche de la terre; en voici qui se font charpentiers et du bec forent un trou dans la tige des arbres; en voici d'autres qui grattent le sol et se creusent des conques dans le sable. Tout leur est bon pour le dehors du nid; chacun, suivant sa spécialité, emploie les matériaux les plus divers et les met en œuvre d'une façon différente.

Mais, pour l'intérieur, c'est autre chose : comme d'un commun accord, ils ne les composent qu'avec un petit nombre de matériaux choisis entre mille. Dans le matelas destiné à la jeune couvée, ils ne font entrer que le coton, la bourre, la laine, les plumes, le duvet, c'est-à-dire les corps aptes à conserver le mieux la chaleur. Pour entretenir dans le nid la douce température nécessaire à leurs petits nus et frileux, ils ont pour guide mieux que la science ; ils ont la providentielle inspiration de l'instinct, qui dévoile au Pinson les secrets de la chaleur et conseille à l'Hirondelle de matelasser de duvet le nid de terre maçonné sous le rebord du toit.

J.-H. Fabre.

XXI

Le nid du Républicain.

Une découverte qui me causa une joie très vive fut celle d'un nid monstrueux occupant une grande partie d'un fort aloès. Il était composé d'une multitude de cellules et servait de retraite à une quantité immense d'oiseaux de la même espèce. Déjà plusieurs fois mon compagnon hottentot, Klaas, m'avait parlé de ces constructions singulières, mais jusqu'à ce moment encore je n'avais pu en rencontrer. Je restai longtemps à examiner celle-ci. A chaque instant, il en sortait des volées qui se répandaient dans la plaine, tandis que d'autres revenaient portant dans leur bec les matériaux nécessaires pour se construire un logement ou pour réparer l'ancien. Chaque couple avait son nid dans l'habitation commune ; c'était une vraie république. Je donnai au constructeur de ce singulier nid le nom de Républicain.

Un autre jour, me rendant au camp, j'aperçus sur ma route un arbre qui portait un nid de ces oiseaux. Le désir me vint de le faire abattre pour ouvrir la ruche et en examiner la structure dans tous ses détails. J'envoyai quelques hommes avec un charriot pour me l'apporter au camp. Quand il fut arrivé, je le dépeçai à coups de hache. La pièce fondamentale du nid était un massif de gramens, mais si serré et si bien tissé, que l'eau des pluies ne pouvait le pénétrer. C'est par ce massif que la bâtisse commence, et c'est là que chaque oiseau construit et applique son nid particulier. Les cellules ne sont bâties qu'en dessous et autour du toit commun; sa face supérieure reste inoccupée sans néanmoins être inutile. Comme cette face a des rebords saillants et qu'elle est un peu inclinée, elle sert à l'écoulement des eaux et préserve les nids individuels de la pluie. Qu'on se représente un énorme champignon irrégulier, dont le sommet forme une espèce de toit et dont le dessous et les bords sont entièrement couverts d'alvéoles, pressées les unes contre les autres, et l'on aura une idée assez précise de cette étrange construction.

Chaque cellule a de trois à quatre pouces de diamètre. Toutes se touchant par une très grande partie de leur surface, elles semblent ne former qu'un seul corps, et ne sont distinguées entre elles que par un petit orifice extérieur, qui sert d'entrée et qui même est quelquefois commun à trois nids différents, dont l'un est placé dans le fond et les deux autres sur les côtés. Le gros édifice que je visitai contenait trois cent vingt cellules habitées, ce qui, en ne comptant que le mâle et la femelle pour chaque ménage, donne une société de six cent quarante individus.

Souvent il arrive qu'une république est chassée par une autre. Partout où les Républicains viennent s'établir, les petits Perroquets les suivent pour s'emparer de leurs constructions. Ils les en chassent à force ouverte, et l'expulsion se fait même si lestement, que plusieurs fois j'ai vu, en moins de deux heures, l'habitation changer de propriétaires et se remplir de nouveaux hôtes.

LE VAILLANT.

XXII

Le nid de la Mésange penduline ou Rémiz [1].

Ce qu'il y a de plus curieux dans l'histoire des Rémiz, c'est l'art recherché qu'ils apportent dans la construction de leur nid. Ils y emploient ce duvet léger qui se trouve aux aigrettes des fleurs du saule, des peupliers, des chardons, des pissenlits, de la masse d'eau; ils savent entrelacer avec leur bec cette matière filamenteuse et en former un tissu épais et serré, presque semblable à du drap; ils fortifient les dehors avec des fibres et de petites racines qui pénètrent dans la texture et font en quelque sorte la charpente du nid; ils garnissent le dedans du même duvet non ouvré, pour que leurs petits y soient mollement; ils le ferment par en haut afin qu'ils y soient chaudement, et ils le suspendent avec du chanvre à la bifurcation d'une petite branche mobile, donnant sur une eau courante, pour qu'ils soient bercés plus doucement par la liante élasticité de la branche, pour qu'ils se trouvent dans l'abondance, les insectes aquatiques étant leur principale nourriture; enfin pour qu'ils soient en sûreté contre les rats, les lézards, les couleuvres et autres ennemis. Ce nid a son entrée par le côté, près du dessus, et cette entrée est recouverte par une espèce d'avance ou d'auvent continu avec le nid.

Guéneau de Montbeillard.

La Mésange penduline ou Rémiz a le manteau roux marron, la gorge blanche, le dessous du corps roux clair, le haut de la tête blanc, les ailes et la queue noires avec une bordure roussâtre. Cette espèce ne se rencontre que sur les bords des rivières et des grands étangs du Midi. Elle

1. Le *Débassaïré* de la Provence, à cause de son nid, qui, par sa forme et sa texture, rappelle un peu un bas de laine (*Débas*). Sur les bords du Rhône, le langage populaire donne donc à l'industrieux Rémiz le nom de tricoteur de bas. J.-H. F.

habite les fourrés de saules et de peupliers, et suspend son nid aux branches de ces arbres.

Ce nid, dont on ne retrouve les analogues que dans les contrées marécageuses de la zone tropicale, est unique pour sa forme en France. C'est une sorte de bas fabriqué avec le coton de la fleur des peupliers et des saules, artistement feutré, foulé et consolidé par des trames de crin et de laine. Les détails de la fabrication de cette étoffe sont encore aujourd'hui un mystère pour tous nos ouvriers tisserands et fouleurs. Ce bas est suspendu par des cordages de laine ou de chanvre à l'extrémité d'un rameau flexible, et se balance au-dessus des ondes sous le souffle du vent. Il est percé dans sa partie supérieure, et sur la face qui regarde l'eau, d'une ouverture très étroite qui fait saillie ou goulot en dehors et ressemble au col d'une cornemuse. La construction de cette œuvre d'art admirable, et qui pourrait passer à bon droit pour une des sept merveilles du monde des oiseaux, n'exige pas moins de trois semaines d'un travail frénétique et non interrompu, et d'un travail à deux.

Je tiens d'un de nos professeurs les plus distingués et les plus justement populaires de la Faculté de médecine [1] une histoire intéressante concernant les Rémiz. Deux Rémiz avaient vu détruire par la main rapace d'un pâtre l'espoir d'une postérité plantureuse et le fruit de leurs travaux de vingt jours. Avec quelle matière maintenant confectionner l'étoffe du nid quand est passé le temps du duvet cotonneux des peupliers et des saules? L'affliction des deux mésanges paraissait donc sans remède, quand elles apprirent de rencontre, par le bavardage d'une pie, qu'à tel endroit de la forêt prochaine gisait un cadavre de renard. Et, s'étant transportées à la place indiquée, elles virent que la bête était encore ornée de sa fourrure. L'idée leur vint d'essayer s'il ne serait pas possible d'employer ce poil soyeux en guise de coton végétal, pour la

1. Moquin-Tandon, sans doute, qui nous a raconté à nous-même le même trait d'industrie du Rémiz. J.-H. F.

construction d'une bâtisse nouvelle. L'épreuve réussit au delà de leur espoir. Le savant et spirituel professeur qui m'a raconté cette histoire avait été témoin de l'expérience; il a vu et tenu ce nid de Rémiz en poil de renard, qui ne serait pas déplacé, ce me semble, au milieu des produits industriels les plus curieux d'une exposition universelle de Londres ou de Paris [1].

TOUSSENEL.

XXIII

Les oiseaux insectivores.

Conserver ce qu'on possède est d'une sagesse si vulgaire, qu'aucun vœu ne semble ici pouvoir être émis, aucun progrès indiqué, qui ne se trouve déjà, et depuis longtemps, réalisé par le bon sens public. Mais ce qui devrait être est malheureusement ce qui n'est pas, et il est vrai de dire que sur ce point la barbarie des temps passés est encore debout au milieu de la civilisation du dix-neuvième siècle. L'homme se fait plus que jamais un jeu de détruire autour de lui des biens que lui offrait libéralement la nature et en présence desquels il lui suffisait de s'abstenir pour les conserver. La guerre que fait l'homme, sous le nom de chasse et de pêche, à tous les animaux qu'il peut atteindre, est aussi acharnée de nos jours qu'au moyen âge, et, la seule différence étant qu'il la fait aujourd'hui avec des engins plus perfectionnés et des armes plus redoutables, la civilisation est venue la rendre plus meurtrière, et par conséquent plus pernicieuse que jamais.

La loi, il est vrai, est intervenue pour conserver les animaux utiles de nos champs, de nos forêts, de nos eaux; mais la législation est très insuffisante surtout en ce qui concerne les animaux terrestres. Si elle assure, au-

1. D'après Guéneau de Montbeillard, on trouve aussi des nids de Rémiz faits de poils de Castor.

tant en vue du plaisir et de l'amusement du chasseur que comme réserve alimentaire, la conservation de toutes ces espèces qu'on désigne collectivement sous le nom de gibier, la loi sur la chasse laisse sans protection efficace une foule d'autres espèces éminemment utiles et notamment celles qu'on devrait tenir pour les plus utiles de toutes : les espèces destructrices des animaux nuisibles à l'agriculture, nos alliées nécessaires pour la conservation des biens les plus précieux de la terre.

Au premier rang de ces espèces, ennemis de nos ennemis, honnêtes travailleurs à notre profit, sont les oiseaux insectivores. Rares en hiver, car peu d'entre eux

Fig. 20. — L'Engoulevent.

vivent sédentaires dans notre pays, ils paraissent en abondance au retour de la belle saison ; au moment même où les insectes pullulent de toute part autour de nous, ils arrivent pour en réprimer les dommages ; et sans eux, comment y parvenir ? Leur arrivée est donc, chaque année, un bienfait pour l'agriculture ; on les traite comme s'ils en étaient le fléau. Les uns sont détruits par préjugé : qu'un Engoulevent, qu'un Scops soit aperçu ; chacun, dans nos campagnes, s'empressera de le poursuivre comme un animal malfaisant ; et l'agriculteur, dont le fusil l'a atteint, est fier de placer sur sa porte les trophées d'une victoire dont ses moissons payeront bientôt le prix. D'autres que le préjugé laisserait vivre, les Traquets, le Rouge-Gorge, la Bergeronnette, et jusqu'aux chantres de nos bosquets, les Fauvettes et le Rossignol lui-même, tom-

Fig. 21. — Le Scops.

bent en foule comme menus gibiers pour la table. D'autres enfin, comme les Hirondelles, sont abattues sans même que leur mort offre cette minime utilité : l'oiseau atteint, on ne daigne pas même relever le corps. On a tué pour le stupide plaisir de tuer, rien de plus.

I. Geoffroy Saint-Hilaire.

XXIV

Pêche du Thon en Sicile.

Le plus formidable moyen imaginé pour la pêche du Thon est la *madrague*, véritable parc avec des allées de chasse aboutissant à un vaste labyrinthe composé de chambres qui s'ouvrent les unes dans les autres, et conduisent toutes à la *chambre de mort* ou *corpou*, placée à l'extrémité de la construction. Pour enfermer cet enclos dont les murs ont quelquefois plus d'une lieue de développement, pour élever cet édifice, on emploie de vastes filets lestés de pierres, soutenus par des bouées de liège et amarrés avec des ancres de manière à résister pendant toute la belle saison aux plus violents coups de mer. On comprend que le matériel d'un pareil engin de pêche doit être énorme. Aussi emploie-t-on un bateau à vapeur pour le transporter, chaque année, de Palerme à Favignana. Le bras de mer placé entre cette île et Levanzo est très propre à l'établissement d'une madrague ou *tonnara*, comme l'appellent les Siciliens, et le droit de pêche, dans cette seule localité, est affermé 60 000 francs.

A l'ouverture de la pêche, des drapeaux sont arborés sur les points élevés de l'île. Ce sont autant de signaux qui

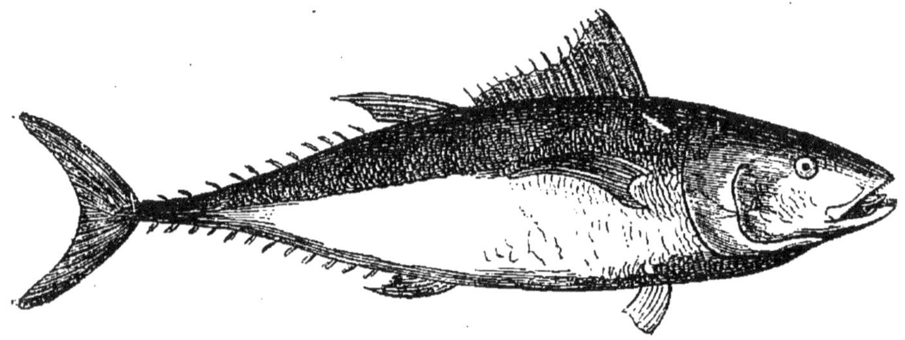

Fig. 22. — Le Thon.

appellent les pêcheurs de la côte à se rendre à la *tonnara*. Pas un ne manque au rendez-vous. De Trapani à Mazara, toutes les barques se mettent en mouvement, et, au point du jour, la mer est couverte d'une nombreuse flottille dont les cent voiles latines, convergeant vers un même point, présentent un coup d'œil des plus pittoresques.

Nous atteignîmes la madrague assez à temps pour suivre dans toutes ses péripéties le drame sanglant dont elle devait être le théâtre. — Cinq cent cinquante Thons, poussés de chambre en chambre par des portes qui se referment derrière eux, sont arrivés dans la dernière, dans la *chambre de mort*. Celle-ci possède un plancher mobile, formé par un filet que des cordages permettent de ramener du fond à la surface. Toute la nuit on a travaillé à l'élever peu à peu, et maintenant chacun de ses bords repose sur un des côtés du carré formé par les barques. En face de nous se tient le propriétaire de la *tonnara*, entouré de son état-major. A droite et à gauche, les deux barques principales portent l'armée des pêcheurs. Ces barques, entièrement vides et découvertes, attendent leur chargement. Seulement une longue poutre, allant d'une extrémité à l'autre, laisse entre elle et le bord une sorte de couloir où se pressent deux cents marins accourus de vingt lieues à la ronde. Demi-nus, montrant leurs membres athlétiques couleur de cuivre rouge, ces hommes attendent, en frémissant d'impatience, le moment d'agir. Leurs yeux brillent sous leurs bonnets phrygiens de couleur brune ou écarlate; leurs mains agitent les instruments de mort, larges crochets aigus et tranchants, tantôt adaptés à de longues perches, tantôt placés au bout d'un manche court, massif et muni de profondes entailles pour offrir plus de prise à la main. Au milieu de l'enceinte, une petite yole toute noire, manœuvrée par deux rameurs, porte le chef de pêche. C'est lui qui commande la manœuvre, qui stimule les travailleurs et transporte des hommes d'un côté à l'autre, là où il est besoin de renfort.

Cependant les cabestans placés aux extrémités du filet n'ont pas cessé de tourner, et le plancher mobile du *corpou* s'élève d'autant. De plus en plus refoulés vers le haut, les Thons commencent à se montrer. Grâce à la transparence de l'eau, on les voit parcourir en tout sens, avec une irrégularité inquiète, la vaste poche qui les enserre. Déjà quelques-uns rasent la surface et s'élancent en bondissant. Malheur à ceux qui viennent à portée des barques! Des mains de fer s'allongent aussitôt et enfoncent dans leurs flancs des griffes acérées. D'ordinaire, les blessés échappent à ces premières attaques : pleins de vie et de force, jouissant de toute la liberté de leurs mouvements dans ce bassin encore assez étendu, ils s'arrachent aux mains de leurs ennemis, laissant seulement au fer des crampons quelques lambeaux ensanglantés; mais, aux cris cadencés des matelots, les cabestans tournent toujours, et le filet impitoyable monte de plus en plus. La yole du chef de pêche chasse les Thons vers les bords. Les blessures se multiplient. Déjà quelque poisson, plus profondément atteint, a ralenti sa course, et de temps à autre montre son large ventre argenté que raye un filet de sang noirâtre. A chaque nouveau coup qu'il reçoit, sa résistance diminue. Bientôt il s'arrête un instant, et cet instant suffit; dix crampons s'enfoncent à la fois dans ses chairs, vingt bras se raidissent et le soulèvent au-dessus de l'eau. En vain la peau se déchire; le crampon qui vient de lâcher prise s'élève, retombe, s'enfonce de nouveau, et bientôt le malheureux animal est hissé jusque sur le bord. Aussitôt deux hommes le saisissent par ses grandes nageoires pectorales, le font glisser sur la poutre placée derrière eux et le lancent dans la cale.

Mais le filet mobile monte sans cesse, et le troupeau de Thons se découvre en entier. Pressés les uns contre les autres, on voit ces monstrueux poissons s'élancer avec désespoir contre les parois flexibles du corpou, montrer le dos noir moucheté de larges taches jaunes, ou fendre la surface de l'eau avec leurs grandes nageoires en croissant. Au milieu d'eux bondissent quelques Espadons, au long nez terminé en lance d'épée.

Enivrés par le spectacle de la proie qui s'offre à leurs coups, les mains frappent et plus vite et plus fort. La pêche devient alors une vraie boucherie. Dans cette foule serrée, on ne distingue plus les individus. Ce ne sont que têtes violemment agitées, que bras rougis qui s'élèvent et s'abaissent, que harpons qui se croisent et se heurtent. Tous les yeux étincellent, toutes les bouches poussent des cris de triomphe, des clameurs d'encouragement. Les eaux du *corpou* se teignent de sang. A chaque instant, de nouveaux Thons tombent dans les cales; les morts, les mourants s'amoncellent, et les barques bientôt insuffisantes s'enfoncent sous leur charge demi-vivante.

Après deux heures de carnage, l'épuisement commence à se faire sentir; les Thons deviennent rares, et leurs ennemis auraient trop à attendre. Aussitôt une barque se détache, s'écarte de chaque côté de l'enceinte, et les deux principales se trouvent plus rapprochées de moitié. Les cabestans se remettent à jouer, et les pêcheurs impatients leur viennent en aide. Les mains s'enfoncent dans les mailles, les crochets aident les mains. Ces efforts, d'abord désordonnés, ne produisent pas grand résultat ; mais le sifflet du chef se fait entendre. Des chants cadencés s'élèvent : sous l'influence du rythme, les mouvements se coordonnent, s'harmonisent, et à chaque cri le filet monte de quelques lignes. Bientôt il est presque à fleur d'eau ; il est temps de se remettre à l'œuvre. La yole, jusque-là simple spectatrice, prend alors une part active à l'action. Montée par quelques pêcheurs d'élite, elle poursuit les Thons dans l'espace étroit qui leur reste, les atteint avec de longs harpons et les pousse anx crochets des barques qui les enlèvent.

Je dois le dire, ce spectacle, que nous avions désiré, nous laissa tristes et mécontents ; cette tuerie nous avait péniblement affectés. Quant à nos matelots, ils étaient radieux. Pêcheurs, ils ne pouvaient sentir et voir qu'en hommes de leur profession, et la pêche avait été superbe. En trois heures, on avait harponné cinq cent cinquante-quatre poissons, pesant environ 80 kilogrammes en moyenne, et représentant une valeur d'au moins 43 000 francs.

DE QUATREFAGES.

XXV

Les Gymnotes.

Ce n'est pas seulement aux attaques des crocodiles et des jaguars que les chevaux de l'Amérique méridionale sont exposés ; ils ont aussi parmi les poissons un ennemi dangereux. Les eaux marécageuses sont remplies d'anguilles électriques qui, de chaque partie de leur corps gélatineux, tacheté de jaune, lancent à volonté une secousse violente. Ce sont les Gymnotes, qui ont cinq à six pieds de longueur. Ils sont assez puissants pour tuer les plus grands animaux, lorsque leur appareil nerveux donne une décharge simultanée dans une direction convenable. Il fallut un jour changer la route de la steppe à Uritoucou, parce que les Gymnotes s'étaient tellement multipliés dans une petite rivière, que tous les ans beaucoup de chevaux, étourdis par les commotions électriques, se noyaient dans le trajet. Tous les autres poissons fuient le voisinage de ces redoutables anguilles. Le pêcheur à l'hameçon, placé sur le haut du rivage, en reçoit des secousses par l'intermédiaire de la ligne mouillée, qui fait l'office du conducteur. Là donc, le feu électrique se dégage du sein même des eaux.

C'est un étrange spectacle que la pêche des Gymnotes. On fait courir des mulets et des chevaux dans une mare que les Indiens ceignent étroitement jusqu'à ce que ce bruit insolite excite à l'attaque les poissons courageux. On les voit alors nager comme des serpents sur l'eau et se presser astucieusement sous le ventre des chevaux. Beaucoup de ces derniers succombent à la force des coups invisibles ; d'autres, haletants, la crinière hérissée, les yeux étincelant d'une féroce angoisse, s'enfuient devant l'orage qui gronde. Mais les Indiens, armés de longs bambous, les repoussent au milieu de la mare.

Insensiblement, l'impétuosité de cette lutte inégale se calme. Les poissons, fatigués, se dispersent comme des nuages déchargés du fluide électrique. Ils ont besoin d'un long repos et d'une nourriture abondante pour réparer la dépense de leur force galvanique. Les secousses deviennent de plus en plus faibles. Effrayés du piétinement des chevaux, ils s'approchent timidement du rivage ; là, on les saisit avec des harpons, et on les tire sur la steppe au moyen de bois secs, non conducteurs de l'électricité.

HUMBOLDT.

XXVI

La Torpille.

C'est un fait connu depuis l'antiquité que la Torpille donne des commotions lorsqu'on la touche, encore vivante, avec les mains sur le dos et sur le bas-ventre à la fois. Cette propriété lui a fait donner le nom vulgaire de *Tremble*, *Poisson magicien.* Il est encore connu, parmi les pêcheurs, que la Torpille donne la commotion volontairement, pour se défendre et pour tuer les poissons dont elle se nourrit.

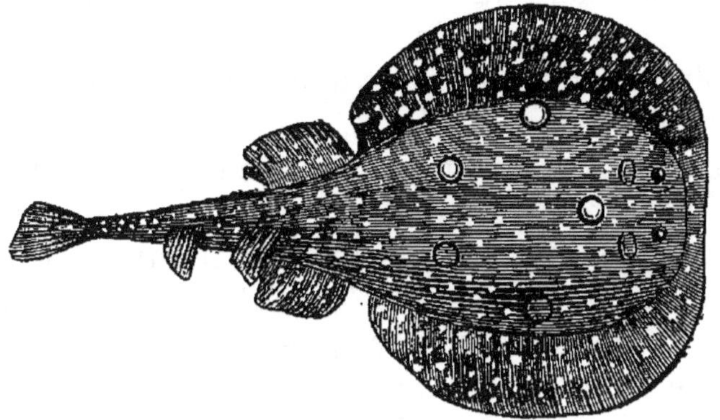

Fig. 23. — La Torpille.

Toutes les fois qu'on prend dans la main une Torpille vivante, on ne tarde pas à ressentir une forte commotion, insupportable quand l'animal a toute sa vigueur. Il suffit, pour en donner une idée, de raconter l'observation suivante, qui est commune parmi les pêcheurs et que j'ai vérifiée moi-même. Lorsqu'ils soulèvent les filets et renversent les poissons dans la barque, ils commencent par les laver, en y jetant dessus de grandes masses d'eau salée. On s'aperçoit à l'instant qu'il y a une Torpille par la secousse qu'éprouve le bras qui verse l'eau, la colonne liquide servant de conducteur à la décharge. Si l'on prend alors l'animal dans les mains pour l'essuyer, les décharges qu'il donne sont tellement fortes et si rapprochées les unes des autres, qu'il faut l'abandonner. Les bras se trouvent pour un certain temps engourdis.

Les premiers observateurs reconnurent bientôt l'identité du phénomène que présente la Torpille avec la décharge électrique ; ils s'assurèrent que si l'animal est entouré de matières isolantes et touché avec des baguettes de cire d'Espagne, de verre ou d'autres corps mauvais conducteurs, la secousse n'a pas lieu ; qu'on contraire on la ressent immédiatement si l'on emploie des corps bons conducteurs, eau, linges mouillés, tiges métalliques. Ils parvinrent enfin à démontrer expérimentalement que les deux faces opposées du corps de la Torpille sont les pôles où se trouvent les électricités contraires au moment de la décharge, de manière que l'on obtient la plus forte décharge possible en réunissant le ventre et le dos du poisson au moyen d'un conducteur dont le corps de l'observateur peut tenir lieu.

La secousse de la Torpille est accompagnée de tous les phénomènes propres à la décharge ou au courant électrique. Les grenouilles préparées à la manière de Galvani, disposées sur le corps de la Torpille, éprouvent des contractions à chaque secousse qu'elle donne lorsqu'elle est excitée. Ce même effet a lieu alors même que les grenouilles sont placées à quelques mètres de distance de la Torpille, pourvu qu'elles reposent, ainsi que le poisson, sur le même linge mouillé.

Quand on met les deux extrémités des fils d'un galvanomètre médiocrement sensible au contact du dos et du ventre de la Torpille, et qu'on irrite le poisson à l'effet d'en obtenir la décharge, l'aiguille de l'appareil est brusquement déviée. A l'aide de cet instrument, on a pu constater que le courant est dirigé du dos au ventre du poisson, de sorte que le dos représente le pôle positif d'une pile, et le ventre le pôle négatif.

Si, au lieu de faire usage du conducteur du galvanomètre, on emploie un fil métallique dont une portion soit roulée en spirale et contienne suivant son axe une aiguille d'acier, cette aiguille s'aimante quand on touche les deux faces de la Torpille avec les extrémités du fil. La direction du magnétisme est constante, c'est-à-dire qu'elle est la même que celle du courant indiqué par le galvanomètre.

La décharge de la Torpille peut produire la décomposition chimique. On place le poisson sur un plan isolant, et l'on dispose sur chacune de ses faces un disque de platine portant une bandelette de papier imbibée d'une dissolution d'iodure de potassium. Si l'on ferme le circuit en mettant en communication les deux bandelettes par un fil métallique, on ne tarde pas à constater qu'après un certain nombre de décharges il se forme une tache d'une couleur jaune rougeâtre autour de l'extrémité du fil qui touche le morceau de papier placé sur le platine du côté du ventre. La solution qui imprègne le papier est donc décomposée par le courant de la Torpille.

On peut aussi apercevoir l'étincelle au moment de la décharge. On place une Torpille très vivace sur un large plateau métallique parfaitement isolé, et l'on met au-dessus du poisson un plateau pareil tenu au moyen d'un manche isolant. Sur le bord de chaque plateau se dresse un fil métallique portant à son extrémité une petite feuille d'or. Les deux feuilles d'or sont disposées en face l'une de l'autre à une petite distance. En comprimant le poisson avec le plateau supérieur pour l'irriter, on voit fréquemment passer l'étincelle d'une feuille d'or à l'autre.

L'organe électrique de la Torpille est double et placé sur chaque flanc à la partie antérieure du corps. Il se compose de quatre à cinq cents masses prismatiques adossées l'une à l'autre et composées chacune de cellules superposées, contenant un liquide albumineux. De cette disposition générale, il résulte que l'organe a l'aspect des rayons d'abeilles. Les prismes électriques sont animés par d'innombrables ramifications de trois grosses branches nerveuses. Chaque cellule forme l'organe élémentaire de l'appareil. J'ai enlevé sur une Torpille vivante un morceau d'un de ses prismes, gros environ comme la tête d'une forte épingle ; je l'ai mis en contact avec le nerf d'une grenouille préparée à la manière de Galvani, et j'ai fréquemment observé des contractions dans les muscles de celle-ci en piquant le fragment de prisme avec un morceau de verre. Si l'on réfléchit maintenant que chacun des prismes, qui se comptent par quatre à cinq cents, se compose d'un très grand nombre de cellules ou organes élémentaires, on comprendra que la décharge, devant être proportionnelle au nombre de cellules, est nécessairement très forte. L'organe électrique est donc un véritable appareil multiplicateur.

MATTEUCCI.

XXVII

Les nids d'Épinoche.

Tandis que l'on contemplait avec ravissement les beautés des Oiseaux, les merveilleux instincts de ces jolies créatures, les expressions de leurs sentiments, on restait fort indifférent aux actes de la vie des Poissons, actes presque absolument ignorés ou à peine entrevus. Les Poissons étaient regardés, sans distinction, comme infiniment mal partagés sous le rapport des instincts. On supposait de leur part, en toute circonstance, l'insouciance la plus complète pour les individus de leur espèce et même pour leur progéniture. Des observations sont venues apprendre que certaines espèces étaient beaucoup mieux douées que les naturalistes ne se le figuraient.

Les Epinoches, ces êtres chétifs et dédaignés, ont fourni l'exemple le plus remarquable qui nous soit encore bien connu d'une industrie parmi les Poissons, d'une étonnante sollicitude des parents pour leur postérité.

Dès la fin de mai, les Epinoches apparaissent avec un éclat qu'ils ne présentaient pas auparavant. Dans l'espace de quelques jours, un grand changement s'opère chez ces poissons. Leur dos prend des teintes bleuâtres ; les parties inférieures de leurs corps, les lèvres, les joues, la base des nageoires, qui étaient blanches ou d'un blanc jaunâtre, commencent à s'empourprer et bientôt deviennent d'une couleur rouge cramoisie, des plus vives. C'est, comme chez les oiseaux, la parure des noces.

Fig. 24. — L'Épinoche et son nid.

Vers les premiers jours de juin, l'Épinoche mâle semble rechercher un endroit à sa convenance ; il s'agite longtemps à la même place ; s'il quitte cette place, il y revient fréquemment. De sa part, il y a une préoccupation évidente. Voici qu'en effet, après avoir choisi l'emplacement, il fouille la vase avec son museau et finit par s'y enfermer tout entier. S'agitant avec violence, tournant avec rapidité sur lui-même, il forme bientôt une cavité circonscrite par les parties terreuses rejetées sur les bords. Ce premier travail exécuté, le Poisson s'éloigne sans paraître suivre une direction bien arrêtée ; il regarde de divers côtés, il est évidemment en quête de quelque chose.

Un peu de patience encore, et vous le verrez saisir avec les dents un brin d'herbe ou un filament de racine. Alors, tenant ce fragment dans la bouche, il retourne directement et sans hésitation au petit fossé qu'il a creusé. Il y place le brin, le fixe à l'aide de son museau, en apportant au besoin des grains de sable pour le maintenir et en frottant son ventre sur le fond. Dès qu'il est assuré que le faible filament ne pourra être entraîné par l'eau, il va en chercher un autre pour l'apporter et l'ajuster comme il a fait du premier. Le même manège devra être recommencé bien des fois avant que le fond du fossé se soit garni d'une couche suffisante de brindilles. Le moment arrive cependant où le tapis est devenu épais ; toutes les parties sont bien enchevêtrées et parfaitement adhérentes les unes aux autres, car l'Épinoche, par le frottement de son corps, les a agglutinées avec le mucus qui suinte des orifices percés le long de ses flancs.

Ce qui ravit l'observateur attentif à suivre ce travail, c'est de voir l'intelligence qui paraît présider aux moindres détails de l'opération. En plaçant ses matériaux, le poisson semble d'abord chercher simplement à les entasser ; mais une fois le premier lit établi, il les dispose avec plus de soin, se préoccupant de leur donner la direction qui sera celle de l'ouverture à la sortie du nid. Si l'ouvrage n'est pas parfait, l'habile constructeur arrache les pièces défectueuses, les façonne et recommence jusqu'à ce qu'il ait réussi au gré de son désir. Parmi les matériaux apportés, s'en trouve-t-il que leur dimension ou leur forme ne permet pas d'employer convenablement, il les rejette et les abandonne après les avoir essayés. Ce n'est pas tout encore ; comme s'il voulait s'assurer que la base de l'édifice est bien consolidée, il agite avec force ses nageoires de façon à produire des courants énergiques, capables de montrer que rien ne sera entraîné. L'industrieux Épinoche, dans l'accomplissement de son labeur, déploie une activité infatigable. Il veille à ce que nul n'approche, il s'élance avec ardeur sur les poissons ou les insectes qui osent se montrer dans le voisinage.

Les fondations du nid sont seules établies : pour compléter l'édifice, notre architecte doit travailler beaucoup encore. Il continue à se procurer des matériaux, et bientôt les côtés du fossé, dont le fond est tapissé, se garnissent de brindilles pressées et tassées les unes contre les autres. L'Épinoche les englue toujours avec le même soin. Il s'introduit entre celles qui s'élèvent des deux côtés, de façon à ménager une cavité assez vaste pour que le corps de la femelle y passe sans difficulté. Il s'agit enfin de construire la toiture ; de nouvelles pièces sont encore apportées, et, pour former la voûte, elles prennent place sur les murailles déjà établies et s'enchevêtrent par leurs extrémités. Le poisson poursuit toujours son travail de la même manière ; il fixe et contourne les brindilles avec son museau, il lisse les parois de l'édifice en les imprégnant de mucosité par les frottements répétés de son corps. La cavité est particulièrement l'objet de ses soins ; il s'y retourne à maintes reprises jusqu'à ce que les parois du tube soient devenues bien unies. Parfois, le nid demeure fermé à l'une de ses extrémités ; le plus souvent, au contraire, il est ouvert aux deux bouts ; seulement, l'ouverture opposée à celle par laquelle l'animal est entré si fréquemment, pour accomplir son travail, reste très petite. La première est surtout construite avec un soin extrême ; pas un brin ne dépasse l'autre ; le bord en est englué, poli avec les plus minutieuses précautions pour rendre le passage facile.

N'est-ce pas un saisissant et merveilleux spectacle que celui de l'industrie de l'Épinoche mâle, ce poisson si petit, si chétif, exécutant avec persévérance un travail pénible, long, difficile, montrant une incroyable vigilance pour mettre son ouvrage à l'abri des accidents, déployant au besoin un courage prodigieux pour repousser l'ennemi. Et ce mâle est seul, il ne tire secours de nul autre. Tant qu'il est à l'exécution de son travail, aucune femelle ne le préoccupe ; cette préoccupation ne se manifestera qu'après l'entier achèvement de son édifice.

Les nids d'Épinoches se trouvent en grande partie enfouis dans la vase, et quand on les aperçoit au fond d'un ruisseau clair, où il y en a parfois des quantités énormes, ils apparaissent comme autant de petits monticules dont la dimension est d'une dizaine de centimètres. Le mâle des Épinochettes établit au contraire son nid à une certaine hauteur du sol, parmi les plantes qui croissent dans les eaux, entre les tiges ou contre les feuilles. Il fait choix des matériaux les plus délicats ; ce sont surtout des conferves, des brins d'herbe très déliés. Il en apporte jusqu'à ce qu'il en ait fait un paquet suffisant pour construire le petit édifice, en prenant des soins incessants pour leur faire contracter adhérence avec les végétaux sur lesquels ils sont appuyés, et les empêcher d'être entraînés par le courant. Il emploie, dans ce but, le même moyen que l'Épinoche; il englue de mucus toutes les parties, à l'aide du frottement de son corps. Lorsque la masse des brins d'herbes et des conferves est devenue assez considérable, il s'efforce de pénétrer dans le milieu en poussant avec son museau. Dès qu'il a réussi à s'enfoncer un peu dans cette masse, il se retourne à diverses reprises et avance de mieux en mieux en faisant agir ses nombreuses épines dorsales, qui contournent et enchevêtrent tous les brins les uns avec les autres. Parvenu au bout, il sort par l'extrémité opposée à celle par laquelle il a pénétré. A ce moment, le nid a pris sa forme définitive. On a comparé assez heureusement ce nid à un petit manchon. Le nid de l'Épinochette est encore plus gracieux que celui de l'Épinoche. D'abord, il est suspendu aux feuilles et aux tiges comme le nid des petits oiseaux; ensuite, n'ayant pas de contact avec la terre, avec la vase, il conserve ordinairement une jolie teinte verte. On ne découvre pas aussi facilement les nids des Épinochettes que ceux des Épinoches ; cachés entre les herbes, entre les roseaux, ils demeurent dérobés aux regards les plus attentifs. Une recherche spéciale devient nécessaire pour les apercevoir.

Le nid terminé et prêt à recevoir les œufs, l'Épinoche et l'Epinochette mâles se mettent en recherche d'une femelle. Le poisson, à ce moment, est dans tout l'éclat de sa parure de noce ; ses couleurs ont une vivacité surprenante, son dos est diapré des plus jolies nuances. Ainsi paré, il s'élance au milieu du groupe des femelles, s'attache à celle qui semble être le mieux en situation de pondre, tournant, s'agitant autour d'elle, paraissant l'engager à le suivre. Celle-ci s'empresse à son tour. Alors le mâle, comme s'il avait saisi une intention manifestée de le suivre, se précipite vers le nid et en élargit l'ouverture pour rendre l'accès plus facile. La femelle ne tarde pas à s'enfoncer dans l'intérieur du tube, où elle disparaît en entier, ne montrant plus au dehors que l'extrémité de la queue. Elle y demeure deux ou trois minutes, et, après avoir déposé ses œufs, elle s'échappe par l'ouverture opposée à celle qui lui a servi d'entrée, ou bien pratique elle-même cette ouverture par un effort violent, si l'extrémité du nid est restée fermée.

Pendant que la femelle occupe l'intérieur du nid, le mâle paraît plus agité, plus animé que jamais ; il remue, il pétille à l'entrée. La femelle partie, il entre précipitamment à son tour et se met à glisser comme avec délices sur les œufs. Mais le nid, objet de tant de soins et de fatigues, n'a pas été construit pour recevoir une seule ponte. Le mâle s'efforce sans relâche d'y attirer successivement d'autres femelles. Il recommence près d'elles les mêmes agaceries et continue le même manège plusieurs jours de suite. Les pontes s'accumulent ainsi dans la petite construction et finissent par former un tas d'œufs assez considérable. A ce moment, le mâle n'est pas encore arrivé au terme de sa mission.

Son premier soin est de fermer l'ouverture du nid qui a été le passage de sortie pour les femelles ; il veille ensuite sur le berceau de sa postérité avec une persévérance et une sollicitude dont les oiseaux n'offrent pas d'exemple plus parfait. Ne voulant rien laisser approcher du nid, il donne la chasse aux mal-intentionnés, il poursuit avec fureur les insectes et les poissons attirés par ce magasin d'œufs, si séduisants pour les voraces habitants des eaux. S'il a affaire à des ennemis trop nombreux ou trop puissants, il doit naturellement succomber malgré sa vaillance ; mais en pareille circonstance, avec le sentiment de sa faiblesse relative, il sait avoir recours à la ruse. Il s'éloigne de son nid, il fuit pour détourner l'attention de l'ennemi, sans toujours y parvenir. Les œufs sont quelquefois mangés, l'édifice bouleversé, et tout est à recommencer pour l'Épinoche, qui ne se décourage pas si la saison n'est pas trop avancée.

Pendant les dix à douze jours qui s'écoulent entre le moment de la ponte et celui de l'éclosion des jeunes, on voit fréquemment le mâle, le museau placé vers l'entrée du nid, agiter ses nageoires avec force, pour déterminer des courants sur les œufs. C'est le moyen de les bien laver et d'empêcher qu'aucune végétation ne se développe à leur surface. Le moment de l'éclosion arrive, les jeunes Épinoches commencent à s'agiter. Tant qu'ils ne peuvent pourvoir à leur subsistance et ne sont pas assez agiles pour se soustraire à la poursuite des espèces carnassières, le mâle ne les perd pas de vue, et ne leur permet pas de s'écarter.

Les personnes qui veulent observer les mœurs si merveilleuses des Épinoches ne sont pas obligées de se condamner à passer des journées entières au bord d'un ruisseau. On transporte à domicile un certain nombre de ces poissons industrieux, et on les place dans un bassin ayant au fond une couche de limon, garni d'herbes et de conferves et approvisionné de petits animaux aquatiques. Avec une confiance entière, les Épinoches se mettront au travail dans l'étroite prison et sous les regards des curieux. Si des plantes, des conferves, végètent dans le bassin, l'eau restera pure et l'on n'aura pas trop à se préoccuper de son renouvellement.

E. BLANCHARD.

XXVIII

Le Hareng.

Aux mois d'avril et de mai, les Harengs commencent à se montrer dans les eaux des îles Shetland, et, vers la fin de juin, ils y arrivent en nombre incalculable et en formant de vastes bancs serrés, qui couvrent quelquefois la mer dans une étendue de plusieurs lieues et ont plusieurs centaines de pieds d'épaisseur. Peu après, ces poissons se répandent sur les côtes de l'Écosse et de l'Angleterre. Pendant les mois de septembre et d'octobre, ils y donnent lieu à de grandes pêches, et, depuis la mi-octobre jusque vers la fin de l'année, ils abondent dans la Manche, principalement dans le détroit de Calais jusqu'à l'embouchure de la Seine. En juillet et août, ils restent d'ordinaire en pleine mer; mais ensuite ils entrent dans les eaux peu profondes et cherchent un endroit convenable pour y déposer les œufs et y séjourner jusque vers le mois de février. Leur multiplication est prodigieuse : on a trouvé plus de soixante mille œufs dans le ventre d'une seule femelle de moyenne grandeur. On assure que leur frai recouvre quelquefois la surface de la mer dans une grande étendue et ressemble de loin à de la sciure de bois qui y serait répandue.

La pêche du Hareng est une des plus importantes : elle occupe chaque année des flottes entières, et jadis elle était poursuivie avec plus d'activité encore. Vers le milieu du XVIIe siècle, les Hollandais n'y employaient pas moins de deux mille bâtiments, et l'on a évalué à 800 000 le nombre des personnes que cette industrie faisait vivre dans les deux provinces de la Hollande et de la Frise occidentale. Les Norwégiens, les Américains, les Écossais, les Anglais, et même nos pêcheurs, s'y adonnent aussi en grand nombre. Dans nos divers ports situés entre Dunkerque et l'embouchure de la Seine, on compte chaque année trois à quatre cents bâtiments montés par environ 5000 marins qui s'occupent de la pêche du Hareng.

Cette pêche se fait avec des filets de 1000 à 1200 mètres de long, dont le bord inférieur est alourdi par des pierres, tandis que le bord supérieur est maintenu à flot au moyen de barils vides, et dont les mailles sont juste assez grandes pour permettre au Hareng d'y enfoncer la tête jusqu'au delà des ouïes, mais ne laissent pas passer les nageoires pectorales. Le poisson, en cherchant à vaincre l'obstacle que cette grande cloison verticale oppose à son passage, s'emmaille de lui-même ; et ne pouvant plus, à cause de ses nageoires et de ses ouïes, ni avancer ni reculer, il reste prisonnier jusqu'à ce que les pêcheurs retirent le filet à bord. Le nombre des Harengs qui se prennent de la sorte est quelquefois si considérable, qu'en peu d'instants tout le filet s'en trouve garni jusqu'à rompre sous le poids.

MILNE-EDWARDS.

Le Hareng est une des productions naturelles dont l'emploi décide de la destinée des empires. La graine du caféier, la feuille du thé, les épices de la zone torride, le ver qui file la soie, ont moins influé sur les richesses des nations que le Hareng de l'océan Atlantique. Le luxe ou le caprice demandent les premiers ; le besoin réclame le second.

A l'époque du frai, ces poissons voyagent en immenses légions. Les plus grands, les plus forts ou les plus hardis se placent dans les premiers rangs, que l'on a comparés à une sorte d'avant-garde. Et qu'on ne croie pas qu'il ne faille compter que par milliers les individus renfermés dans ces rangées si longues et si pressées. Combien de ces animaux meurent victimes des cétacés, des squales, d'autres grands poissons, des différents oiseaux d'eau ; et néanmoins combien de millions périssent dans les baies, où ils s'étouffent, s'écrasent, en se précipitant, se pressant et s'entassant mutuellement contre les bas-fonds et les rivages ; combien tombent enfin dans les filets des pêcheurs ! Il est telle petite anse de la Norwège où plus de vingt millions de ces poissons ont été le produit d'une seule pêche ; il est peu d'années où l'on ne prenne, dans ce pays, plus de quatre cents millions de Harengs. On a calculé que les habitants des environs de Gothembourg, en Suède, en prenaient chaque année plus de sept cents millions. Et que sont tous ces millions d'individus à côté de tous les Harengs qu'amènent dans leurs bâtiments les pêcheurs du Holstein, de Mecklembourg, de la Poméranie, de la France, de l'Irlande, de l'Ecosse, de l'Angleterre, des Etats-Unis, du Kamtschatka, et principalement de la Hollande?

Les filets des Hollandais ont de 1000 à 1200 mètres de longueur, et sont composés d'une soixantaine de *nappes* ou parties distinctes. On les jette dans les endroits où une grande abondance de Harengs est indiquée par la présence des oiseaux d'eau, des squales, et des autres ennemis de ces poissons, ainsi que par une quantité plus ou moins considérable de substance huileuse, qui s'étend sur la surface de l'eau au-dessus des grandes troupes de ces poissons. Cette matière graisseuse, pendant les nuits sombres et paisibles, répand des lueurs phosphorescentes et forme sur la mer une nappe lumineuse.

On prépare les Harengs de différentes manières. On sale en pleine mer les Harengs les plus gros et que l'on croit les plus succulents. En Islande et dans le Groënland, on se contente de les faire sécher en les exposant à l'air, étendus sur des rochers. Dans d'autres contrées, on les fume; on les sale d'abord, puis on les enfile par la tête à de menues branches, et on les expose à la fumée dans des espèces de cheminées où l'on brûle du bois donnant peu de flamme et beaucoup de fumée. Comme on choisit ordinairement des Harengs très gros pour cette préparation, on les voit répandre une lumière phosphorique très brillante, pendant que la substance huileuse dont ils sont pénétrés s'échappe, tombe en gouttes lumineuses et imite une pluie de feu. Enfin la préparation qui procure particulièrement au commerce d'immenses bénéfices est celle des *Harengs blancs*. A cet effet, les poissons sont ouverts, vidés de leurs intestins, et mis dans une saumure, d'où on les retire au bout d'une quinzaine d'heures pour les *encaquer*, c'est-à-dire les mettre dans des tonnes ou *caques*, en séparant les diverses couches de poissons par un lit de sel.

Lorsque la pêche des Harengs a été très abondante en Suède et dépasse les besoins de la consommation, on extrait l'huile des poissons. On retire cette huile en faisant bouillir les Harengs dans de grandes chaudières; on la purifie avec soin et l'on s'en sert pour l'éclairage. Le résidu des poissons bouillis est utilisé comme un des engrais les plus propres à augmenter la fertilité des terres.

LACÉPÈDE.

XXIX

L'Anguille.

Les Anguilles sont certainement des larves; ce sont des êtres incapables de se reproduire, des êtres qui doivent subir des changements avant de satisfaire à la loi de la reproduction. Quelle est la forme adulte des Anguilles? C'est ce qu'on ne saurait affirmer, c'est ce que l'on n'ose même soupçonner. Tout ce qui a été formulé d'opinions, écrit de dissertations à propos de la génération des anguilles, est incalculable et entièrement privé d'intérêt, en l'absence d'observations sérieuses. Si les Anguilles ont été regardées comme vivipares, c'est par des personnes qui avaient trouvé dans le corps de ces poissons des vers allongés, connus sous le nom de Filaires.

Pendant les mois de mars et d'avril, des myriades de jeunes anguilles, à peine plus grosses que des fils, remontent de la mer dans nos fleuves, se tenant en masses compactes près des rives et se dispersant bientôt dans tous les cours d'eau secondaires. C'est ce qu'on appelle la *montée* des Anguilles. Vers l'automne, ces poissons, parvenus à une certaine taille, redescendent à la mer, probablement pour ne plus rentrer dans les eaux douces. Si, à cette époque, les Anguilles se trouvent retenues par des obstacles ou emprisonnées dans des étangs, elles témoignent d'une grande agitation et souvent se jettent sur le rivage.

E. BLANCHARD.

La lagune de Commachio peut avoir cent trente milles de circonférence; elle est divisée en quarante bassins entourés de digues, qui tous ont une communication constante avec la mer Adriatique. Cette lagune donne asile à plusieurs espèces de poissons; mais les Anguilles y sont les plus nombreuses, et leur affluence est telle, que les habitants de Commachio en font commerce dans toute l'Italie. Chaque bassin est surveillé par un chef, lequel a plusieurs employés sous ses ordres. Ces hommes sont très occupés en deux saisons de l'année: la première, quand les Anguilles nouvellement nées entrent dans le bassin; la seconde, quand, devenues fortes, elles cherchent à sortir pour rentrer dans la mer. Ces deux migrations inverses se nomment la *montée* et la *descente*.

En février, on ouvre les *clefs*, et on laisse tous les passages libres jusqu'à la fin d'avril. C'est dans le cours de ces trois mois que les petites Anguilles quittent spontanément les eaux de la mer pour venir dans celles des bassins. Une fois entrées, elles ne cherchent plus à en sortir qu'elles n'aient acquis tout leur développement. On ne saurait déterminer avec précision le temps qu'il leur faut pour l'atteindre; les pêcheurs ne sont pas d'accord là-dessus, les uns veulent que ce soit cinq ans, les autres six, les autres plus encore. Durant leur accroissement, elles sont si affectionnées aux marais de Commachio, qu'elles ne font aucune tentative pour en sortir, encore qu'on leur ouvre les communications soit avec la mer soit avec le Pô. Une fois, c'était au printemps, ce fleuve vint à grossir plus qu'à l'ordinaire et à surmonter les digues des bassins, de manière qu'ils ne formaient plus ensemble qu'un grand lac. On craignit que la plupart des Anguilles ne se fussent évadées à l'exemple de presque tous les poissons, qui, dans les inondations, abandonnent leurs propres eaux pour suivre le courant des fleuves débordés. Mais l'événement ne justifia pas ces craintes; la pêche de l'automne suivant fut aussi abondante que celles des années précédentes.

Cet instinct qui détermine les Anguilles à se transporter dans la lagune de Commachio aussitôt après leur naissance, et à y séjourner tant qu'elles sont jeunes, les sollicite aussi à en sortir quand elles ont pris leur croissance. Le gros de l'émigration a lieu dans les trois derniers mois de l'année. Les pêcheurs pratiquent au fond des bassins de petits chemins bordés de roseaux par où passent les Anguilles voyageuses, chemins qui les conduisent dans une espèce de chambre étroite également formée de roseaux, d'où elles ne peuvent plus sortir. C'est alors un spectacle singulier de voir ces chambres de roseaux où les Anguilles arrivent, et se pressent, et s'entassent au point de les remplir par-dessus la surface de l'eau. Ce n'est pas qu'elles ne pussent s'en retourner en suivant les mêmes chemins par où elles sont venues; mais le désir inné d'abandonner les marais à cette époque et de se transporter dans la mer les retient dans cette enceinte, où elles s'efforcent toujours, mais inutilement, de passer outre. C'est là que les pêcheurs les ramassent dans les filets à mesure qu'ils en ont besoin. Ils en transportent une partie à Commachio pour en faire la salaison; ils vendent l'autre à des marchands qui les transportent vivantes en tous les points de l'Italie. Année moyenne, la pêche pour les quarante bassins s'élève de vingt mille à trente mille quintaux d'Anguilles.

Les pêcheurs de Commachio vivent constamment au milieu de leurs marais; dès l'enfance, ils s'adonnent à ce métier, et ne le quittent plus une fois qu'ils l'ont embrassé. La plupart de ceux que j'ai vus avaient bien acquis une expérience d'une quarantaine d'années; or ils m'assuraient qu'ils n'avaient pas trouvé une seule anguille qui contînt dans son corps soit des œufs soit des jeunes, ou qui s'en fût délivrée dans les eaux des bassins. Pour rendre plus sensible la conséquence que l'on doit tirer d'un tel témoignage, voici un calcul extrait des propres registres de la ferme.

Dans l'espace de quarante ans, la quantité des Anguilles ouvertes pour le commerce de la salaison s'est élevée pour le moins à 850 000 quintaux, à quoi il faut ajouter la consommation des pêcheurs, qui peut s'évaluer à 100 000 quintaux, ces hommes n'ayant pas d'autre nourriture.

Maintenant supposons avec raison qu'un quintal d'Anguilles, l'un portant l'autre, contienne 160 individus, nous aurons en tout 152 millions d'Anguilles, dont pas une seule ne s'est trouvée avec des œufs ou des jeunes à l'ouverture de son corps.

Je conjecture donc que la reproduction des Anguilles s'effectue véritablement dans la mer. Les efforts constants que font, à des époques déterminées, celles de Commachio pour sortir de leurs prisons ; cette persistance à vouloir surmonter les obstacles qu'elles rencontrent sur leur route ; cette obstination à se laisser prendre plutôt que de retourner en arrière ; tous ces mouvements d'un instinct aveugle qui les entraîne vers le séjour de la mer, dès qu'elles ont acquis toute leur croissance, ne peuvent résulter que du sentiment d'un besoin aussi vif qu'impérieux, celui de la propagation de leur espèce.

SPALLANZANI.

XXX

Les Vipères.

La *Vipère commune* se tient ordinairement près des chemins, des petits sentiers, dans les bois élevés et rocailleux, sous les pierres et sous les buissons. Elle est longue de trente-cinq à soixante-dix centimètres. Son corps, à l'endroit le plus épais, offre à peine vingt-sept millimètres de diamètre. Sa couleur générale est brune ou roussâtre, passant tantôt au gris cendré, tantôt au gris noir, avec une ligne irrégulière brune, noirâtre ou noire, flexueuse ou en zigzag, sur le dos, et une rangée de points inégaux de même couleur sur les flancs. Le ventre est d'un gris ardoisé. La tête est un peu triangulaire, légèrement condiforme, un peu plus large que le cou, obtuse et comme tronquée en avant, couverte d'écailles granulées. Son museau a six petites plaques, dont deux perforées pour les narines. Ces dernières forment une tache noirâtre. On remarque en dessus deux bandes noires réunies en V. La mâchoire d'en haut est blanchâtre et tachetée de noir, et celle d'en bas jaunâtre. Les yeux, très petits, vifs et brillants, sont bordés de noir. La langue est longue, fourchue, noire, molle et rétractile. Les écailles sont entuilées et carénées, ce qui les distingue de celles des Couleuvres.

La Vipère commune aime la chaleur ; elle chasse les musaraignes, les mulots, même les taupes, et en détruit

Fig. 25. — La Vipère.

un grand nombre. Elle se nourrit aussi de lézards, de grenouilles, de mollusques, d'insectes, de vers. Elle paraît timide et peureuse. Sa démarche est brusque, pesante et irrégulière. A l'approche de l'hiver, les Vipères se retirent dans les trous des vieux murs, dans les troncs d'arbres vermoulus, même dans la terre ou sous la mousse ; elles se mettent souvent plusieurs ensemble, s'enlacent, se pelotonnent et passent ainsi la mauvaise saison dans un engourdissement à peu près complet.

L'appareil venimeux comprend la *glande*, le *canal*, le *crochet*. La glande, ou organe qui sécrète le venin, est située sur les côtés de la tête, au-dessous du globe de l'œil. Elle se compose de plusieurs grappes de petites ampoules, régulièrement disposées de part et d'autre, d'un conduit médian comme les barbes d'une plume des deux côtés de son axe. Ces grappes vénénifères débouchent dans un canal commun, qui se renfle en un petit réservoir et se rend après au crochet du même côté. Le crochet est une dent, beaucoup plus longue que les autres, placée dans la mâchoire supérieure. Il y en a un à droite et un à gauche. Ils sont isolés, très pointus, courbes et perforés d'un étroit conduit qui se termine à l'extrémité de la dent par une petite rigole. Ils sont entourés à la base par un fort repli de la gencive, qui les embrasse comme l'extrémité d'une manchette embrasse le poignet. Ce repli s'étend en arrière et forme une gouttière ou gaine qui reçoit et cache la dent quand elle est au repos. Derrière les crochets se trouvent des dents plus petites ou des germes dentaires destinés à les remplacer lorsqu'ils viennent à tomber. Pendant le repos, les crochets demeurent couchés. L'animal les sort de leur gaine des gencives et les relève lorsqu'il veut s'en servir.

Les Vipères n'emploient habituellement leur arme redoutable que pour s'emparer des petits animaux dont elles se nourrissent. Elles fuient devant l'homme ; mais, si l'on appuie imprudemment le pied sur un de ces reptiles, si on le saisit avec la main, s'il croit qu'on veut le prendre ou le blesser, il se défend avec colère et met en usage ses crochets à venin. L'animal se roule d'abord sur lui-même, formant plusieurs cercles concentriques ou superposés. Tout le corps est ramassé sous la tête, placée au sommet ou au centre de cet enroulement, et retirée un peu en arrière, semblable à une vedette en observation. Tout à coup, l'animal se débande comme un ressort ; il allonge son corps avec une telle vitesse, que pendant un instant on le perd de vue. Dans ce mouvement, la Vipère franchit un espace tout au plus égal à sa longueur ; car il faut noter qu'elle n'abandonne jamais le sol, où elle reste toujours appuyée sur la queue ou sur la partie postérieure du corps, prête à s'enrouler de nouveau pour s'élancer encore quand elle a manqué son coup ou qu'elle veut en frapper un second. Pour agir, la Vipère ouvre largement sa gueule, redresse ses crochets, les place dans la direction du but qu'elle veut atteindre, les enfonce par le choc de sa mâchoire supérieure, qui frappe comme un marteau, et les retire sur-le-champ. La mâchoire inférieure, qu'elle rapproche en même temps, lui sert de point d'appui pour favoriser l'introduction des crochets ; mais ce secours est faible, très faible, et l'animal agit en frappant plutôt qu'en mordant. A mesure que les crochets pénètrent dans la blessure, le venin est poussé dans le canal qui les traverse, par la contraction des muscles, et s'injecte dans la plaie.

Les blessures produites par la Vipère présentent un aspect particulier qui permet presque toujours de les reconnaître à la simple inspection, et de les distinguer de celles d'un serpent non venimeux, d'une Couleuvre, par exemple. En effet, tous les serpents privés de crochets produisent des piqûres opérées par les dents des deux mâchoires, lesquelles forment deux lignes courbes opposées, à concavités qui se regardent. Dans les morsures des Vipères, on trouve sur les côtés correspondants à la mâchoire supérieure deux piqûres plus larges et plus profondes produites par les crochets. Ces deux petites plaies s'enflent, deviennent rouges, quelquefois livides, d'autres fois elles s'entourent de bulles aqueuses.

La personne mordue éprouve d'abord dans la partie blessée un sentiment de douleur, qui se répand dans tout le membre et même jusqu'aux organes internes. La tuméfaction, la rougeur et la lividité gagnent peu à peu les parties voisines ; le pouls devient fréquent, petit, irrégulier. On a des soulèvements d'estomac, des vomissements bilieux, de la difficulté à respirer, des sueurs froides et abondantes, du trouble dans la vision et dans les facultés intellectuelles, des convulsions suivies presque toujours d'une jaunisse générale. Les morsures des Vipères sont toujours dangereuses et quelquefois mortelles.

MOQUIN-TANDON.

C'est un fait bien établi que le venin de la Vipère n'agit

que lorsqu'il est directement introduit dans le sang. Sur la langue, dans l'estomac même, il ne produit pas la moindre action. Mais ses effets sont terribles lorsqu'il se mélange avec le sang, et d'autant plus redoutables que la Vipère est plus grosse, que le venin est plus abondant dans le réservoir des crochets, que la saison est plus chaude et que l'homme est de constitution plus faible.

Comment se défendre de ce dangereux reptile? Il faut d'abord éviter de s'exposer à être mordu, ce qui est d'habitude très facile. La Vipère est un animal indolent, qui aime le soleil et les endroits secs. Elle choisit pour sa résidence les coteaux pierreux, couverts de buissons clairsemés, et là elle se cache dans des retraites à fleur de terre ou s'étend au soleil dans une immobilité complète. Elle ne poursuit ni ne fuit. Elle ne mord que si elle est attaquée, excitée ou agacée ; ce qu'on fait, le plus souvent, sans le savoir. Aussi elle ne mord d'ordinaire que des gens occupés à ramasser du bois, à cueillir des baies ou des plantes. Des bottes et un pantalon protègent complètement contre la morsure de nos serpents venimeux indigènes. Le plus souvent, un bas suffit pour retenir la plus grande partie du poison et rendre la morsure presque inoffensive. Avec un bâton ou une simple badine, on peut briser l'épine dorsale d'un serpent et le mettre hors d'état d'attaquer. On regarde avec soin autour de soi quand on est dans des localités infestées de Vipères, et on ne met jamais la main dans des trous, dans des fourrés, avant de les avoir sondés de l'œil et de la canne.

Quand on a le malheur d'être mordu, le premier soin doit être d'empêcher que le poison passe dans la circulation. Si l'on a sous la main un canif ou même une forte épine, il ne faut pas craindre d'agrandir la blessure et de faire couler abondamment le sang ; il vaut mieux souffrir d'une coupure profonde que d'une morsure venimeuse. On active l'écoulement du sang en laissant pendre le membre blessé, en le lavant avec de l'eau. Si l'on a la facilité de porter le membre à la bouche, ou si une autre personne est présente, on peut sucer immédiatement le sang et le venin de la blessure. Nous avons des récits moraux pour les enfants dans lesquels sucer la morsure d'un serpent venimeux est representé comme l'acte le plus grand d'héroïsme maternel et de dévouement. La chose n'est pas si grave. Quand on a des gencives saines et fermes, qui ne saignent pas en suçant, quand on crache de temps en temps ce qu'en a sucé, on ne ressent pas le moindre inconvénient ; dans le cas contraire, une légère enflure des lèvres et de la langue, quelques envies de vomir vous puniront de votre audace. On peut donc avoir cette bravoure quand il s'agit de conserver sa propre vie ou celle de son prochain.

Puis on lie fortement le membre, aussitôt que possible, au-dessus de la morsure, pour arrêter la circulation et empêcher que le venin ne se mêle à la masse du sang. Castelnau raconte que, dans l'Amérique du Sud, on traite de cette façon la morsure des serpents. De temps à autre, on défait pour un instant la ligature, puis on la resserre pour recommencer quelques minutes après la même opération. Il se produit, chaque fois que la ligature est défaite, de légères convulsions, mais sans danger, parce qu'elles sont réparties dans un temps plus long ; tandis que, par l'introduction subite de tout le venin, elles augmentent de force et amènent la mort.

Ce que l'on peut faire, il faut le faire promptement, sans y mettre de longues réflexions. On déchire un morceau de son vêtement pour lier le doigt ; on prend son couteau, son canif et on fait une incision ; on suce, on crache, et on recommence à sucer. Tout cela doit être l'ouvrage de quelques secondes, car le cœur de l'homme va vite, et en une minute la masse du sang a parcouru le corps entier. Si, après ces moyens énergiques, des symptômes généraux de malaise se présentent, c'est l'affaire du médecin. On peut cependant indiquer l'emploi de la transpiration comme un moyen spécial à employer.

Carl Vogt.

XXXI

Le Venin.

Le venin des serpents est un liquide visqueux, transparent, vert dans les Crotales, jaune dans la Vipère, presque sans saveur et sans odeur, soluble dans l'eau, ne rougissant ni ne verdissant les couleurs bleues végétales. Il n'a point de qualités vénéneuses, sinon à une dose très considérable, quand c'est dans l'estomac qu'on l'introduit ou qu'on l'applique seulement sur la peau sans entamure ; il agit au contraire avec violence si la peau est entamée par la moindre écorchure et principalement s'il est déposé dans quelque veine, parce qu'alors il peut se mélanger avec la masse du sang.

Le microscope n'y fait rien voir qu'une espèce de liquide gommeux, qui se solidifie par le dessèchement sans perdre sa transparence. La chimie n'en a pas encore décelé les principes, et les expériences physiologiques même n'ont pas encore appris en quoi consistent les altérations qu'il produit.

Les effets du venin se produisent avec leur intensité habituelle, lorsque ce liquide est inoculé avec un instrument quelconque, soit qu'on l'ait fait jaillir des glandes, des crochets de l'animal vivant, soit qu'on l'ait recueilli sur l'animal mort, soit même qu'on l'ait laissé sécher à l'air libre. Toutefois nous ne pensons pas que le venin résiste au lessivage des linges qui le portent : ce sont, sans doute, des anecdotes peu authentiques que celles sur lesquelles on appuie cette assertion, de même que cette histoire d'une botte successivement fatale à plusieurs de ses possesseurs, parce qu'un crochet de Crotale était resté engagé dans son cuir. Duvernoy a inoculé, sans aucun effet, à plusieurs animaux, le venin du Crotale conservé dans l'alcool. J'ai moi-même été blessé dans la dissection d'un Naja à lunettes d'assez grande taille et conservé de la même manière. Un des crochets me pénétra profondément dans le doigt au moment où je faisais effort pour arracher la peau du cou. La plaie fut cautérisée seulement avec le nitrate d'argent, et il ne s'ensuivit rien de fâcheux. Le venin, coagulé en pulpe grisâtre, fut ensuite inoculé, sans accident aucun, à plusieurs petits oiseaux.

Les Najas, les Crotales, le Trigonocéphale sont les plus dangereux des serpents, tant à cause de la subtilité de leur venin que de la quantité qu'ils en possèdent en raison de leur taille. La Vipère ne tue que rarement un homme, mais les accidents durent plusieurs jours. La rapidité de la mort et sa certitude sont, au reste, pour une espèce donnée, en grande partie proportionnelles à la quantité de venin inoculé, et par conséquent aussi à la profondeur et à la violence des morsures, à leur nombre, à l'âge et à la taille du serpent, à la saison. Pour des espèces différentes, c'est en général avec la masse de l'animal blessé que la proportion s'établit. Un centième de grain du venin de la Vipère fait périr une Fauvette, un Serin, d'après Fontana ; il en faut six fois plus pour un Pigeon ; et, d'après ses calculs, ce savant estime qu'il en faudrait douze grains pour tuer un Bœuf, trois pour tuer un homme. Or, comme la Vipère n'en a guère que deux grains de disponibles, la mort pour l'homme ne devrait jamais s'ensuivre. Il est certain du moins que cela est rare.

La Vipère même n'est point sensible à l'action de son propre venin ; l'Orvet, les Sangsues, les Limaçons y résistent également. Le Chien y résiste mieux que le Cheval, et le Cochon mieux encore, assure-t-on, au point que ce mammifère dévore le Crotale. Mais tout cela d'ailleurs est subordonné à une autre condition, celle de la région mordue ; car Fontana a prouvé que des piqûres à l'oreille, au nez, étaient souvent sans danger, tandis que celles de la langue étaient fréquemment mortelles.

Chez les Scorpions, l'organe qui sécrète le venin est une glande ou vésicule enfermée dans le dernier article de l'abdomen, vulgairement nommé la queue. Cet article est renflé pour loger la glande et terminé en griffe recourbée et très aiguë, percée d'une boutonnière de chaque côté vers la pointe. On en voit quelquefois suinter une gouttelette de liquide incolore et limpide. C'est avec ce dard, ordinairement après avoir recourbé la queue en avant par-dessus le dos, que les Scorpions blessent leur ennemi ou empoisonnent la proie trop robuste qu'ils ont saisie avec leurs pinces. Pour une proie faible, ils dédaignent le secours de leur arme empoisonnée : leurs pinces suffisent pour la contenir et même l'écraser. Les effets de ce venin varient, comme pour les serpents, suivant la taille du Scorpion et

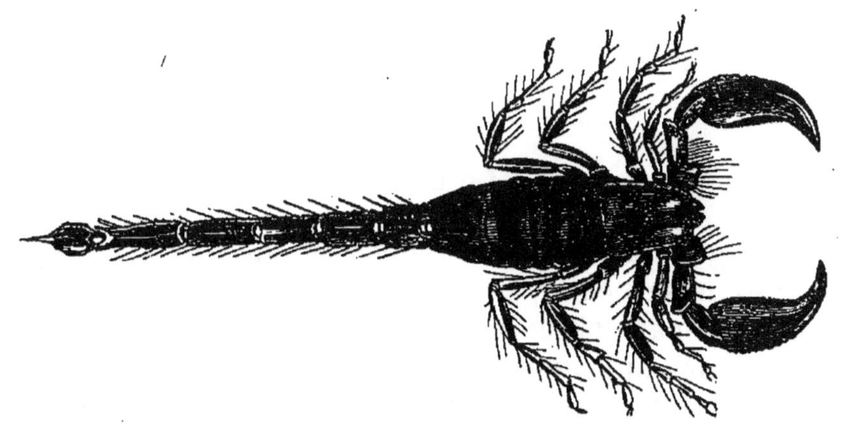

Fig. 26. — Le Scorpion.

de l'animal blessé. Nos Scorpions bruns d'Europe ne causent guère plus de mal qu'un frelon ; pourtant on nous a parlé de l'enflure de tout un membre supérieur par suite d'une piqûre au doigt. Le Scorpion blanc du Languedoc paraît plus venimeux. Redi a vu périr en quelques heures des pigeons qu'il faisait piquer par un Scorpion de Barbarie, beaucoup plus gros que les nôtres.

Le venin des insectes est moins dangereux. On connaît la douleur brûlante, le gonflement inflammatoire qui résultent de la piqûre de divers Hyménoptères, et qu'on soulage par l'application de l'huile ; on sait que la piqûre du frelon est redoutable à cause de la grosseur de cet insecte, que celle de la guêpe est plus douloureuse que celle de l'abeille et surtout du bourdon, quoique celui-ci l'emporte beaucoup pour la taille. L'organe sécréteur du venin est une vésicule garnie de deux longs tubes et terminée par un conduit membraneux. Ce conduit s'ouvre dans une gaîne cornée où glissent les deux tiges aiguës et barbelées de l'aiguillon. Les deux tiges pénètrent simultanément dans les chairs, et leurs barbelures les y retiennent quelquefois assez pour que l'insecte ne puisse fuir sans l'arrachement de son arme offensive et de ses annexes; les abeilles sont pourtant à peu près seules dans ce cas.

DUGÈS.

XXXII

Le Crapaud.

Zoologiquement, le Crapaud diffère de la Grenouille moins par sa peau visqueuse, sa démarche lente et rampante que par l'absence de dents dans la bouche. Y a-t-il rien de plus hideux que ce gros Crapaud épaté, au ventre gonflé, qui promène ses lentes pérégrinations nocturnes à travers les plantes et les pierres. Il trouble le calme des chaudes nuits d'été et répand autour de lui une repoussante odeur d'ail. Le gamin de Paris, comme l'habitant de Sachsenhausen, appellent leur adversaire « crapaud », quand ils veulent lui témoigner un profond mépris.

Et cependant on a pu remarquer un fait signalé récemment par tous les journaux : il se fait entre la France et l'Angleterre un commerce considérable de Crapauds. Un Crapaud de bonne grosseur et en bon état se paye à Londres jusqu'à un schelling. On met dans les jardins maraîchers ces Crapauds auxquels on a préparé des abris. Beaucoup de gens ont secoué la tête en apprenant cette nouvelle bizarrerie des Anglais; mais rira bien qui rira le dernier. Les Anglais ont raison cette fois. J'avais dans mon jardin un Crapaud brun, gros comme le poing. Le soir, il rampait hors de son buisson et allait sous un banc du jardin. Je veillais soigneusement sur lui; une femme qui l'aperçut un jour le tua d'un coup de bêche et crut avoir fait une belle action; mais depuis tous les limaçons mangèrent les résédas qui embaumaient tout autour du banc.

Il est vrai que la plupart des espèces, particulièrement les grosses, le *Crapaud brun* et le *Crapaud vert* ou *Calamite*, ont une peau rugueuse, tuberculeuse et pleine de glandes qui laissent suinter un liquide âcre et blanchâtre. Chez ces

Fig. 27. — Le Crapaud.

derniers surtout, ce liquide a une odeur très âcre et très désagréable, et peut-être même est-il capable d'irriter légèrement une peau très tendre. Les oiseaux auxquels on a inoculé ce liquide meurent promptement dans des convulsions.

Leur goût ne paraît pas très agréable; du moins, beaucoup d'animaux qui mangent les Grenouilles respectent les Crapauds. Dans une ménagerie, un de mes amis jeta dans la cage des Tigres et des Lions quelques Crapauds vivants. Les carnassiers se jetèrent dessus avec colère, mais ils les laissèrent promptement tomber de leurs gueules, en montrant tous les signes du dégoût; puis ils se secouèrent, salivèrent abondamment, et avec leurs pattes repoussèrent les reptiles par-dessous la grille hors de la cage.

La sécrétion cutanée des Crapauds peut avoir un goût et une odeur désagréables, peut-être même des propriétés caustiques, mais elle n'est ni venimeuse ni même dangereuse pour l'homme. J'ai ouvert bien des Crapauds, j'en ai longtemps tenu dans ma main, et je ne me suis jamais trouvé trace de rougeur ou d'irritation. Il est possible que l'introduction immédiate de leur humeur laiteuse dans le sang puisse avoir une action venimeuse, mais un Crapaud ne saurait blesser un homme.

Parmi les fables qu'enfants nous apprenons tous par cœur, se trouve celle du Ver luisant et du Crapaud qui lance contre lui son venin. Les Crapauds ne lancent pas de venin. Quand on les tourmente, ils émettent souvent par le derrière un liquide clair comme de l'eau; la Grenouille en fait tout autant, et personne ne regarde chez elle ce liquide comme venimeux. C'est l'urine de ces animaux, presque de l'eau pure, et il n'y a pas le moindre poison là-dedans.

La morsure du Crapaud est, dit-on, très venimeuse. Je le croirai volontiers quand j'aurai vu la morsure d'un Crapaud. Ses mâchoires sont dépourvues de dents et recouvertes d'une peau molle bien moins puissante que le bec d'un faible oiseau. Elle est si mince, si faible, qu'un Crapaud ne peut pas serrer à beaucoup près aussi fort qu'un enfant nouveau-né avec ses gencives dégarnies. Soutiendra-t-on qu'un nourrisson de quelques jours peut mordre jusqu'au sang?

C'est bien! Ils ne mordent pas, mais ils tètent les chèvres et les vaches dans les étables; et leur bave, par son action venimeuse, fait perdre le lait aux animaux. De la bave, ils en ont, mais inoffensive; et puis ils peuvent aussi peu teter que les Grenouilles, la conformation de la bouche ne le leur permettant pas.

Toutes ces accusations sont des erreurs ou des calomnies. Laissons-les, et allons au fond des choses. Nous comprenons qu'un animal nocturne d'une épouvantable laideur doit, par sa vie étrange et son odeur repoussante, nécessairement amasser sur sa tête tous les préjugés défavorables. Mais interrogeons l'observation, la froide observation, et notre horreur se changera tout au moins en tolérance.

Nous trouvons un animal qui, à la chute du jour, par les temps humides et la pluie, abandonne ses sombres retraites et s'avance lentement sur le sol, moitié sautant, moitié rampant, explorant de l'œil le champ ou le jardin. Il peut supporter la faim très longtemps; il peut prendre des repas copieux et dévorer presque sans mesure. Mais on ne trouvera jamais dans son estomac que des débris non digérés d'insectes, de coléoptères, de larves, de vers, de limaces surtout. Un Crapaud en détruit de si grandes quantités, qu'on ne saurait trouver un meilleur gardien pour les tendres plants de salades et les jeunes légumes. Quand la nuit, par les temps humides, les limaçons sortent du sol, le Crapaud commence sa chasse lente mais sûre, et ne la cesse qu'au lever du soleil. Il n'a qu'un petit district, il l'explore à fond et apprend d'autant mieux à le connaître qu'une longue vie lui permet de le parcourir pendant bien des années.

Les jardiniers anglais les utilisent aujourd'hui. Depuis des siècles, les naturalistes affirmaient que les Crapauds sont inoffensifs, mais on ne les écoutait pas. Cuvier disait, il y a cinquante ans : « Les Crapauds sont des animaux d'une forme laide et hideuse, que l'on accuse à tort d'être venimeux par leur salive, leur morsure, leur urine et même leur sécrétion cutanée. » Aujourd'hui que les Anglais se sont mis au-dessus d'une répulsion, d'un préjugé historique, d'autres pays suivront peut-être leur exemple. On trouvera que les Crapauds sont des animaux hautement utiles, qu'ils ne répandent aucun poison. On pourra aisément se convaincre qu'un jardin où habitent des Crapauds, des Orvets et des Taupes rapporte beaucoup plus de légumes que celui qu'on a débarrassé avec soin de tous ces reptiles et de ces fouisseurs; alors on y entretiendra avec plaisir des Crapauds et on les verra devenir de véritables animaux domestiques.

Carl Vogt.

XXXIII

La Zoologie culinaire à Rome.

Les conquêtes des Romains, qui procurèrent à l'État des moissons de richesses, ne tardèrent pas d'introduire le luxe parmi les particuliers, et celui de quelques-uns d'entre eux atteignit un développement gigantesque.

Au temps de la seconde guerre punique, Fulvius Hirpinus inventa, pour le luxe des tables, la formation de parcs renfermant des quadrupèdes. On nommait ces enclos *leporaria*, parce qu'on y élevait surtout trois espèces de lièvres : le lièvre ordinaire, le lapin originaire d'Espagne, et le lièvre des Alpes, aujourd'hui extrêmement rare. On élevait encore dans ces parcs presque toutes les bêtes fauves de nos forêts, tels que le chevreuil, le cerf, et de plus le moufflon ou le mouton sauvage. Ces divers animaux avaient presque entièrement perdu leurs mœurs farouches; on les avait habitués à venir à un certain signal. Un jour qu'Hortensius donnait à dîner dans un de ses parcs, il fit sonner de la trompette, et les convives ne virent pas sans étonnement les chevreuils, les cerfs, les sangliers se rassembler autour du pavillon où le dîner était servi.

Servius Rullus est le premier qui fit servir sur sa table un sanglier entier. On en vit huit à la fois sur la table d'Antoine, à l'époque de son triumvirat.

Le loir glis, petit animal qui vit dans les bois et se retire dans les troncs de chênes, était regardé par les Romains comme un mets très délicat. Ils en engraissaient dans leurs parcs avec des châtaignes et du gland, et leur donnaient, pour lieu de retraite, des tonneaux d'une forme particulière, construits en terre cuite.

Les volières furent inventées par Lemnius Strabo, de Brindes, pour loger ceux des oiseaux destinés à servir d'aliments, qui n'auraient pu être retenus par les murs d'une basse-cour. Il semble que Pline ait voulu lui reprocher son invention, en disant que c'est lui qui nous a enseigné à emprisonner les animaux qui avaient le ciel pour demeure.

Alexandre avait apporté les paons en Grèce, où ils n'étaient regardés que comme des oiseaux curieux. Hortensius, le rival de Cicéron, est le premier qui en fait servir un dans un banquet donné à l'occasion de sa nomination à la place d'augure. On regarda alors ce luxe comme une extravagance. Mais les paons se multiplièrent

Fig. 28. — Le Loir.

très rapidement, et, l'industrie s'en mêlant, un certain Aufidius Lucro retirait treize ou quatorze mille livres du métier d'engraisseur. On en servait dans tous les repas un peu distingués : c'était la dinde aux truffes des Romains de cette époque. Hirtius Pansa, qui commit la faute de donner un festin où ce mets obligé n'avait pas été servi, passa pour un ladre, pour un homme sans goût, et perdit toute considération parmi les gastronomes distingués.

Les Romains élevaient comme nous des pigeons et donnaient aussi la préférence à certaines variétés. Varron raconte qu'un couple de ces oiseaux fut payé, de son temps, deux mille sesterces, c'est-à-dire environ quatre cent cinquante francs.

On élevait aussi à Rome des grives que l'on tenait enfermées dans des volières.

Le premier qui fit servir sur sa table des petits de cigogne est Sempronius Lucus.

On élevait des oies en employant les mêmes moyens que les nôtres pour faire engraisser le foie de ces oiseaux; mais bientôt il fut trop aisé de s'en procurer, et ceux qui voulaient se distinguer faisaient servir sur leur table des cervelles d'autruche et des langues de flamant. On faisait aussi venir des faisans de Colchide, des gangas de Phrygie, des grues de Mélos.

Ce luxe extrême en oiseaux fut pourtant dépassé par celui qu'on eut en poissons. A une certaine époque de la République, un Romain qui aurait mangé du poisson aurait été taxé d'une friandise indigne d'un homme grave. Mais l'accroissement des richesses fit bientôt disparaître cette sévérité de mœurs, et Caton se plaint de ce que dans son temps on donnait plus d'argent pour avoir un poisson que pour acheter un bœuf. Toutefois, à cette même époque, le sénateur Gallonius fut traité d'infâme au milieu du sénat, et sur le point de perdre son rang, à cause du luxe effréné de sa table, où il faisait servir des esturgeons.

Ce fut Lucinius Murena qui inventa les viviers d'eau douce; et, comme il y conservait surtout des *murènes,* on lui donna le surnom de Murena, qui depuis resta à sa famille. Hortensius l'imita en le dépassant de beaucoup, et plusieurs autres personnages distingués suivirent aussi son exemple.

Il arriva bientôt qu'on ne se borna plus aux viviers d'eau douce et qu'on en posséda d'eau salée où l'on nourrissait des soles, des dorades et diverses espèces de coquillages. Lucullus, pour introduire l'eau de la mer dans un bassin de ses parcs, n'hésita pas à faire trancher une montagne. A sa mort, on trouva ses viviers si riches en poissons, que Caton d'Utique, en qualité de gérant de sa succession, en retira une somme de neuf cent mille francs. La vente du poisson contenu dans les viviers de Mirius Irrius produisit la même somme.

Fig. 29. — Le Faisan.

Les murènes surtout étaient l'objet d'une sorte d'émulation folle et puérile; c'était à qui en posséderait le plus et les soignerait le mieux. Hortensius traitait les siennes mieux que ses esclaves, et jamais il n'en faisait prendre pour sa table; toutes celles qui lui étaient servies avaient été achetées au marché. On dit qu'il pleura la mort d'un de ces poissons. L'orateur Crassus témoigna plus de douleur dans un cas pareil, car on rapporte qu'il prit le deuil. Il paraît qu'on faisait aussi quelquefois une sorte de toilette à ces poissons, du moins on prétend qu'Antonia avait une murène à laquelle elle avait attaché des pendants d'oreilles. Mais toutes ces tendresses sont effacées par celles de Vedius Pollion, qui régalait quelquefois ses murènes d'hommes vivants.

Les murènes ne furent pas seules recherchées à Rome; on y vendait ordinairement l'*accipenser* plus de mille drachmes; il n'était porté sur la table que précédé de trompettes. L'*accipenser* des Romains est le sterlet, petit esturgeon à museau pointu habitant les fleuves qui se perdent

Fig. 30. — L'Escargot des vignes.

dans la mer Noire. Le rouget de Provence, qu'à Paris on nomme *surmulet*, était aussi d'un prix excessivement élevé. Un de ces poissons, pesant quatre livres, fut vendu neuf cents francs, un autre quinze cents; et, sous le règne de Tibère, trois ensemble furent payés six mille francs.

La recherche était devenue si excessive à l'égard des poissons, que, pour les avoir parfaitement frais, on les faisait venir vivants jusque dans la salle à manger, au moyen de courants d'eau salée qui partaient du vivier et passaient sous la table. On prenait ainsi les poissons sous les yeux des convives et seulement au moment de les faire cuire.

Les escargots engraissés furent aussi très estimés à Rome. Ce fut le même Fulvius Hirpinus qui avait fait faire, le premier, des parcs pour les quadrupèdes, qui en inventa aussi pour les escargots. Comme ces animaux n'auraient pas été retenus par des murs, il eut l'idée de faire entourer d'eau les lieux où il voulait les élever. Les escargots se retiraient dans des vases de terre cuite qu'on plaçait sur le sol. On les engraissait avec de la farine mêlée à du vin bouilli. Pline rapporte qu'ils arrivaient ainsi à un développement prodigieux.

G. CUVIER.

XXXIV

La Mygale pionnière.

Quelques araignées du genre Mygale se creusent dans la terre une habitation en forme de tube dont l'orifice est muni d'une porte s'ouvrant et se fermant à volonté.

Les tubes de la Mygale pionnière ont de trois à quatre pouces de profondeur et dix lignes de largeur. Droits dans les deux tiers de leur étendue, ils deviennent obliques vers leur extrémité inférieure. En examinant un de ces tubes avec soin, j'ai remarqué qu'il n'était pas simplement creusé dans la terre argileuse qui l'enveloppait, comme le serait une excavation ou un trou de sonde qu'on pratiquerait dans la terre, mais qu'il était construit à la manière d'un puits, c'est-à-dire qu'il avait des parois propres formées par une espèce de mortier assez solide, en sorte qu'on peut le dégager entièrement de la masse qui l'entoure. Si, pour l'étudier avec encore plus de soin, on en fend un dans le sens de la longueur, on voit que son intérieur est tapissé par une étoffe soyeuse et très mince, douce au toucher, et qu'il n'existe aucune des inégalités qu'on devrait s'attendre à rencontrer sur des murs faits avec une terre grossière. En effet, cette paroi intérieure semble avoir été crépie avec un mortier plus fin; et, de plus, elle est unie et lissée comme si une truelle eût été habilement passée dessus. Mais les soins que prend l'Araignée pour terminer son ouvrage vont encore plus loin : ce que nous faisons pour nos tentures de quelque prix, elle le pratique dans sa demeure souterraine. Cette sorte de papier satiné qui orne son habitation, elle ne l'a pas posé le premier; mais elle a d'abord appliqué sur les murailles une toile, ou, pour parler plus exactement, des fils grossiers, et c'est sur eux qu'elle a collé ensuite son étoffe soyeuse.

Tout cela est bien fait pour exciter notre admiration ; mais ce qui a le droit de nous surprendre davantage, c'est la manière dont cette chambre à boyau est ouverte ou fermée au gré de celui qui l'habite. Si l'Araignée n'avait eu rien à craindre de la part d'autres animaux, ou bien si elle avait été assez courageuse et assez forte pour les attendre de pied ferme et les vaincre , elle aurait pu sans inconvénient laisser libre l'entrée de sa maison, cela lui eût été plus commode pour aller et venir; mais il n'en est pas ainsi, elle a tout à redouter de la part d'une foule d'ennemis, et son caractère timide, joint au peu de moyens qu'elle possède pour leur résister, l'oblige d'être sans cesse sur la défensive. Alors, comme tous les êtres faibles, elle emploie la ruse pour se soustraire au danger, et son industrie supplée d'une manière merveilleuse à ce qui lui manque en force et en courage.

Pour clore nos demeures, nous avons des portes qui, roulant sur des gonds, viennent s'appliquer dans une feuillure et y sont retenues ensuite par des serrures et des verrous. La Mygale pionnière ne s'enferme pas autrement chez elle. A l'orifice de son tube est adaptée une porte maintenue en place par une charnière et reçue dans une sorte d'évasement circulaire qu'on ne peut mieux comparer qu'à une véritable feuillure. Cette porte, ou si l'on aime mieux ce couvercle, se rabat en dehors, et l'on conçoit que l'Araignée , lorsqu'elle veut sortir, n'a besoin que de la pousser pour l'ouvrir. Mais le moyen qu'elle emploie pour la fermer est vraiment remarquable.

A en juger d'après son aspect, on croirait que ce couvercle est formé d'un amas de terre grossièrement pétrie, et revêtu, du côté qui correspond à l'intérieur de l'habitation, par une toile solide. Mais cette structure, qui déjà pourrait surprendre chez un animal qui n'a pas d'instrument particulier pour construire, est bien plus compliquée qu'elle ne le paraît d'abord. En effet, je me suis assuré, en faisant une coupe verticale au couvercle, que son épaisseur, qui n'a pas moins de deux à trois lignes, résultait d'un assemblage de couches de terre et de couches de toile au nombre de plus de trente, emboîtées les unes dans les autres, et rappelant assez bien, à cause de cette disposition, ces poids de cuivre en usage pour nos petites balances, et dont les subdivisions, qui ont la forme de petites cupules, se reçoivent successivement jusqu'à la dernière.

Si l'on examine chacune de ces couches de toile, on remarque qu'elles aboutissent toutes à la charnière, qui se trouve ainsi d'autant plus renforcée que la porte a plus de volume. La rainure elle-même, sur laquelle la porte s'applique, et que nous avons nommée précédemment la feuillure, est épaisse, et son épaisseur est due au grand nombre de couches qui la constituent. Le nombre paraît même correspondre à celui que présente le couvercle.

Plus on étudie avec soin l'arrangement de ces parties, plus on découvre de perfections dans l'ouvrage. En effet, si l'on examine le bord circulaire de l'espèce de rondelle qui remplit en tout les fonctions d'une porte, on remarque que, au lieu d'être taillé droit, il est façonné obliquement du dehors en dedans, de manière à représenter, non pas une rondelle de cylindre, mais bien la rondelle d'un cône ; et, d'une autre part, on observe que la portion de l'orifice du tube qui reçoit ce couvercle est taillée elle-même en biseau et en sens inverse.

Le but de cette disposition est facile à saisir. Si le couvercle avait un bord droit, il n'aurait rencontré, en se rabattant dans l'orifice du tube, aucune partie sur laquelle appuyer ; et, dans ce cas, la charnière seule se serait opposée à ce qu'il pénétrât plus profondément à l'intérieur. Lors même que cette partie délicate serait capable de supporter, sans éprouver de relâchement, ce poids continuel et le choc assez fort que produit le couvercle chaque fois qu'il se rabat, il serait à craindre que quelque pression accidentelle du dehors ne finît enfin par la rompre. C'est pour obvier à ce grave inconvénient que l'Araignée a pratiqué à l'orifice de son habitation une feuillure contre laquelle vient appuyer la porte et qu'elle ne saurait franchir. Cette feuillure est faite avec un tel soin, et le couvercle s'y applique si exactement, qu'il faut beaucoup d'attention pour reconnaître le joint. Au reste, l'instinct de l'animal le porte à rendre cette jonction aussi parfaite que possible; car non seulement il lui importe de clore solidement sa demeure, mais il a le plus grand intérêt à en cacher l'ouverture aux yeux de ses ennemis. C'est évidemment dans cette intention que l'Araignée a crépi extérieurement la porte de son habitation avec une terre grossière et l'a rendue tellement rugueuse et inégale qu'elle se confond avec la surface du sol.

En agissant ainsi, l'Araignée semble avoir prévu un autre genre de nécessité. Dans l'habitude où elle paraît être de sortir souvent de sa demeure et d'y rentrer à la hâte au moindre danger, il lui a fallu pouvoir ouvrir facilement sa porte. Or cette manœuvre, qui aurait été pénible et plus ou moins longue si la surface extérieure du couvercle eût été lisse, devient très facile à cause des nombreuses inégalités qu'on y trouve et qui donnent toujours prise aux crochets dont l'animal est pourvu.

L'Araignée doit ouvrir elle-même sa porte; mais elle n'a pas à s'inquiéter de la fermer. Que l'Araignée sorte ou qu'elle rentre, cette porte se ferme toujours d'elle-même; et c'est là encore une des observations les plus curieuses que fournit l'étude attentive de cette singulière habitation. Quand on cherche à ouvrir la demeure, il faut un certain effort pour soulever le couvercle et le mettre à angle droit avec l'orifice du tube. Si on le renverse encore plus, de manière à ouvrir l'angle davantage, la résistance devient encore plus grande; mais dans ce cas, comme dans le premier, le couvercle abandonné à lui-même retombe aussitôt et ferme l'ouverture. La tension et l'élasticité de la charnière sont les principales causes de cet effet; mais, en admettant que cette élasticité n'existât pas, le couvercle, soulevé de manière à dépasser un peu la ligne verticale, pourrait encore retomber de lui-même et fermer naturellement l'orifice du tube. Ce résultat remarquable est dû à la répartition de la matière dont le couvercle est formé. La partie voisine de la charnière est plus épaisse et comme bosselée intérieurement. Ce surcroît de poids, qui, s'il avait eu lieu loin de la charnière, eût porté le couvercle, chaque fois qu'il aurait été soulevé, au delà de la ligne verticale, et l'eût ramené en dehors, se trouvant au contraire placé tou près du point d'attache et du côté intérieur, agit en sens inverse et tend sans cesse à le faire retomber.

La surface intérieure du couvercle ne ressemble en rien à celle du dehors. Autant celle-ci est raboteuse, autan l'autre est unie; de plus, on a vu qu'elle est tapissée, comme les parois de l'habitation, d'une couche soyeuse très blanche, mais beaucoup plus consistante et ayant l'apparence du parchemin. Nous ajouterons que cette face intérieure est surtout remarquable par l'existence d'une série de trous. Ces petits trous, qu'on pourrait au premier abord négliger de voir, forment un des traits les plus curieux de l'histoire de l'Araignée pionnière, car c'est par leur moyen qu'elle peut, lorsqu'on veut forcer sa porte, la maintenir exactement fermée.

Elle y parvient en se cramponnant d'une part à l'aide de ses pattes aux parois de son tube, et de l'autre en introduisant dans les trous de son couvercle les épines et les crochets cornés dont sont munies ses mâchoires. On comprend que la porte de l'habitation se trouve alors retenue par un moyen en quelque sorte aussi bon que celui que nous obtenons en poussant un verrou dans sa gâche. Mais ce qui doit exciter davantage notre admiration, c'est la manière dont ces trous sont disposés. On croira peut-être que l'Araignée n'en a pas épargné le nombre, et que, pour ne pas se trouver au dépourvu quand la nécessité la force à en faire usage, elle en a criblé la face interne de son couvercle. Ce n'est cependant pas là ce qu'on observe. Ces trous sont peu nombreux, on en compte au plus une trentaine; et, au lieu d'être dispersés au hasard, ils se trouvent tous réunis en une place déterminée, très convenable, et telle que nous l'aurions choisie nous-mêmes, après y avoir bien réfléchi. En effet, ils sont situés tout près du bord du couvercle, et toujours du côté opposé à la charnière. Il est clair que l'Araignée trouve un grand avantage dans cette disposition, car, dans l'action de tirer à soi ce couvercle, elle opère bien plus efficacement en se cramponnant loin de la charnière que si elle agissait dans son voisinage. L'instinct de l'animal semble l'avoir si bien instruit sur ce point, qu'il n'a pas pris la peine de faire un seul trou, soit au milieu du couvercle, soit au voisinage du point d'attache, et que tous les trous qu'on y observe sont disposés sur une ligne demi-circulaire, très étroite.

Plus nous reconnaissons de perfection dans l'ouvrage de la Mygale pionnière, plus nous sommes forcés de reconnaître que tous ces actes dérivent exclusivement de l'instinct ; car, si l'on admettait que l'animal les exécute avec quelque réflexion, il faudrait lui accorder non seulement un raisonnement très-parfait, mais encore des connaissances d'un ordre fort élevé et que l'homme lui-même n'acquiert que par un long travail d'esprit et en mettant à profit l'expérience de ses devanciers. L'Araignée opère donc sans calcul ni combinaison, sous une influence étrangère et irrésistible. Quant aux leçons que pourrait lui fournir l'expérience, elles sont entièrement nulles, comme chez tous les insectes : c'est-à-dire que après avoir vécu des mois et des années, elle n'en sait guère plus et n'en fait pas davantage que lorsque, sortant de l'œuf, elle s'est mise incontinent à construire.

AUDOUIN.

XXXV

La Lycose Tarentule.

La Lycose Tarentule habite de préférence les lieux découverts, secs, arides, incultes, exposés au soleil. Elle se tient dans des conduits souterrains, dans de véritables clapiers qu'elle se creuse elle-même. Cylindriques et souvent d'un pouce de diamètre, ces clapiers s'enfoncent jusqu'à plus d'un pied de profondeur, mais ils ne sont pas perpendiculaires.

L'habitant de ce boyau prouve qu'il est en même temps chasseur adroit et ingénieur habile. Il ne s'agissait pas seulement pour lui de construire un réduit profond qui pût le dérober aux poursuites de ses ennemis, il fallait encore qu'il établît là son observatoire pour épier sa proie et s'élancer sur elle comme un trait. L'araignée Tarentule a tout prévu : le conduit souterrain a effectivement une direction d'abord verticale, mais à quatre ou cinq pouces du sol il se fléchit à angle obtus, il forme un coude horizontal, puis redevient perpendiculaire. C'est à l'origine de ce coude que la Lycose s'établit en sentinelle vigilante et ne perd pas un instant de vue la porte de sa demeure. C'est là que, à l'époque où je lui faisais la chasse, j'apercevais ses yeux étincelants comme des diamants et lumineux dans l'obscurité comme ceux du chat.

L'orifice extérieur du terrier de la Tarentule est ordinairement surmonté d'un tuyau, véritable ouvrage d'architecture, qui s'élève jusqu'à un pouce au-dessus du sol et a près de deux pouces de diamètre, en sorte qu'il est plus large que le terrier lui-même. Cette dernière circonstance, qui semble avoir été calculée par l'industrieuse aranéide, se prête à merveille au développement obligé des pattes au moment où il faut s'élancer sur la proie. Ce tuyau est principalement composé par des fragments de bois secs, unis par un peu de terre glaise, et si artistement disposés les uns au-dessus des autres, qu'ils forment un échafaudage en colonne droite, dont l'intérieur est un cylindre creux. Ce qui établit surtout la solidité de cet édifice tubuleux, de ce bastion avancé, c'est qu'il est revêtu, tapissé en dedans, d'un tissu ourdi par les filières de la Lycose, et qui se continue dans tout l'intérieur du terrier. Il est facile de concevoir combien ce revêtement soyeux doit être utile et pour prévenir les éboulements, les déformations et pour faciliter aux griffes de la Tarentule l'escalade de sa forteresse.

En surmontant d'un bastion l'entrée de son terrier, la Lycose a voulu atteindre plusieurs buts. Elle met ainsi son réduit à l'abri des inondations, elle le prémunit contre la chute des corps étrangers qui, balayés par le vent, finiraient par l'obstruer; enfin elle s'en sert comme d'une embûche en offrant aux mouches et autres insectes dont elle se nourrit un point saillant pour s'y poser. Qui nous dira toutes les ruses employées par cet adroit et intrépide chasseur !

La première fois que je découvris les clapiers de cette Aranéide et que je constatai qu'ils étaient habités, en l'apercevant en arrêt au premier étage de sa demeure, c'est-à-dire au coude dont je viens de parler, je crus, pour m'en rendre maître, devoir l'attaquer de vive force et la poursuivre à outrance. Je passai des heures entières à ouvrir la tranchée avec un fort couteau sans rencontrer l'araignée ; je recommençai cette opération dans d'autres clapiers et toujours avec aussi peu de succès; il m'eût fallu une pioche pour atteindre mon but, mais j'étais trop éloigné de toute habitation. Je fus donc obligé de changer mon plan d'attaque, et je recourus à la ruse. La nécessité est, dit-on, la mère de l'industrie. J'eus idée, pour simuler un appât, de prendre un chaume de graminée surmonté d'un épillet, et d'agiter doucement celui-ci à l'orifice du clapier.

Je ne tardai pas à m'apercevoir que l'attention et les désirs de la Lycose étaient éveillés. Séduite par cette amorce, elle s'avançait à pas mesurés et à tâtons vers l'épillet ; si je retirais à propos celui-ci un peu en dehors du trou sans laisser à l'animal le temps de la réflexion, l'araignée s'élançait souvent d'un seul trait hors de sa demeure, dont je m'empressais de lui fermer l'entrée. Alors la Tarentule, déroutée, était fort gauche à éluder mes poursuites, et je l'obligeais à entrer dans un cornet de papier que je fermais aussitôt.

Quelquefois, se doutant du piège, ou moins pressée peut-être par la faim, elle se tenait sur la réserve, immobile, à une petite distance de la porte, qu'elle ne jugeait pas à propos de franchir. Sa patience lassait la mienne. Dans ce cas, voici la tactique que j'employais. Après avoir bien reconnu la direction du boyau et la position de la Lycose, j'enfonçais avec force et obliquement une lame de couteau, de manière à surprendre l'animal par derrière et à lui couper la retraite en barrant le clapier. Je manquais rarement mon coup, surtout dans des terrains qui n'étaient pas pierreux. Dans cette situation critique, ou bien la Tarentule, effrayée, quittait sa tanière pour gagner le large, ou bien elle s'obstinait à demeurer acculée contre la lame du couteau. Alors, en faisant exécuter à celle-ci un mouvement brusque de bascule, je lançais au loin la terre et la Lycose.

La Tarentule, si hideuse au premier aspect, surtout lorsqu'on est frappé de l'idée du danger de sa piqûre, si sauvage en apparence, est cependant très susceptible de s'apprivoiser. En mai 1812, pendant mon séjour à Valence, en Espagne, je pris sans la blesser une Tarentule d'assez belle taille. Je l'emprisonnai dans un bocal de verre, clos par un couvercle de papier, au centre duquel j'avais pratiqué une ouverture à panneau. J'avais fixé au fond du vase le cornet de papier dans lequel je l'avais transportée et qui devait lui servir de demeure habituelle. Je plaçai le bocal sur une table de ma chambre à coucher, afin de l'avoir souvent sous les yeux.

La Tarentule s'habitua promptement à la réclusion et finit par devenir si familière, qu'elle venait saisir au bout de mes doigts la mouche vivante que je lui servais. Après avoir donné à sa victime le coup de la mort avec le crochet de ses mandibules, elle ne se contentait pas, comme la plupart des araignées, de lui sucer la tête ; elle broyait tout son corps en l'enfonçant successivement dans sa bouche au moyen des pattes, puis elle rejetait les téguments triturés et les balayait loin de son gîte. Après son repas, elle manquait rarement de faire sa toilette, qui consiste à brosser avec les pattes de devant les palpes et les mandibules, tant en dehors qu'en dedans; après cela, elle prenait son attitude de gravité immobile. Le soir et la nuit étaient pour elle le temps de la promenade; je l'entendais souvent gratter le cornet de papier.

Un jour que j'avais fait une chasse heureuse aux Lycoses, je choisis deux mâles vigoureux que je mis en présence dans un large bocal, afin de me procurer le spectacle d'un combat à mort. Après avoir fait plusieurs fois le tour du cirque pour chercher à s'évader, ils ne tardèrent pas, comme à un signal donné, à se mettre dans une attitude belliqueuse. Je les vis avec surprise prendre leur distance, se redresser gravement sur leurs pattes de derrière, de manière à se présenter mutuellement le bouclier de leur poitrine. Après s'être observés ainsi face à face pendant deux minutes, après s'être sans doute provoqués par des regards qui échappaient aux miens, je les vis se précipiter en même temps l'un sur l'autre, s'entrelacer de leurs pattes, et chercher dans une lutte obstinée à se piquer avec les crochets des mandibules. Soit fatigue, soit convention, le combat fut suspendu; il y eut une trêve de quelques instants, et chaque athlète, s'éloignant un peu, vint se replacer dans sa posture menaçante. Cette circonstance me rappela que, dans les combats singuliers des chats, il y a aussi des suspensions d'armes. Mais la lutte ne tarda pas à recommencer avec plus d'acharnement entre les deux Tarentules. L'une d'elles, après avoir longtemps balancé la victoire, fut enfin terrassée et blessée d'un trait mortel à la tête; elle devint la proie du vainqueur, qui lui déchira le crâne et la dévora.

Quarante-six ans plus tard, en 1854, j'eus la satisfaction de rencontrer sur les pentes du Reventon, chaînon latéral du Guadarrama, une célébrité arachnidienne, la fameuse Tarentule qui fut en 1808 l'objet privilégié de mes études. Je revoyais avec une certaine satisfaction d'amour-propre d'auteur sa singulière tanière surmontée de sa tourelle extérieure, son habileté à revêtir de soie les parois internes de ce palais tubuleux. J'apercevais, au premier coude de son réduit obscur, ses yeux étinceler comme ceux du chat. Ainsi qu'au vieux temps, cette belle araignée, plus redoutée que redoutable, se laissait débonnairement tromper par l'amorce d'un épillet de graminée agité à la porte de son terrier. On la voyait alors s'élancer d'un bond au dehors, et, si l'on était assez agile pour lui barrer la retraite, elle se blottissait dans sa confusion, et on pouvait, sans nulle crainte, la saisir au corps. Ainsi, quarante-six ans se sont écoulés depuis la première fois que j'observais les manœuvres de la Tarentule, sans qu'elle ait fait le moindre progrès.

Qu'on me permette un rapprochement qui paraîtra peut-être un peu disparate. Il y a une vingtaine de siècles, les fiers conquérants des monts Carpétains, en parcourant dans leurs courses ou leurs chasses le Reventon, foulaient aux pieds, sans s'en douter, les donjons des Tarentules ; et tandis que, parvenus à l'apogée de leur gloire, ils eurent à subir l'inévitable décadence, notre laborieuse Arachné, fidèle à son poste comme à l'instinctive tradition, est demeurée stationnaire, s'en trouvant bien, ne voulant pas mieux, et cela pour la plus grande gloire des sublimes harmonies de la nature.

LÉON DUFOUR.

XXXVI

L'Araignée Loup.

L'Araignée Loup [1] renferme ses œufs dans une sorte de sac ou de bourse de soie d'un tissu fort serré. On voit sou-

1. *Lycose* des naturalistes modernes. C'est apparemment de la *Lycose porte-sac* que parle ici Charles Bonnet. Cette petite Araignée, de 7 à 8 millimètres de longueur, est d'un brun de suie, avec deux rangées de points alternativement noirs et fauves à la partie postérieure, et une petite touffe de poils blancs à la partie antérieure de l'abdomen. Elle est une des premières à se montrer au printemps, dans les bois, les champs, les jardins potagers. Son cocon est aplati, de couleur verdâtre, tantôt tirant sur le blanc, tantôt sur le gris, avec un cercle blanc plus pâle. Elle le porte attaché au bout de l'abdomen. Quand on le lui prend, elle s'arrête et tourne autour des doigts ravisseurs pour tâcher de le reprendre. J.-H. F.

vent de ces Araignées courir dans les allées des jardins. Le sac aux œufs, qu'elles portent partout avec elles, les fait aussitôt remarquer. Ce sac est fixé au bout de l'abdomen par un suc glutineux fourni par les filières. Il est si bien collé qu'il ne se détache point, quelques mouvements que se donne l'Araignée, même au milieu des herbes les plus touffues. Les Araignées Loups ne filent point de toile, mais courent la campagne et s'élancent sur les petits insectes qui leur servent de nourriture.

L'extrême attachement de notre Araignée pour ses œufs est ce qu'elle offre de plus intéressant. Elle a cet air sauvage et presque féroce qu'on remarque dans la plupart de ses congénères ; elle court, elle saute avec agilité, et l'on a de la peine à la suivre. Mais, si l'on vient à lui enlever le précieux fardeau qu'elle porte partout avec elle, on sera surpris du changement qui s'opérera dans ses allures. Cette Araignée, auparavant si sauvage, paraîtra s'apprivoiser sur-le-champ; on la verra rester immobile à la même place, puis se mettre à marcher d'un pas lent et à chercher de tous côtés la bourse qui lui a été ravie. Elle rappellera à l'esprit l'idée d'une poule qui a perdu ses poussins. Elle ne fuira pas même quand on viendra à la toucher. Mais si l'observateur, ému de compassion, lui rend le précieux sac ou le met à sa portée, elle s'en saisira à l'instant avec ses pinces et s'enfuira aussitôt.

Dans la vue de mettre à une épreuve nouvelle l'attachement singulier de cette Araignée pour ses œufs, il me vint un jour en pensée d'en jeter une des plus sauvages dans la fosse d'un grand Fourmilion. Elle se tira bientôt du précipice et remonta avec agilité au haut de la fosse. Je l'y précipitai de nouveau. Le Fourmilion, plus leste cette fois que la première, saisit avec ses cornes le sac aux œufs pour l'entraîner sous le sable et en faire curée. De son côté, l'Araignée s'efforçait de tirer à elle le sac et de l'enlever au ravisseur invisible qui s'en emparait. L'espèce de glu qui collait le sac au bout du ventre de l'Araignée ne put tenir contre des secousses aussi violentes ; le sac se sépara de son point d'attache; mais l'Araignée le reprit aussitôt avec ses pinces et redoubla d'efforts pour l'arracher au Fourmilion. Ce fut en vain : le Fourmilion continua à entraîner le sac sous le sable. L'infortunée mère pouvait au moins dérober sa vie à l'ennemi : elle n'avait qu'à lâcher le sac et à regagner le haut de la fosse. Mais, chose admirable! elle préféra se laisser enterrer toute vive.

Comme le sable me cachait ce qui se passait, je voulus en retirer l'Araignée pour m'assurer si elle tenait encore le sac aux œufs; mais je m'y pris avec trop peu de ménagement : le sac demeura au Fourmilion. La tendre mère, privée de ses œufs, ne voulut point quitter la fosse où elle venait de les perdre. J'avais beau la pousser avec une paille pour l'obliger à sortir de la fosse; elle s'opiniâtrait à y demeurer. Il semblait que la vie lui fût venue à charge. Que de mères nous pourrions renvoyer à l'école de cette Araignée!

Une autre Araignée de la même espèce m'étant tombée entre les mains, je la renfermai dans une petite boîte vitrée pour l'observer plus à mon aise. Avec une paille, je prenais souvent plaisir à lui enlever le sac aux œufs. Elle cherchait d'abord à fuir; mais, lorsque je la serrais de trop près pour qu'elle pût s'échapper, elle mettait tout en œuvre pour m'empêcher de lui enlever son sac. Elle se couchait dessus, le couvrait de son corps, l'embrassait avec ses pattes, le saisissait adroitement avec ses pinces, et tâchait d'écarter la paille en la repoussant avec ses pieds. Enfin, quand j'étais le plus fort et que je venais à bout de tirer le sac de dessous les pattes de l'Araignée en l'entraînant vers moi, je voyais la pauvre mère faire les plus grands efforts pour retirer le sac de son côté; elle se renversait sur ses dernières jambes et se mettait dans toutes les postures qui pouvaient lui être les plus avantageuses. Si je continuais à user de force, si je me saisissais du sac, l'Araignée demeurait immobile et consternée ; mais bientôt je la voyais rôder dans la boîte à la recherche de ses œufs. Lui rendais-je le sac, elle se penchait aussitôt dessus, le saisissait avec ses pinces ou le collait au bout de son ventre, et se mettait à courir.

Au bout de quelques jours, je m'aperçus, avec surprise, que l'Araignée avait abandonné ce même sac qu'elle avait défendu si souvent avec tant de courage et d'adresse, et qu'elle s'en tenait éloignée. Je fus plus surpris encore lorsque, l'ayant placé auprès d'elle jusqu'à le lui faire toucher, je la vis s'en éloigner de nouveau. Je ne savais à quoi attribuer cet abandon, quand je découvris dans la boîte de très petites Araignées récemment écloses. Elles provenaient des œufs du fameux sac, maintenant abandonné comme chose de nulle valeur. Toutes se rendaient auprès de leur mère et toutes grimpaient sur son corps. Les unes se plaçaient sur la poitrine, d'autres sur les jambes, sur la tête, sur le ventre, de façon que la mère en était toute couverte et semblait plier sous le poids. Ce n'est pourtant pas qu'elle en fût surchargée, mais elle était mourante. Mon Araignée expirait après avoir consacré ses derniers jours à la garde vigilante de sa famille. Ce n'était pas encore assez pour elle : son cadavre devait servir de premier abri et peut-être de première nourriture aux petites Araignées. Je soupçonnai du moins que les Araignées nouvellement écloses ne se rendaient sur le corps de leur mère et ne s'y arrangeaient si bien que pour en sucer la substance. Qu'on me pardonne cet odieux soupçon. Quelle mère et quels fils !

Charles Bonnet.

XXXVII

Soie des Aranéides.

La sécrétion de la soie chez les araignées s'opère dans une masse glandulaire, demi-transparente et glaireuse, qui occupe la partie postérieure de l'abdomen. En général, six filières, placées au bout du ventre, donnent issue à la soie. Les deux postérieures sont plus allongées, les deux antérieures plus grosses et plus courtes, les deux intermédiaires plus petites et souvent cachées par les autres ; aussi ces divers appendices ont-ils assurément des fonctions différentes et excrètent-ils des fils à différents degrés de ténuité. La matière soyeuse sort des filières par une multitude de canules microscopiques, qui peuvent se mouvoir, se dresser, s'ouvrir ou se fermer au gré de l'animal, de même que les filières se meuvent à sa volonté et en tous sens au moyen de muscles forts et nombreux. L'animal les aide encore dans leurs fonctions par des mouvements de l'abdomen et même du corps en totalité ; et il est curieux de voir comment il s'agite pour tisser une toile dont la trame seule est jetée, comment il s'infléchit et secoue ses filières pour fixer contre un corps solide le bout d'un câble de sûreté ou d'une corde résistante, et qui doit servir de support à son léger édifice.

La soie est une matière gluante qui se dessèche plus ou moins rapidement selon les espèces et selon la ténuité des fils. Les toiles des grandes Epéires conservent longtemps une certaine viscosité, et les gros cordages qu'elles tendent d'un arbre à l'autre sont souvent noueux, parsemés de gouttelettes de matière soyeuse concrétée en masses rous-sâtres. Il y a plus, quelquefois cette matière semble être exploitée en couche continue pour former une sorte de carton ou de papier. Cette matière est insoluble dans l'eau : les pluies déchirent les toiles sans les dissoudre, et l'Argyronète aquatique tend ses rets au fond des eaux demi-stagnantes avec le même succès que les autres le font dans l'air.

Les fils sont tirés hors des filières, ou par le mouvement de celles-ci et du corps même en s'éloignant du point où ils ont été préalablement fixés, ou par des tractions exercées à l'aide des pattes, et surtout celles de derrière. Deux ongles en forme de peigne, plus un ergot crochu entre eux au bout de chaque patte, sont les outils propres à soutenir, étirer, séparer les filaments, les poser au lieu voulu et les tendre au degré convenable. C'est avec les pattes postérieures que certaines araignées cardent et floconnent la soie duveteuse dont elles tapissent leur demeure, et la bourre moelleuse dont elles entourent immédiatement leurs œufs.

Avant de parler des pièges construits au moyen de la soie, arrêtons-nous sur les habitacles qu'elle sert aussi à édifier, soit pure, soit mélangée à des matériaux divers. Certaines espèces, les Clubiones, les Drasses, les Micrommates, se font des cellules de soie en s'aidant de quelque feuille contournée ou recourbée par artifice, ou des tigelles et des fleurettes d'une ombelle ou d'un corymbe. Elles y laissent une ou deux issues par lesquelles, en cas d'attaque, elles s'échappent avec rapidité ; elles abandonnent même spontanément cette habitation passagère pour chercher fortune, sûres de s'en fabriquer une nouvelle en moins d'un quart d'heure au premier endroit favorable. Seulement, au moment des mues, ces animaux s'enferment complètement, de manière à ne pouvoir sortir de leur niche qu'en fendant avec leurs crochets les murs de cette prison volontaire où ils passent un temps d'inertie, de ramollissement, qui les livrerait au plus faible de leurs ennemis.

Parmi les chefs-d'œuvre en ce genre de travail, nous citerons la cloche de l'Argyronète ; la guérite que se fabrique, à côté de sa toile, l'Épéire apoclyse ; le cornet que suspend au milieu l'Epéire sclopétaire ; la tente de la Clotho de Durand, construite sur le modèle de la tente de l'Arabe.

Les Saltiques se tiennent en sûreté dans un sachet oblong, plat et collé contre une pierre ; un des bouts de l'habitacle est fendu, et ses deux lèvres arrondies s'appliquent exactement l'une sur l'autre comme les bords d'une bourse à fermoir métallique. Des tubes plus ou moins longs servent d'habitation à plusieurs genres d'aranéides. La Ségestrie en fabrique de si forts dans les fentes des vieux murs, que si l'on introduit dans leur ouverture évasée, étoilée, une petite baguette flexible qu'on tourne cinq ou six fois sur elle-même, on peut souvent enlever en entier le fourreau, long de cinq à six pouces, avec le nid qui le termine, renfermant les œufs et l'arachnide même. Les terriers de l'Atype, semblables à ceux de la Mygale pionnière, mais moins profonds, moins verticaux et mieux doublés de soie, ont leur embouchure fermée par un artifice d'un autre genre. Le tube de soie, qui sert de doublure au conduit souterrain, se prolonge au dehors et s'élève en s'élargissant entre les herbes qui le soutiennent. Cette partie extérieure, salie volontairement de quelques corpuscules de terre, constitue une sorte de nasse dont le bout effilé est fermé pour interdire l'accès du terrier aux malintentionnés du dehors. Le constructeur de cette nasse défensive n'est pas rendu prisonnier au fond de sa demeure par son propre travail : avec ses énormes mandibules, il a bientôt fait justice de cette barrière si quelque agitation l'avertit du passage d'une proie. Si au contraire une attaque est dirigée contre lui, il ne s'en fie pas encore à cette disposition propre à défendre ses pénates contre les insectes voraces, les grands Carabes ou la Scolopendre mordante : il accourt dans le vestibule, en fronce les parois et les attire chiffonnées vers l'entrée de sa caverne.

Quelques-unes des demeures dont nous venons de parler servent aussi d'embuscade, soit pour attendre que les victimes tombent dans un piège voisin, comme l'oiseleur se tient tapi près de ses filets, soit pour cacher le chasseur prêt à fondre sur la proie qui passe à sa portée. Ainsi la Mygale maçonne est blottie, les soirs d'été, à l'entrée de son terrier, dont elle maintient l'opercule soulevé avec ses pattes de devant. La moindre vibration au voisinage l'avertit du passage d'un insecte, d'une fourmi. Bien des fois, en me cachant à sa vue, je l'ai fait sortir de son domicile en froissant légèrement à l'entour un fétu de paille sur lequel elle se jetait précipitamment; mais les pattes de derrière n'avaient pas quitté l'ouverture du nid, et l'aranéide y rentrait rapidement quand elle avait reconnu sa méprise. Ce n'est au contraire qu'avec quelque lenteur qu'elle parvient à soulever son couvercle quand on l'a forcée de l'abandonner totalement.

La Ségestrie ne quitte guère non plus l'entrée de son repaire ; elle se jette brusquement sur les insectes qui viennent se heurter en passant aux fils tendus en rayons à l'entour ; il lui arrive aussi de faire un rapide circuit dans cette circonférence, soit dans l'espérance d'une découverte fortuite, soit trompée par quelque frémissement illusoire de ses cordons d'avertissement.

On voit fréquemment des Epéires établir leur toile à une grande hauteur, entre deux arbres, deux maisons. Sont-elles descendues à terre pour remonter ensuite? Oui, pour de petites élévations ; non, dans le cas contraire, et surtout si quelque espace d'eau sépare les points de support ; car les Epéires, n'ayant pas de houppes aux tarses, ne sauraient courir sur l'eau, et d'ailleurs leur ventre volumineux entraînerait inévitablement une submersion mortelle. Voici ce que j'ai pu observer dans mon cabinet même.

Un cocon d'Epéire avait été posé sur un arbuste dont les rameaux se trouvèrent bientôt envahis par une multitude de petits nouvellement éclos. Cette colonie ne tarda pas à s'éparpiller snr les meubles environnants, à s'élever même de mon bureau à la corniche de ma bibliothèque, séparée pourtant en largeur et en hauteur par un espace assez considérable. Des fils tendus de l'un à l'autre servaient d'échelle pour cette ascension perpétuellement renouvelée, malgré le soin que je prenais de rompre très fréquemment ces supports. Comment ces fils étaient-ils ainsi jetés et tendus? C'est ce que je parvins bientôt à reconnaître.

Sur l'extrémité des branches se tenaient fixement quelques petites araignées tantôt immobiles, tantôt manœuvrant avec activité de leurs pattes postérieures. Une vue exercée, une attention extrême, me devinrent ici plus que jamais nécessaires ; mais ce fut sans incertitude et sans équivoque que je les vis ainsi tirer de leurs filières et faire flotter librement dans l'air un écheveau de fils si légers, que le moindre courant, celui de la porte à la fenêtre, les enlevait dans une direction constante. L'animal cependant tirait à lui de temps en temps ce faisceau délicat, le pelotonnant entre ses pattes antérieures et s'assurant ainsi du moment où il s'était fixé au loin sur quelque corps solide. Quand la résistance et la tension lui paraissaient suffisantes, il n'hésitait pas à s'élancer, en habile acrobate, sur ce pont presque imperceptible ; il s'élevait ainsi sans support apparent pour un œil peu attentif, et semblait ramer dans l'espace ; mais le fil qu'il doublait par une addition nouvelle en le parcourant, devenait enfin plus visible et pouvait servir avec plus d'efficacité encore à de nouveaux voyages.

C'est de la même manière que sont posés d'un arbre à l'autre, quelquefois à travers un petit cours d'eau, les premiers cordages d'une toile. Puis, allant et venant sur ces traverses, l'araignée fixe à des points voisins d'autres cordages qu'elle écarte avec ses pattes de derrière et qui sont de plus en plus divergents de celui qui lui sert de pont. Enfin elle croise ces rayons par une spirale lâche, mais provisoire, et destinée seulement à lui servir de support lorsqu'elle veut poser ensuite la spirale définitive. Celle-ci est bien plus serrée, plus régulière ; un mouvement uniforme du corps et des pattes sert de compas à notre architecte, qui, chemin faisant, coupe et détache les premiers fils circulaires devenus dès lors inutiles et discordants avec le reste d'un ouvrage si industrieux. A ces opérations générales, quelques Epéires en ajoutent une dernière : c'est l'apposition de quelques rubans en zigzag au-dessus et au-dessous du centre de la toile. Il semble que ce soit une précaution qu'elles prennent pour rendre plus sûre et plus commode leur station dans ce point central. C'est là, en effet, qu'elles se tiennent accrochées la tête en bas, sans doute pour éviter des tiraillements à l'étroit pédicule qui unit le ventre au thorax.

C'est encore avec leur soie que les aranéides garrottent une proie dangereuse soit par sa vigueur musculaire et les pointes dont ses membres sont armés, soit par des armes plus redoutables encore, un aiguillon venimeux ; ou bien seulement trop incommode à cause du violent trémoussement qu'elle imprime à son corps par l'agitation de ses ailes. L'Araignée s'approche avec précaution du prisonnier empêtré sur la toile, se tient à une distance convenable pour ne courir aucun risque, commence même quelquefois son opération par surprise, se laissant tomber, suspendue à un fil, chaque fois qu'elle a subitement jeté sur lui un nouveau lacet, et ne reste à portée de sa proie que quand les entraves sont assez solides pour lui défendre tout mouvement dangereux. C'est à l'aide des pattes que les Epéires jettent ainsi, autour du corps de l'animal capturé, des fils et même de larges rubans ou écheveaux de soie. Aussi l'ont-elles bientôt emmailloté de toutes parts ; cette conclusion est hâtée encore par une autre manœuvre : l'Araignée roule entre ses pattes ce corps déjà bien garrotté, le couvrant, à chaque tour, d'une nouvelle nappe échappée de ses filières épanouies.

Quand leur victime est rendue ainsi inoffensive, on les voit, pour plus de sécurité, s'en approcher davantage, la mordre de leurs mandibules à venin ; puis, quand elle a cessé tout mouvement, la détacher de leur toile et l'emporter toujours dans son linceul jusqu'au centre, où elles la sucent à l'aise. Quelques-unes laissent ensuite le cadavre suspendu comme un trophée, mais la plupart le rejettent ; seulement, si au moment de leur dernière prise elles étaient déjà occupées à un autre repas, cette provision inattendue est momentanément suspendue à un fil, et l'on n'y touche qu'après avoir suffisamment tiré parti du premier butin. C'est ordinairement l'affaire de quelques heures pour que l'un et l'autre aient été exploités et rejetés, à moins qu'ils n'aient un très grand volume, de manière à fournir à la succion pendant une journée entière. Après ces repas copieux, l'Araignée reste longtemps immobile ; elle en fait de même après un repas médiocre, et ce n'est que la nuit, ou du moins le soir, qu'elle répare les brèches faites par elle-même ou par d'autres animaux à sa toile, ou bien qu'elle s'en fabrique une tout entière dans un autre endroit quand le dommage est trop considérable.

Voilà comment des animaux beaucoup plus grands et plus forts, mieux couverts et mieux armés, ne peuvent néanmoins lutter avec avantage contre un ennemi plus industrieux, qui les tient d'ailleurs comme suspendus dans les airs : c'est l'avantage de la force intellectuelle sur la force physique. Il est toutefois des insectes trop robustes et trop dangereux, comme la Mante-Religieuse l'est pour les grosses Araignées, comme les grandes Sauterelles, les Criquets à jambes épineuses, les gros Bourdons le sont pour les Araignées médiocres. Celles-ci en paraissent convaincues, car elles restent immobiles, laissant à ces captifs, trop difficiles à dompter, le soin de briser leurs chaînes, ou les aidant même de loin dans cette opération, malgré le dégât qu'ils occasionnent dans leurs possessions.

Enfin la soie est employée à la confection des cocons où les œufs sont enfermés. Le cocon de l'Araignée labyrinthe se trouve suspendu au milieu des hautes herbes. Il est composé d'une grande chambre d'un taffetas assez serré, percé de quelques ouvertures pour le passage de la mère, qui veille ordinairement sur ce trésor. Dans cette chambre est suspendue, par une douzaine de piliers, une loge plus petite, remplie d'un duvet floconneux au centre duquel est placée une poche papyracée, qui renferme les œufs gros comme des grains de millet. Le cocon de l'Epéire fasciée se rencontre fréquemment dans nos campagnes méridionales, et tout le monde y remarque ce joli ballon, de la grosseur d'un œuf de perdrix, de la forme d'une petite poire tronquée, de couleur jaune paille, coupé de bandes longitudinales noirâtres. A l'extérieur, il a presque la consistance du parchemin, et un couvercle enfoncé ferme la troncature de son extrémité supérieure. Intérieurement, on voit, au milieu de la bourre la plus délicate, une petite cuvette de soie, operculée elle-même et remplie de plusieurs centaines d'œufs ronds et d'un beau jaune orangé. Ce cocon si industrieux et si chaud permet aux œufs de passer l'hiver sans danger.

Beaucoup d'aranéides veillent sur leurs cocons avec un admirable dévouement. Il en est qui s'enferment pour toujours avec leur future famille, que souvent elles ne connaîtront point, devant périr avant sa naissance ; c'est leur tombeau qu'elles préparent, tout en fabriquant un abri à leurs œufs contre le froid et les injures de l'air. Certaines Erèses logées sous terre avec leurs œufs se recouvrent d'un tapis semblable à de gros papier gris, imperméable aux pluies. Au-dessous de cette couverture, j'ai trouvé, au milieu de l'hiver, le squelette de la mère desséchée, et dans un duvet abondant une soixantaine de jeunes Erèses.

La Clubione nourrice s'enferme également, à la fin de l'été, dans une grosse coque de soie blanche, fortifiée de feuilles d'arbre ou de graminées. Là, elle couve assidûment son paquet d'œufs et le défend courageusement, opposant ses grandes et fortes mandibules à l'ennemi qui déchire cette enveloppe coriace. Elle-même en sort quelquefois en y faisant une brèche qu'elle aura bientôt réparée, mais ce n'est que quand il y a eu quelque avarie extérieure ; c'est pour le fixer plus solidement au voisinage s'il a été détaché du rameau qui le portait. Rentrée dans sa retraite, elle y passe des jours, des semaines sans nourriture, se flétrissant, s'affaiblissant de plus en plus. Souvent elle n'est pas encore morte que sa jeune famille éclôt et s'échappe en ouvrant les parois de ce séjour, premier pour elle et dernier pour la mère.

A. Dugès.

XXXVIII

Toiles des Aranéides.

Les toiles des Araignées n'ont pas toutes la même figure ni la même solidité, quoiqu'elles soient également propres à arrêter les insectes qui s'y laissent prendre. Les unes sont une espèce de filet très lâche, d'une figure spirale régulière ; quelques autres ne sont composées que de fils tendus dans tous les sens et sans aucun ordre apparent ; d'autres enfin ressemblent à une espèce de tapis d'un tissu serré étendu sur un plan vertical. Examinons la manière dont se construisent les premières toiles, les plus remarquables de toutes.

L'Araignée tend sa toile verticalement entre les rameaux des arbres, et quelquefois au-dessus d'un fossé ou d'un ruisseau. Dans ce dernier cas, la plus grande difficulté consiste à relier les deux bords du fossé par un fil de communication, car, une fois ce pont établi, l'Araignée peut passer librement d'un bord à l'autre et tendre tous les fils dont elle a besoin pour son ouvrage. A cet effet, l'Araignée se tient sur les six pattes de devant, et par le moyen de ses pattes de derrière elle tire de ses mamelons un fil plus ou moins long suivant la largeur du fossé; puis elle laisse flotter au vent ce fil, qui ne tarde pas à s'empêtrer autour de quelque rameau de la rive opposée. L'Araignée le tire à elle de temps en temps pour reconnaître s'il est attaché quelque part; elle tend alors ce fil et le fixe à l'endroit où elle se trouve. Un second fil est tendu de la même manière un peu plus bas et parallèlement au premier. Cela fait, l'Araignée passe d'un bord à l'autre par le moyen de ces fils qu'elle attache aux endroits jugés les plus convenables, et qu'elle double et triple pour leur donner plus de solidité.

Lorsque ces deux fils sont tendus, l'Araignée en file plusieurs autres dans tous les sens à l'un et l'autre bord et relie ainsi les deux premiers soit entre eux, soit aux branches voisines; quelques-uns sont destinés à renforcer le fil supérieur, qui doit soutenir presque tout l'ouvrage; les autres sont distribués de façon à laisser entre eux un espace à peu près circulaire pour l'emplacement de la toile. La charpente de la toile est alors terminée, et l'Araignée se met à construire les rayons. Pour cela, elle tend un fil qui coupe diamétralement l'espace circulaire dont nous venons de parler; puis elle vient se placer au milieu de ce premier fil et en attache un autre qu'elle va fixer à la circonférence, à une petite distance du point où elle a fixé la ligne diamétrale. Elle revient ensuite attacher au centre un nouveau fil qu'elle va fixer de la même manière à la circonférence, en donnant à celui-ci le même espace qu'elle a donné au premier. Elle répète cette manœuvre jusqu'à ce qu'elle ait achevé tous les rayons. Il faut observer que l'Araignée ne manque jamais de remonter et de descendre par le dernier fil qu'elle vient d'attacher.

Quand tous les rayons sont finis, il reste encore à l'Araignée un grand travail : elle doit tendre sur ces rayons un fil spiral qui, parti de la circonférence, aboutit au centre. Elle commence ordinairement par le haut de la toile et passe d'un rayon à l'autre en dévidant son fil et le fixant à chaque rayon parallèlement au fil qui précède. L'espace qui se trouve d'un rayon à l'autre étant trop grand vers la circonférence, l'Araignée se sert pour le franchir du fil précédemment tendu.

La toile achevée, l'Araignée construit à l'une des extrémités supérieures, entre plusieurs feuilles rapprochées, ou en tout autre endroit convenable, une petite loge, qui lui sert d'abri contre la pluie, le soleil ou le mauvais temps. Elle s'y tient d'habitude toute la journée et ne descend guère au centre de la toile que le matin et le soir.

OLIVIER.

XXXIX

Venin des Aranéides.

Les Araignées sont carnassières ; leur nourriture consiste principalement en insectes. Pour maîtriser plus aisément une proie, redoutable par sa force relative, elles sont douées d'un appareil venimeux placé à l'entrée de la bouche. Cet appareil consiste en une paire d'organes composés de deux pièces : l'une basilaire, toujours excessivement épaisse ; l'autre terminale, mobile et façonnée en un crochet grêle et très aigu. A l'état de repos, ce dernier est replié au côté interne de l'article basilaire. Il se redresse quand l'animal veut faire une blessure envenimée à la proie qu'il a saisie. C'est dans ce but qu'au sommet de chacun de ces crochets aboutit le conduit excréteur d'une glande à venin. La liqueur versée au fond de la plaie détermine presque aussitôt l'engourdissement des insectes auxquels les Araignées font la chasse, mais est trop faible pour nuire à l'homme, et c'est sans aucune raison que le vulgaire attribue souvent à la morsure des Araignées les boutons et les rougeurs qui se développent quelquefois sur notre peau.

MILNE EDWARDS.

Le crochet mobile des Aranéides représente la dent venimeuse des vipères : comme elle, il est mobile ; comme elle, il est percé d'une ouverture oblongue sur sa convexité et près de sa pointe ; comme elle, il transmet dans la blessure qu'il a faite une liqueur empoisonnée. Le conduit membraneux qui en parcourt l'intérieur provient d'une glande ou plutôt d'une vésicule sécrétoire située dans l'épaisseur de l'article basilaire. Cette vésicule est de forme ovoïde très allongée, épaisse et consistante, striée en hélice, de sorte que ses parois semblent composées d'une couche de cordonnets parallèlement contournés ; aussi doit-elle jouir d'une grande force expulsive. Nous avons vu souvent des Araignées irritées émettre une gouttelette parfaitement limpide par la fente de leurs crochets redressés et prêts à frapper l'ennemi, qui avait violé leur domicile ou les excitait par ses attaques. La propriété délétère de cette humeur est assez démontrée par les effets qu'en ressentent les insectes piqués, ne serait-ce que sur une patte.

Nous avons voulu pousser plus loin nos observations, et, à l'imitation de quelques zélés naturalistes, éprouver sur nous-mêmes les effets de la morsure des Araignées. Plusieurs fois, des Épéires, des Ségestries et autres nous ont fait sentir un pincement peu douloureux, l'épiderme n'ayant pas été traversé. La Dysdère érythrine, plus petite, mais pourvue de crochets proportionnellement plus longs et surtout plus aigus, a produit plus d'effet sur nos doigts : une cuisson vive, mais très passagère, a été le résultat de cette piqûre.

La Clubione nourrice, choisie de la plus grande taille, puissamment armée et pourvue de grosses glandes, n'a produit également que des piqûres si fines et si superficielles, que j'aurais cru l'épiderme intact sans le vif sentiment de cuisson, le petit gonflement et la rougeur qui se montraient à chaque endroit piqué par la pointe de ses crochets. Ces effets durèrent à peine une demi-heure.

Enfin une grande Araignée dite des caves, la Ségestrie perfide, réputée venimeuse dans nos pays, a été choisie pour sujet d'expérience principale. Elle avait neuf lignes de long, mesurée des mandibules aux filières. Saisie entre les doigts, du côté du dos, par les pattes ployées et ramassées ensemble (c'est ainsi qu'il faut prendre les Aranéides vivantes, pour éviter leurs piqûres et s'en rendre maître sans les mutiler), je la posai sur différents objets, sur mes vêtements, sans qu'elle manifestât la moindre envie de nuire ; mais, à peine appuyée sur la peau nue de mon avant-bras, elle en saisit un pli entre ses robustes mandibules d'un vert métallique et y enfonça profondément ses crochets. Quelques instants elle y resta suspendue, quoique laissée libre ; puis elle se détacha, tomba et s'enfuit, laissant, à deux lignes de distance l'une de l'autre, deux petites plaies rouges, mais à peine saignantes, un peu ecchymosées au pourtour et comparables à celles que produirait une forte épingle.

Dans le moment de la morsure, la sensation fut assez vive pour mériter le nom de douleur, et se prolongea pendant cinq à six minutes encore, mais avec moins de force ; j'aurais pu la comparer à celle que produit l'ortie dite brûlante. Une élévation blanchâtre entoura presque sur-le-champ les deux piqûres, et le pourtour, dans une étendue d'un pouce de rayon à peu près, se colora d'une rougeur érysipélateuse accompagnée d'un très léger gonflement. Au bout d'une heure et demie, tout avait disparu, sauf la trace des piqûres, qui persista plusieurs jours comme aurait fait toute autre petite blessure. C'était au mois de septembre, et par un temps un peu frais. Peut-être les symptômes eussent-ils offert quelque peu plus d'intensité dans une saison plus chaude, mais il n'en serait certainement résulté rien de pareil à ces boutons que quelques personnes trouvent le matin sur leurs lèvres, véritables efflorescences dues à une cause interne, à un léger mouvement fébrile, et qu'on attribue bien gratuitement à la morsure de l'Araignée domestique. Cette espèce, effectivement, ne paraît pas avoir la force ni le courage nécessaires pour attaquer ainsi sans nécessité. Les plus grands individus que j'en ai pris n'ont jamais fait le moindre effort pour mordre.

A. DUGÈS.

Quelque subit, quelque violent que soit l'effet du venin que l'Aranéide verse dans la piqûre qu'elle fait à l'insecte saisi, ce venin, dans les espèces les plus grosses du nord de la France, ne produit aucun effet sur l'homme. Je me suis fait piquer par les espèces d'Araignées les plus grandes des environs de Paris, sans qu'il en résultât ni douleur, ni enflure, ni rougeur. Ces légères piqûres ne m'ont fait éprouver d'autre sensation que celle qu'aurait produite une aiguille fine dont j'aurais enfoncé la pointe dans mon doigt. Ainsi, le venin des Araignées n'a pas, sur l'homme, des effets aussi fâcheux que celui de la Guêpe, de l'Abeille, du Cousin, de la Punaise, de la Puce et autres insectes encore beaucoup plus petits.

WALCKENAER.

La piqûre des Araignées est mortelle en peu d'instants pour les insectes. Une grande mouche qu'une Araignée avait simplement saisie par une des pattes avec ses crochets périt en fort peu de temps sans avoir reçu aucune autre blessure ; et cependant les mouches vivent longtemps encore, bien qu'on leur ait blessé ou coupé plusieurs pattes. Il est donc certain que l'Araignée verse dans la plaie une espèce de poison qui cause la prompte mort des insectes piqués. Toutefois les Araignées de l'Europe, et en particulier celles de la Suède, sont inoffensives pour l'homme; elles ne sont redoutables qu'aux insectes tombés dans leurs filets.

DEGÉER.

Je me suis souvent fait mordre au doigt par les plus grosses Araignées de la Suède, sans jamais en rien éprouver de fâcheux.

CLERCK.

XL

Un Peuple extraordinaire.

Lorsque les voyageurs nous racontent que, dans tel archipel de la Polynésie, il est de suprême bon ton de s'ouvrir une large boutonnière dans la lèvre inférieure, pour y enchâsser un coquillage; que, dans tel autre, il serait indécent de se produire en public sans avoir le cartilage des narines transpercé d'une arête de poisson ou le lobule de l'oreille dilaté jusqu'à l'épaule par un poids toujours croissant; lorsqu'ils nous disent que, dans telle contrée, on passerait pour insociable si l'on n'avait soin de s'enlever artistement sur le corps de fines lanières de peau et d'imprégner les incisions sanglantes de vermillon et d'indigo; lorsqu'ils nous racontent ces mille détails étranges sur les mœurs des peuples, notre première impulsion est de sourire d'incrédulité. Mais voici que maintenant on nous parle d'un peuple qui, par ses mœurs, ses usages, ses lois, ses costumes, ses constructions, ses industries, s'éloigne tellement des autres, qu'après les témoignages les plus graves, on ne peut s'empêcher de redire: *A beau mentir qui vient de loin.*

Chez ce peuple, le costume est parfois d'une sévère simplicité; on pourrait même dire qu'il se réduit à rien. La douceur du climat s'y prête apparemment. Mais, parfois aussi, il est d'une somptuosité si folle, que notre luxe jamais ne s'est élevé jusque-là. Nous chamarrons bien d'or et d'argent quelques costumes d'apparat, nous enchâssons bien quelques pierres fines dans des colliers, des bracelets, des diadèmes, mais voilà tout : nous sommes trop pauvres. Au contraire, pour cet étrange peuple, Golconde et le

Pérou n'auraient pas assez de leurs trésors. Où puisent-ils? Nul ne le sait encore. — Les uns se taillent de larges chapes

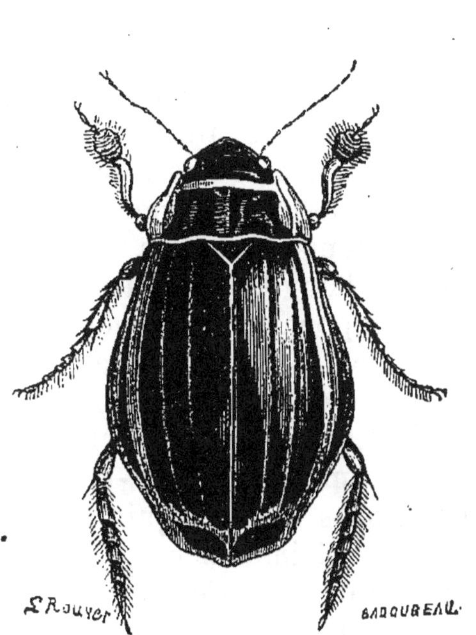

Fig. 31. — Le Dytique.

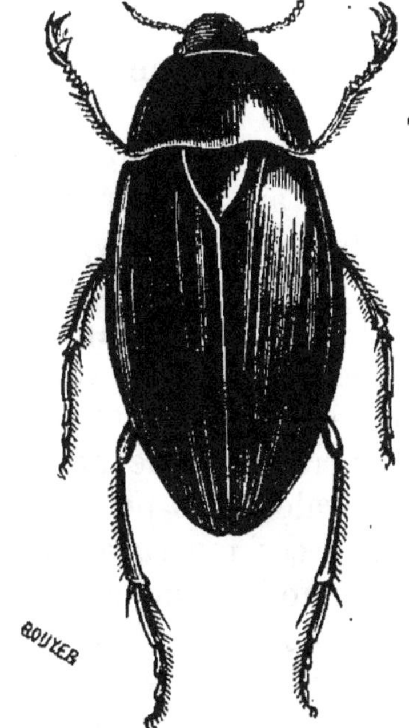

Fig. 32. — L'Hydrophile.

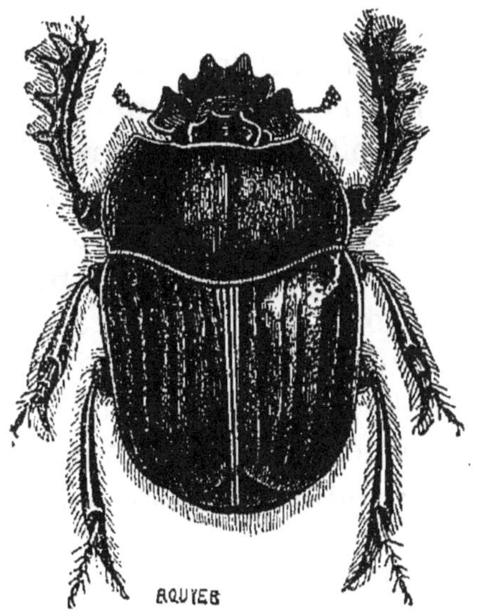

Fig. 33. — Le Scarabée sacré.

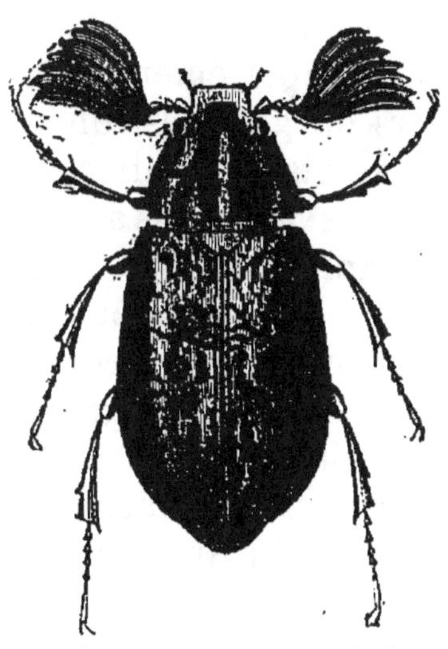
Fig. 34. — Le Hanneton foulon.

dans l'or laminé ; d'autres préfèrent un habit de bronze florentin qui serre la taille et fait valoir les formes ; d'autres font choix de dalmatiques d'argent ; d'autres encore, car ici, comme partout, il ne faut pas discuter des goûts, se contentent d'une casaque en cuivre ou en acier bruni. C'est un peu lourd, un peu raide ; mais quel éclat au soleil et que ne ferait pas supporter le plaisir de briller ! Nous en savons tous quelque chose. Pardonnons donc à cette extravagante nation ses costumes métalliques.

Cet amour effréné des métaux n'exclut pas l'usage de vêtements plus hygiéniques. Il y en a qui se pavanent sous de majestueux manteaux de velours noir, à liserés de pourpre, ou qui se drapent avec des chlamydes écarlates, frangées d'or. On en voit qui s'enveloppent de houppelandes d'hermine si moelleuse, si blanche, que la nôtre n'est que bourre grossière en comparaison. Ce sont des frileux, des convalescents peut-être, qui cherchent un peu de chaleur dans ces fourrures d'une exquise mollesse. Ceux-ci s'accommodent mieux d'un justaucorps en maroquin ou en cuir de Russie, qui leur laisse une pleine liberté d'allure. Ce sont des gens actifs, qui prennent la vie au sérieux. Ceux-là s'adonnent aux falbalas, à la moire, à la gaze, aux dentelles. Ce sont des efféminés ; dans le pays, en général, ils sont peu considérés.

Ici, on ne se contente pas de mettre au doigt un rubis, une simple émeraude ; on rougirait de nos mesquins colliers de gemmes, on prendrait en pitié nos diadèmes de diamants. Pour aller en guerre, ils se croiraient déshonorés s'ils n'avaient pas au moins une cuirasse de rubis, un heaume de saphir, des brassards et des cuissards d'émeraude. Bien plus : au sein même des occupations les plus vulgaires, cette manie des gemmes ne les quitte jamais. Le moindre charpentier dédaignerait de se mettre à l'œuvre s'il n'avait le tablier de travail incrusté d'escarboucles ; le plus humble terrassier ne toucherait pas à ses outils si de larges plaques de turquoises ne reluisaient sur sa poitrine. On dit même que, pour dépasser encore les autres en éclat, quelques-uns n'hésitent pas à se couronner de flammes phosphoriques, au risque d'être brûlés vivants. Un diadème de phosphore en combustion doit très bien faire, en effet, mais c'est si dangereux. Après tout, qu'ils y veillent, c'est leur affaire.

Mentionnons, pour terminer ce rapide aperçu du costume, les aigrettes, huppes, pompons, panaches dont tous invariablement se décorent la tête. Ils ont pour ce genre de parure, quelquefois très incommode, un amour encore plus vif que pour la richesse des étoffes. Tel d'entre eux, ouvrier vivant au jour le jour et dont tout le savoir faire

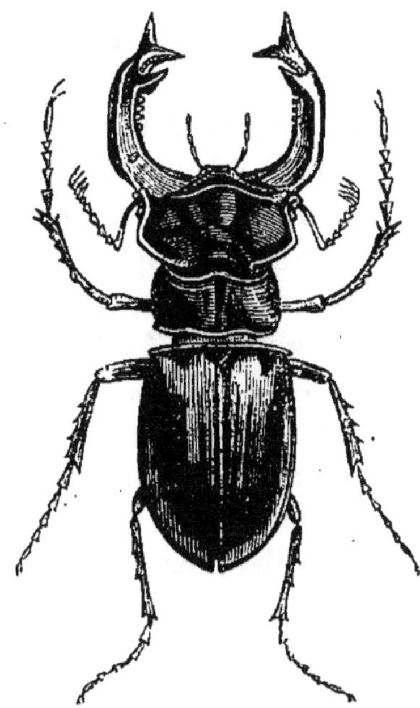

Fig. 35. — Le Cerf-volant.

consiste à tarauder quelque pièce de charpente, ne sortirait pas de chez lui s'il n'avait sur le front une couple d'énormes aigrettes plus longues que lui-même. C'est donc dans toutes les classes de ce peuple un amour du luxe à effrayer les plus riches des nations civilisées; et cependant tel est l'ordre, telle est l'économie, que pour satisfaire ses penchants personne ne va au delà des moyens légués par sa famille. Des lois somptuaires, scrupuleusement respectées, défendent à chacun de dépasser ce que lui permet son patrimoine; aussi cette nation, tout à la fois si économe et si prodigue, n'a pas un seul exemple à citer de quelqu'un des siens ruiné par de folles dépenses.

Parlons de la nourriture. Ici, les parents sont en général assez sobres ; il faut bien, en économisant sur les vivres, parer aux dépenses de la toilette ; autrement, où irait-on? De loin en loin, une gorgée d'ambroisie, récoltée sur certaines plantes, suffit à beaucoup d'entre eux. Il y en a même qui de toute leur vie ne prennent aucune nourriture. Ils ne s'en portent pas plus mal : ils y sont habitués. Pour la plupart cependant, il faut un régime substantiel, tantôt végétal, tantôt animal, suivant les tempéraments. Quelques-uns adorent les légumes ; d'autres préfèrent le gibier, quelquefois un peu fait ou même horriblement faisandé. Mais ce sont surtout les enfants qui mangent ! quels goinfres, quels goulus ! Le jour, la nuit, à toute heure, ils mangent ; ils mangent à ruiner la plus opulente maison. Ils n'ont qu'une idée, manger ; qu'un souci, manger ; qu'une occupation, manger, manger sans cesse ; et cela, chose inconcevable, sans jamais périr d'indigestion. Ah ! que les parents sont à plaindre au milieu de ces goulus dont le cerveau, le cœur, le tout est dans le ventre ! S'ils n'avaient au moins à élever qu'un seul nourrisson ? mais les malheureux en ont, disent les voyageurs, des centaines, des milliers à la fois. Ce n'est plus une famille comme les autres : c'est une multitude de gloutons. Aussi qu'arrive-t-il ? L'affection maternelle, partagée entre un si grand nombre, s'affaiblit d'autant ; et la mère, dans l'impuissance de suffire aux besoins de tant de bouches, met impitoyablement la marmaille à la porte sans plus s'en préoccuper. C'est cruel, mais comment faire ? Rassurons-nous pourtant : la famille expulsée ne périra pas de famine, ne vivra pas même de la charité publique, car, dans ce pays merveilleux, les enfants sont d'une précocité inouïe.

Ceux qu'une dure nécessité chasse du logis avant l'heure savent, quoique très jeunes, gagner honorablement leur vie. Dans quelques tribus, la reine seule est assez riche pour élever sa nombreuse famille sans l'envoyer, encore au maillot, courir le monde à ses risques et périls. Un grand palais est bâti, avec un appartement pour chacun des enfants, et une armée de nourrices dessert la royale crèche. On parle encore de quelques nobles chasseurs qui se feraient scrupule d'abandonner leur famille, peu nombreuse il est vrai, et qui l'approvisionnent amplement de gibier. On dit aussi que, à force d'épargne et d'activité, quel-

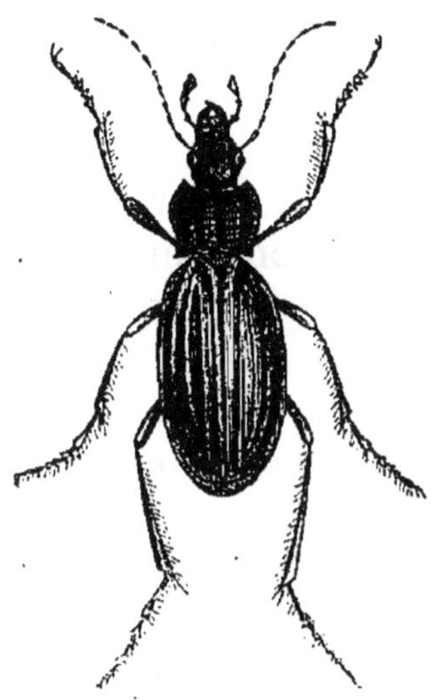

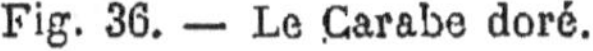

Fig. 36. — Le Carabe doré.

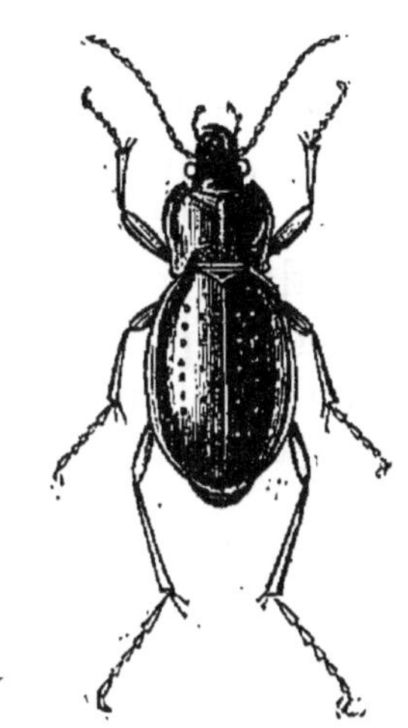

Fig. 37. — Le Carabe des jardins.

ques mères du commun du peuple parviennent à procurer à leurs enfants le pain de chaque jour ; mais c'est là l'exception. La règle est que les enfants se suffisent à eux-mêmes et soient chassés du logis au plus tôt. Ainsi le veulent les lois du pays. Le nombre et la voracité des nourrissons exigent ce règlement spartiate, auquel la politique n'est peut-être pas étrangère. Lycurgue ne voulait dans sa république que des gens valides, sains de corps et d'esprit. Notre peuple, paraît-il, a fait quelques emprunts au code lacédémonien : en livrant les citoyens dès le plus bas âge à une concurrence effrénée, il espère que le faible disparaîtra et laissera la place au fort.

Le cannibalisme ne doit pas surprendre chez un peuple dont les principes ont pareille sauvagerie : chez quelques tribus guerrières, les jeunes sont allaités avec du sang tout chaud. Ils se suspendent, les horribles petits ogres, à la veine ouverte de la victime, paralysée par un coup de dague empoisonnée ; il leur faut de la chair fraîche, de la chair qui tressaille sous la morsure. Mais, pour le moment, fermons les yeux sur ces horreurs, et occupons-nous des armes et des instruments de travail.

Si nous sommes habiles dans la fabrication de nos armes, avouons-le, bien qu'il en coûte à notre amour-propre, ce peuple-là est encore plus habile que nous. Nous pourrions bien, car au fond la forme n'est pas bien différente, mettre en parallèle avec les siens nos poignards, nos stylets, nos coutelas, nos épées, nos crics, nos cimeterres ; mais ce que nous ne saurions imiter, même de loin, dans ces armes, c'est la finesse du tranchant, l'acuité de la pointe, la flexibilité de la lame. Pour nous surpasser ainsi, il faut que ce peuple soit en possession d'un acier spécial et d'une méthode de trempe tenue secrète.

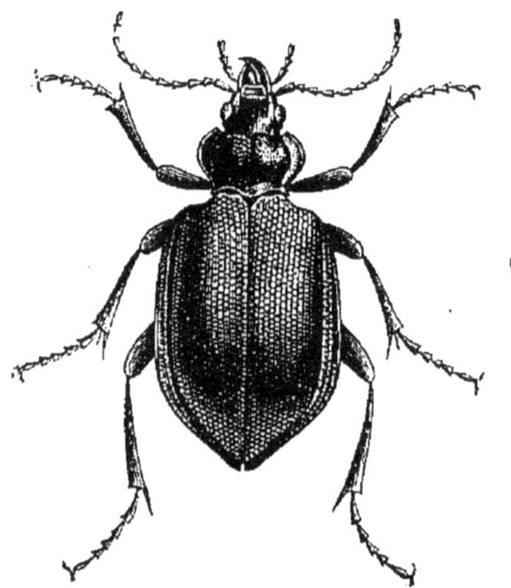

Fig. 38. — Le Calosome sycophante.

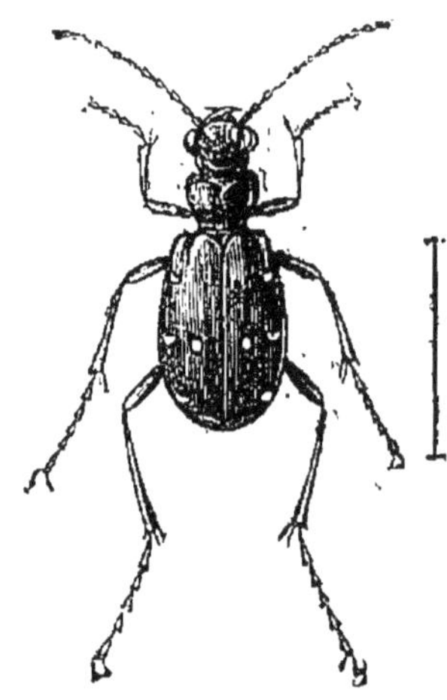
Fig. 39. — La Cicindèle.

Tous ne portent pas l'épée, et c'est fort heureux, car ceux qui la portent ont la détestable habitude d'empoisonner leur arme. Les Caraïbes trempaient la pointe de leurs flèches dans le venin des serpents ou dans le suc redoutable de certaines lianes ; les spadassins de cette nation insociable ont toujours dans la garde de leurs poignards un réservoir de poison qui suinte à l'extrémité de l'arme et envenime mortellement la plus simple égratignure. On sait, de source certaine, qu'ils n'empruntent pas ce poison aux animaux ou aux plantes, mais qu'ils le préparent eux-mêmes par des procédés où notre science ne comprend rien. Dans l'industrie assassine, la pratique toujours devance le savoir. Bien avant que Scheele eût dévoilé la nature de l'acide prussique, Locuste, l'empoisonneuse au service de Néron, préparait le fatal breuvage destiné à Britannicus. De longs siècles s'écouleront donc avant que l'Europe sache la composition du poison élaboré par ces sauvages.

Irascibles au plus haut point, ces brétailleurs dégainent pour le plus futile motif. Venez-vous à les coudoyer par mégarde, sans attendre vos excuses, ils vous poignardent à l'instant. Aussi les voyageurs qui les visitent ont-ils soin de s'astreindre à une minutieuse prudence pour n'éveiller en rien leur ombrageuse susceptibilité. Le danger est d'autant plus imminent, que ces intraitables ferrailleurs n'abandonnent jamais leur arme, ni le jour ni la nuit. Chez les nations policées, un spadassin suspend de temps en temps son épée au clou, ne serait-ce que pour dormir; ici, jamais. Aucun d'eux ne prendrait son repos, ne s'endormirait sans avoir sur lui sa lame empoisonnée. L'épée est comme incorporée dans celui qui la porte; l'arme et le batailleur ne font qu'un ; on dirait que les deux sont nés ensemble, comme Minerve avec sa lance.

A l'arme blanche, quelques-uns préfèrent le mousqueton. On connaît chez eux une espèce de revolver se chargeant par la culasse et employé par les bandits de bas étage. On pourrait croire d'abord que le secret de la poudre leur vient du moine Roger Bacon, inventeur de cette terrible substance, ou bien des Chinois, qui revendiquent pour eux la même découverte; cependant, tout bien examiné, on est d'accord pour reconnaître que ces mousquetaires ont devancé l'Europe et l'Asie dans l'usage des matières explosives, et que leur invention se perd dans la nuit des temps. Leur emploi du revolver est fort singulier ; celui qui vise l'ennemi ne le fait qu'à reculons ; il imite le Parthe, qui décochait son trait en fuyant. Outre la dague et le mousquet, ils se servent encore d'une foule d'autres armes si étranges par leurs formes, que la trousse d'un chirurgien, avec ses bistouris, lancettes, sondes, scalpels, scies, tenailles, pinces, trépans, etc., peut à peine en donner une idée. Faute d'expressions pour les décrire, nous les passerons sous silence.

Fig. 40. — Brachine en défense contre un Carabe.

Leurs outils de travail ne sont pas moins variés. Notre industrie, si savante, sans doute aurait le dessus en quelques points; on ne saurait trop admirer pourtant à quel ingénieux outillage est arrivé ce peuple, qui doit tout à l'inspiration individuelle. Les navigateurs ont trouvé les peuplades de la Polynésie en possession de quelques instruments très élémentaires pour tisser les étoffes, labourer le sol, travailler le bois, comme des haches en pierre, des socs façonnés avec des branches fourchues, des aiguilles en os de poisson; et voilà tout. Mais ici quelle différence! c'est un arsenal complet où tous les métiers sont largement représentés. N'allons pas nous imaginer que des rapports avec les nations civilisées aient donné à ce peuple ses outils et ses industries; ce serait grave erreur. Immuable dans ses usages, il ne veut rien accepter d'autrui, comme il ne veut rien communiquer. On reproche aux Chinois des tendances pareilles. D'ailleurs qu'a-t-il besoin de nos inspirations ? Il s'est incarné le génie de l'industrie ; ses ouvriers ont une telle aptitude pour l'art qu'ils doivent exercer que, sans apprentissage, sans essais, sans tâtonnements, ils y excellent presque dès leur naissance. On cite bien parmi nous quelques petits prodiges qui, devançant l'âge et l'expérience, font parler d'eux, à dix ou douze ans, dans les arts mécaniques, par exemple ; mais qui jamais eut connaissance de marmots de quelques jours tissant la soie ou sculptant les bois durs ? C'est pourtant ce qui se passe communément chez ce peuple privilégié. Il y a plus : par des procédés que nous serons toujours réduits à envier sans pouvoir les imiter, l'ouvrier ne fait qu'un avec ses outils, comme nous avec nos mains. Le menuisier trouve en lui varlope et tarière ; le tisseur dévidoir et navette ; le maçon, truelle et levier; le laboureur, herse et charrue; et de même pour tous les autres corps de métier.

Cette transformation bizarre d'une partie du corps en instruments de travail ne surprend plus lorsqu'on sait quels changements se prête l'organisation assouplie par une longue habitude. Le peuple dont nous parlons l'a parfaitement compris. Il lui a pris fantaisie de ne pas respirer par le nez et par la bouche. Le problème était difficile ; n'importe, il l'a admirablement résolu. Il s'est ouvert sur les flancs quelques boutonnières pour livrer passage à l'air, et depuis la respiration se fait par les côtés. Le même peuple s'est dit qu'avoir le cœur sur le devant de la poitrine est chose périlleuse pour faire face à l'ennemi. Il l'a donc déplacé ; mais au lieu de le transporter de gauche à droite, comme le faisait maladroitement certain médecin de Molière, il l'a mis en arrière, tout au beau milieu du dos. C'est logique et prudent. Et que dirons-nous de la vue ? Nous n'avons que deux yeux. En perdre un est un affreux malheur ; les perdre tous les deux, autant vaudrait mourir. Ah ! si nous en avions quelques-uns de rechange ! Eh bien, ce peuple fortuné s'est étudié à posséder à la fois, non pas dix yeux, ni vingt, ni cent, mais des milliers; et, si tous n'y sont pas parvenus, beaucoup du moins en possèdent vingt mille et au delà. L'organisation, encore une fois, se prête à tout ; il suffit de savoir la solliciter avec art. Dans le pays de ces voyants extraordinaires, celui qui n'a à son service que deux ou trois douzaines d'yeux est pour le moins qualifié de borgne.

Ce n'est pas tout. Ce peuple, qui de son corps fait ce qu'il veut, s'est créé des ailes avec un pli de l'épaule ; des avirons avec les jambes savamment aplaties ; des aérostats intérieurs, qui gonflent et soulèvent les plus lourds, avec les cavités respiratoires élargies ; des cloches à plongeur, pour emmagasiner sous l'eau le fluide respirable, avec quelques bouquets de poils et quelques rides de la peau ; si bien qu'il vit indifféremment sur terre, dans l'onde et dans l'air. Et, non content de tout cela, il a voulu braver le secret de la tombe, s'endormir dans la mort pour renaître à la vie. C'est là qu'il devait échouer ; c'est là qu'il a pleinement réussi. A deux, trois, quatre reprises, il se transfigure, hier mort sous une forme, demain ressuscité sous une forme nouvelle. Le prodige est à son comble.

Ce peuple, qui l'a vu ? L'aurait-on aperçu dans quelque planète voisine avec les télescopes géants d'Herschell ou de lord Ross ? Non ; il habite la même planète que nous, il vit au milieu de nous. Et tenez, justement, j'en aperçois un, le Carabe doré, qui traverse le sentier du jardin avec son justaucorps de bronze poli. Ce peuple extraordinaire est le peuple des insectes.

J.-H. Fabre.

XLI

Construction d'une Fourmilière.

La *Fourmi brune*, l'une des plus petites, se fait particulièrement remarquer par la perfection de son travail. Elle construit son nid par étages de quatre à cinq lignes de haut, dont les cloisons n'ont pas plus d'une demi-ligne d'épaisseur, et dont la matière est d'un grain si fin, que la surface des murs intérieurs en paraît fort unie. Ces étages ne sont point horizontaux, ils suivent la pente de la fourmilière, de sorte que le supérieur recouvre tous les autres, le suivant embrasse tous ceux qui sont au-dessous de lui, et ainsi de suite jusqu'au rez-de-chaussée, qui communique avec les logements souterrains.

Si l'on examine chaque étage séparément, on y voit des cavités travaillées avec soin, en forme de salles; des loges plus étroites et des galeries allongées qui leur servent de communication. Les voûtes des places les plus spacieuses sont supportées par de petites colonnes, par des murs, ou enfin par de vrais arcs-boutants. Ailleurs, on voit des caves qui n'ont qu'une seule entrée; il en est dont l'orifice répond à l'étage inférieur. On peut encore y remarquer des espaces très larges, percés de toutes parts et formant une sorte de carrefour, où toutes les rues aboutissent. Lorsqu'on ouvre une fourmilière, on trouve les caves et les places les plus étendues remplies de fourmis adultes; mais on voit toujours que leurs nymphes sont réunies dans les loges plus ou moins rapprochées de la surface, suivant les heures et la température, car à cet égard les fourmis sont douées d'une grande sensibilité et paraissent connaître le degré de chaleur qui convient à leurs petits.

La fourmilière contient quelquefois plus de vingt étages dans sa partie supérieure, et pour le moins autant au-dessous du sol. Combien de nuances de chaleur doit admettre une telle disposition, et quelle facilité les fourmis ne se procurent-elles pas, par ce moyen, pour la graduer? Quand un soleil trop ardent rend leurs appartements supérieurs plus chauds qu'elles ne le désirent, elles se retirent avec leurs petits dans le fond de la fourmilière. Le rez-de-chaussée devenant à son tour inhabitable pendant les pluies, les fourmis transportent tout ce qui les intéresse dans les étages les plus élevés, et c'est là qu'on les trouve rassemblées avec leurs nymphes et leurs œufs lorsque les souterrains sont submergés.

Ayant un jour visité les fourmis brunes par une pluie douce, je pus les voir déployer tous leurs talents pour l'architecture. Dès que la pluie commença, je les vis sortir en assez grand nombre de leurs souterrains. Elles rentrèrent aussitôt, mais revinrent ensuite, tenant entre leurs dents des molécules de terre qu'elles déposèrent sur le faîte du nid. Je ne concevais pas, au premier abord, ce qui devait en résulter; mais je vis bientôt s'élever de toutes parts de petits murs qui laissaient entre eux des espaces vides. En plusieurs endroits, des piliers placés à distance les uns des autres annonçaient déjà la forme des salles, des loges et des chemins que les fourmis se proposaient d'établir; c'était, en un mot, l'ébauche d'un nouvel étage.

Chaque fourmi apportait donc entre ses mandibules une petite pelote de terre qu'elle avait formée en ratissant le fond du souterrain avec le bout des dents. Cette petite masse, étant composée de parcelles réunies seulement depuis quelques instants, pouvait aisément se prêter à l'usage que les fourmis voulaient en faire; ainsi, lorsqu'elles l'avaient appliquée à l'endroit où elle devait rester, elles la divisaient et la poussaient avec leurs dents, de manière à remplir les plus petites inégalités de leur muraille. Leurs antennes suivaient tous leurs mouvements, en palpant chaque parcelle de terre, et, quand les matériaux étaient convenablement disposés, la fourmi les affermissait en les poussant séparément avec ses pattes antérieures : ce travail allait fort vite.

Après avoir tracé le plan de leur maçonnerie, en plaçant çà et là les fondements des piliers et des cloisons qu'elles voulaient établir, elles leur donnaient plus de relief, en ajoutant de nouveaux matériaux au-dessus des premiers. Souvent, deux petits murs, destinés à former une galerie, s'élevaient vis-à-vis l'un de l'autre et à peu de distance; lorsqu'ils étaient à la hauteur de quatre à cinq lignes, les fourmis s'occupaient à recouvrir le vide qu'ils laissaient entre eux, au moyen d'un plafond de forme cintrée. Cessant alors de travailler en montant, comme si elles avaient jugé leurs murs assez élevés, elles plaçaient contre l'arête intérieure de l'un et de l'autre des parcelles de terre mouillée dans un sens presque horizontal, de manière à former au-dessus de chaque mur un rebord qui devait, en s'élargissant, rencontrer celui du mur opposé. La largeur des galeries qui résultaient de ce travail était le plus souvent d'un quart de pouce.

Ici, plusieurs cloisons verticales formaient l'ébauche d'une loge communiquant avec différents corridors par des ouvertures ménagées dans la maçonnerie; là, c'était une véritable salle dont les voûtes étaient soutenues par de nombreux piliers; plus loin, on reconnaissait le dessin d'un de ces carrefours où plusieurs avenues aboutissent. Ces places étaient les plus spacieuses; cependant les fourmis ne paraissaient point embarrassées à faire le plancher qui devait les recouvrir, quoiqu'elles eussent souvent deux pouces et plus de largeur. C'était dans les angles formés par la rencontre des murs, puis le long de leurs bords supérieurs, qu'elles en plaçaient les premiers éléments; et de la sommité de chaque pilier s'étendait, comme d'autant de centres, une couche de terre horizontale et un peu bombée qui allait se joindre à d'autres parties de la même voûte, partant de différents points de la grande place publique.

Cette foule de maçonnes, arrivant de toutes parts avec la parcelle de mortier qu'elles voulaient ajouter au bâtiment, l'ordre qu'elles observaient dans leurs opérations, l'accord qui régnait entre elles, l'activité avec laquelle elles profitaient de la pluie pour augmenter l'élévation de leur demeure, offraient l'aspect le plus intéressant.

Cependant, je craignais quelquefois que leur édifice ne pût résister à son propre poids, et que ces plafonds, si larges, soutenus seulement par quelques piliers, ne s'écroulassent sous le choc de la pluie qui tombait continuellement et semblait devoir la démolir; mais je me rassurai en voyant que la terre apportée par ces insectes adhérait de toutes parts au plus léger contact, et que la pluie, au lieu de diminuer la cohésion de ses particules, semblait l'augmenter encore. Ainsi, loin de nuire au bâtiment par sa chute, elle contribue donc à le rendre plus solide. Les parcelles de terre mouillée, qui ne tiennent encore que par juxtaposition, n'attendent qu'une averse qui les lie plus étroitement et vernisse, pour ainsi dire, la surface du plafond qu'elles composent, ou les galeries et les murs restés à découvert. Alors les inégalités de la maçonnerie disparaissent; le dessus de ces étages, composés de tant de pièces rapportées, ne présente plus qu'une seule couche de terre bien unie et n'a besoin, pour se consolider entièrement, que de la chaleur du soleil.

Ces différents travaux s'exécutaient à la fois sur tous les points, et avec tant d'activité que la fourmilière se trouva augmentée d'un étage complet en sept à huit heures. Toutes ces voûtes, jetées d'un mur à l'autre, étant à la même distance du plan sur lequel elles s'élevaient, ne formèrent qu'un seul plafond lorsqu'elles furent terminées et que les bords des unes atteignirent ceux des autres.

A peine les fourmis eurent-elles achevé cet étage qu'elles en commencèrent un nouveau; mais elles n'eurent pas le temps de le finir, la pluie ayant cessé avant que le plafond fût entièrement construit. Elles travaillèrent cependant encore quelques heures, en profitant de l'humidité de la terre; mais le vent du nord s'étant levé avec violence, il la dessécha trop promptement, de manière que les fragments rapportés n'avaient plus la même adhérence et se réduisaient en poudre. Les fourmis voyant le peu de succès de leurs efforts renoncèrent à bâtir. Ce dont je fus étonné, c'est qu'elles détruisirent toutes les cases et les murs qui n'étaient pas encore recouverts, et répartirent les débris de ces ébauches sur le dernier étage de la fourmilière.

A quelques jours de là, j'essayai de les exciter à reprendre leurs travaux, au moyen d'une pluie artificielle. Je pris pour cela une brosse très forte, que je plongeai dans l'eau, et, en passant ma main sur ses crins, dans un sens et dans l'autre, je faisais jaillir sur la fourmilière une fine rosée. Les fourmis, de l'intérieur de leur demeure, s'aperçurent fort bien de l'humidité de leur toit; elles sortirent et coururent rapidement à la surface. L'arrosement continuait; les maçonnes y furent trompées. Elles allèren se pourvoir de parcelles de terre au fond du nid, revinrent les placer sur le faîte, et bâtirent des murs, des cases, en un mot un étage complet.

J'ai souvent répété cette expérience, et toujours avec le même succès. C'est surtout au printemps que les fourmis maçonnes profitent de la pluie pour agrandir leur nid; la nuit même ne les arrête pas, et j'ai fréquemment trouvé, le matin, des étages entièrement construits pendant l'obscurité.

Les fourmis ne se contentent pas d'augmenter l'élévation de leur demeure : elles creusent dans la terre des appartements plus spacieux encore, et les matériaux qu'elles en retirent sont employés dans leurs constructions extérieures. Ainsi, l'art de ces insectes consiste à savoir exécuter à la fois deux opérations opposées, l'une de miner et l'autre de bâtir, et à faire servir la première à l'avantage de la seconde.

P. HUBER.

XLII

Migration des Fourmis.

Les Fourmis sont quelquefois appelées à changer de domicile. Une habitation trop ombragée, trop humide, exposée aux insultes des passants, ou voisine d'une fourmilière ennemie, cesse-t-elle de leur convenir, elles vont poser ailleurs les fondements d'une nouvelle patrie. Ayant un jour dérangé l'habitation d'une peuplade de Fourmis fauves, je m'aperçus qu'elles changeaient de domicile. Je vis à dix pas de leur nid une nouvelle fourmilière qui communiquait avec l'ancienne par un sentier battu dans l'herbe, et le long duquel les Fourmis passaient et repassaient en grand nombre. Je remarquai que toutes celles qui allaient du côté du nouvel établissement étaient chargées de leurs compagnes, tandis que celles qui se dirigaient en sens contraire marchaient une à une. Celles-ci allaient sans doute, dans l'ancien nid, chercher des habitants pour le nouveau. Ce fut pour moi un trait de lumière.

Dès lors, je mis à l'épreuve plusieurs de ces républiques; j'abattis si souvent le toit de leur ville souterraine, que je réussis à les détacher de leurs foyers. La première et la seconde fois, les Fourmis réparèrent les dégâts que j'avais commis; à la troisième, elles commencèrent à chercher un asile moins exposé à de tels accidents. Je voyais alors partir du nid quelque ouvrière chargée d'une autre Fourmi suspendue à ses mandibules, et je la suivais attentivement jusqu'au bout d'une cavité souterraine, dans laquelle elle déposait sa protégée.

Le nombre des Fourmis porteuses, d'abord fort petit, augmentait à chaque instant; je n'en voyais au commencement que deux ou trois dans le sentier, et c'était probablement les mêmes; mais, quand elles en euernt amené assez d'autres pour subvenir aux travaux de la nouvelle fourmilière, une partie des colons allèrent à leur tour dans l'ancien nid, d'où ils tiraient, comme d'une pépinière, des habitants pour celui qu'ils voulaient peupler.

Il fallait voir arriver les recruteuses sur la fourmilière natale, pour juger avec quelle ardeur elles s'occupaient de leur colonie. Elles s'approchaient à la hâte de plusieurs Fourmis, les flattaient tour à tour de leurs antennes, les tiraient par leurs pinces, et semblaient en vérité leur proposer le voyage. Celles-ci se trouvaient-elles disposées à partir, je les voyais se saisir par les mandibules, et, tandis que la porteuse se retournait pour enlever celle qu'elle avait gagnée, celle-ci se suspeudait et se roulait au-dessous de son cou. Tout cela se passait ordinairement de la manière la plus amicale, après un battement mutuel de leurs antennes sur la tête l'une de l'autre, et avec des mouvements peu différents de ceux qu'elles font lorsqu'elles se donnent à manger. Quelquefois, cependant, celles qui voulaient amener la désertion saisissaient les autres Fourmis par surprise et les entraînaient loin de la fourmilière sans leur laisser le temps de résister.

Mes appareils vitrés m'ont souvent permis de voir ce qui se passait au dedans d'une fourmilière pendant l'émigration, car, dès que les ouvrières apercevaient quelque issue échappée à ma vigilance, elles en profitaient pour chercher un autre asile. Elles se répandaient d'abord séparément sur le plancher et paraissaient observer avec soin tous les recoins du cabinet, jusqu'à ce qu'elles eussent découvert un gîte où elles pussent s'établir. C'était alors seulement qu'elles commençaient à recruter. Celle qui, la première, avait trouvé un refuge assuré, allait aussitôt chercher ses compagnes une à une sur le parquet, puis dans la fourmilière même ; mais il suffisait d'enlever à temps la première recruteuse pour arrêter l'émigration, jusqu'à ce qu'une autre eût aussi découvert quelque retraite convenable.

Le recrutement durait plusieurs jours ; puis, lorsque toutes les ouvrières connaissaient la route de la nouvelle habitation, elles cessaient de se porter. Des voûtes, des avenues, des cases étaient pratiquées; les Fourmis y apportaient leurs nymphes et leurs œufs, puis les mâles et les femelles. A cette époque, le déménagement était fini.

Il arrive quelquefois que plusieurs ouvrières entreprennent en même temps de fonder une nouvelle cité et d'y conduire toute la peuplade, ce qui donne lieu à l'existence momentanée de plusieurs fourmilières. Mais ces insectes s'aperçoivent bientôt qu'ils sont divisés, et ils ne tardent pas à réunir par un dernier recrutement toute la colonie dans le même nid.

Quand la nouvelle fourmilière est fort éloignée de l'ancienne, les Fourmis établissent ordinairement quelques gîtes intermédiaires, dans lesquels elles déposent les recrues, les larves, les femelles et les mâles qu'elles ne pourraient porter d'une seule traite jusqu'à leur véritable destination. J'ai vu plusieurs de ces relais établis sur la même route. C'étaient des cavités percées dans la terre et composées de plusieurs cases assez spacieuses. Elles étaient le plus souvent recouvertes de fragments de paille et ressemblaient à de petites fourmilières. On y voyait quelques sentinelles faisant le service journalier, c'est-à-dire ouvrant et fermant les portes du logis, le soir et le matin.

... Si l'on veut voir un spectacle curieux, il faut observer les noir-cendrées des fourmilières mixtes lorsqu'elles veulent quitter leur domicile et s'en construire un plus convenable. En ces graves décisions, les Amazones ne sont nullement consultées ; c'est aux noir-cendrées seules qu'il appartient de décider de l'urgence d'une émigration et de choisir un site propre à l'établissement de la fourmilière. On les voit d'abord se porter les unes les autres dans le lieu qu'elles destinent à cet objet ; chaque noir-cendrée, déposée en cet endroit par les recruteuses, s'occupe à y creuser une cavité, ou retourne chercher des compagnes dans l'ancien nid. Le nouveau nid suffisamment avancé, on songe à y transférer toute la peuplade. On voit alors dans le chemin qui fait communiquer l'ancienne et la nouvelle cité une file de noir-cendrées chargées de Fourmis Amazones, dont la couleur contraste avec celle de leurs conductrices ; les larves et les nymphes, les femelles et les mâles, sont amenés de la même manière par ces fidèles gouvernantes et déposés successivement devant la porte, où d'autres noir-cendrées viennent les prendre par les mandibules pour les conduire dans l'intérieur du nid.

P. HUBER.

XLIII

Éducation des larves des Fourmis.

Au sortir de la coque de l'œuf, la Fourmi est un vermisseau dont le corps, d'une transparence parfaite, ne présente qu'une tête et des anneaux, sans aucun rudiment de pattes ou d'antennes. L'insecte à cet âge est dans une dépendance absolue des ouvrières.

J'ai pu suivre au travers du vitrage d'une fourmilière

artificielle tous les soins qu'elles prennent de ces petits vers qui portent aussi le nom de larve. Ils étaient gardés, à l'ordinaire, par une troupe de Fourmis qui, dressées sur leurs pattes et le ventre en avant, étaient prêtes à repousser tout agresseur en lui lançant leur liqueur acide. D'autres ouvrières débloquaient les conduits embarrassés par des matériaux hors de place; d'autres, dans un repos complet, paraissaient endormies.

Mais la scène s'animait à l'heure du transport des petits au soleil. Au moment où ses rayons venaient éclairer la partie extérieure du nid, les Fourmis qui se trouvaient à la surface partaient aussitôt et descendaient avec précipitation dans le fond de la fourmilière, frappaient de leurs antennes les autres Fourmis pour les avertir, couraient de l'une à l'autre, pressaient, heurtaient leurs compagnes, qui montaient à l'instant sur le faîte de la demeure, redescendaient avec la même rapidité, et mettaient à leur tour tout en mouvement, jusqu'à ce qu'on vît un essaim d'ouvrières remplir tous les passages. Mais ce qui prouvait mieux encore le but qu'elles se proposaient, c'est la vitesse avec laquelle ces ouvrières saisissaient quelquefois par leurs mandibules celles qui paraissaient ne pas les comprendre, et les entraînaient au sommet de la fourmilière, où elles les abandonnaient aussitôt pour aller chercher celles qui restaient auprès des petits.

Etant ainsi averties de l'apparition du soleil, les Fourmis s'occupaient des larves et des nymphes. Elles les portaient en toute hâte au-dessus de la fourmilière, où elles les laissaient quelque temps exposées à l'influence de la chaleur. Au bout d'un quart d'heure, elles les retiraient et les mettaient à l'abri des rayons directs du soleil, dans des loges destinées à les recevoir.

Les ouvrières, après avoir satisfait aux besoins qui leur sont imposés à l'égard des larves, ne paraissaient pas s'oublier elles-mêmes : elles s'étendaient à leur tour au soleil, s'entassaient les unes sur les autres et semblaient jouir de quelque repos. Mais ce repos n'était pas de longue durée. On en voyait toujours un grand nombre travailler au-dessus de la fourmilière ; d'autres rapportaient les larves à l'intérieur, à mesure que le soleil s'abaissait. Enfin, le moment de les nourrir étant arrivé, chaque Fourmi s'approchait d'une larve et lui donnait à manger.

Les Fourmis ne préparent point aux larves des provisions de bouche, comme le font plusieurs espèces d'hyménoptères et tant d'autres insectes qui pourvoient d'avance aux besoins de leurs petits ; elles leur donnent chaque jour la nourriture qui leur convient. L'instinct des larves est déjà assez développé pour qu'elles sachent demander et recevoir directement leur repas, comme les petits des oiseaux le reçoivent de leur mère. Quand elles ont faim, elles redressent leur corps et cherchent avec leur bouche celle des ouvrières qui sont chargées de les nourrir. La Fourmi nourrice écarte alors ses mandibules et laisse prendre dans sa bouche même une gouttelette de liquide sucré.

Il ne suffit pas aux ouvrières de porter les larves au soleil et de leur donner la becquée, il leur faut encore les entretenir dans une extrême propreté ; aussi ces insectes, qui ne le cèdent en tendresse pour les petits dont la direction leur est confiée, à aucune des femelles des grands animaux, ont-ils encore l'attention de passer leur langue et leurs mandibules à chaque instant sur leur corps, et les rendent-ils par ce moyen d'une blancheur parfaite. On voit encore les Fourmis tirailler la peau des larves, détendue et ramollie, près de l'époque de leur transformation.

Avant de se dépouiller de cette peau, les larves des Fourmis se filent généralement une coque de soie, comme beaucoup d'autres insectes. Cette coque est cylindrique, allongée, d'un jaune pâle, très lisse et d'un tissu fort serré. C'est là que s'effectue la métamorphose. En dépouillant sa peau de larve, la Fourmi passe à l'état de nymphe. En cet état, elle a la forme définitive, il ne lui manque que des forces et un peu plus de consistance. Tous ses membres sont distincts, mais étroitement emmaillottés sous une fine pellicule qu'elle doit dépouiller pour devenir insecte parfait.

Ces nymphes ont encore bien des soins à attendre des ouvrières. La plupart sont enfermées dans une coque de soie qu'elles ont filée avant de se métamorphoser; mais elles ne savent pas en sortir d'elles-mêmes en y pratiquant une ouverture avec les dents, ainsi que le font les autres insectes. Elles ont à peine la force de se mouvoir, et d'ailleurs leur coque est d'un tissu trop serré et d'une soie trop forte pour qu'il leur soit possible de le déchirer sans le secours des ouvrières. Mais comment ces infatigables nourrices savent-elles le moment favorable pour les en tirer? Suivons-les encore dans ce merveilleux travail.

Il y avait dans une des cases les plus spacieuses de ma fourmilière vitrée plusieurs grandes coques de femelles ou de mâles. Les ouvrières rassemblées en ce lieu paraissaient s'agiter autour d'elles. J'en vis trois ou quatre, montées sur une de ces coques, s'efforcer de l'ouvrir avec leurs dents à l'extrémité qui répondait à la tête de la nymphe. Elles commencèrent par amincir l'étoffe, en arrachant quelques filaments de soie à la place qu'elles voulaient percer, et bientôt, à force de pincer et de tordre ce tissu si difficile à rompre, elles parvinrent à le trouer en plusieurs endroits très rapprochés les uns des autres. Elles essayèrent ensuite d'agrandir ces ouvertures en tirant la soie comme pour la déchirer; mais, cette méthode ne leur ayant pas réussi, elles firent passer une de leurs dents au travers de la coque, dans les trous qu'elles avaient pratiqués, coupèrent chaque fil l'un après l'autre avec une patience admirable, et parvinrent enfin à faire un passage d'une ligne de diamètre. On commençait déjà à découvrir la tête et les pattes de l'insecte qu'elles cherchaient à mettre en liberté; mais, avant de le tirer de sa cellule, il fallait en agrandir l'ouverture. A cet effet, elles coupèrent une bande dans le sens longitudinal de la coque, en se servant toujours de leurs mandibules comme nous emploierions une paire de ciseaux.

Une sorte de fermentation régnait dans cette partie de la fourmilière. Nombre de Fourmis, occupées à dégager l'individu ailé de ses entraves, se relevaient ou se reposaient tour à tour, et revenaient avec empressement seconder leurs compagnes dans cette entreprise. L'une relevait la bandelette coupée dans la longueur de la coque, tandis que d'autres tiraient doucement la Fourmi de sa loge natale.

L'insecte sortit enfin sous mes yeux, non prêt à jouir de toutes ses facultés et libre de prendre son essor. La nature n'a pas voulu qu'il fût si tôt indépendant des ouvrières. Il ne pouvait ni voler, ni marcher, ni se tenir à peine sur ses pattes ; car il était encore emmaillotté dans une dernière membrane et ne savait pas la rejeter de lui-même. Les ouvrières ne l'abandonnèrent pas dans ce nouvel embarras ; elles le dépouillèrent de la pellicule satinée dont toutes les parties de son corps étaient revêtues, tirèrent délicatement les antennes de leur fourreau, délièrent ensuite les pattes et les ailes, et dégagèrent de leur enveloppe le corps, l'abdomen et son pédicule. L'insecte fut alors en état de marcher, et surtout de prendre de la nourriture, dont il paraissait avoir un besoin urgent ; aussi la première attention de ses gardiennes fut-elle de lui donner sa part des provisions que je mettais à leur portée.

Les ouvrières que nous avons vues chargées du soin des larves et des nymphes montrent la même sollicitude à l'égard des Fourmis nouvellement transformées. Quelques jours encore, elles les surveillent et les suivent ; elles les accompagnent en tous lieux, leur font connaître les sentiers et les labyrinthes dont leur habitation est composée, et les nourrissent avec le plus grand soin. Elles rendent aux mâles et aux femelles le service difficile d'étendre leurs ailes, qui resteraient froissées sans leur secours, et s'en acquittent toujours avec assez d'adresse pour ne pas déchirer ces membres frêles et délicats.

P. Hüber.

XLIV

Les Fourmis Amazones.

Le 17 juin 1804, en me promenant aux environs de Genève, entre quatre et cinq heures de l'après-midi, je vis à mes pieds une légion d'assez grosses Fourmis rousses ou Amazones (*Polyergus rufescens*) qui traversaient le chemin. Elles marchaient en corps avec rapidité ; leur troupe occupait un espace de huit à dix pieds de longueur sur trois ou quatre pouces de largeur. En peu de minutes, elles eurent entièrement évacué le chemin. Elles pénétrèrent au travers d'une haie fort épaisse et se rendirent dans une prairie, où je les suivis. Elles serpentaient sur le gazon sans s'égarer, et leur colonne restait toujours continue, malgré les obstacles qu'elles avaient à surmonter.

Bientôt elles arrivèrent près d'un nid de Fourmis noir-cendrées (*Formica fusca*), dont le dôme s'élevait dans l'herbe, à vingt pas de la haie. Quelques noir-cendrées se trouvaient à la porte de leur habitation. Dès qu'elles découvrirent l'armée qui s'approchait, elles s'élancèrent sur celles qui se trouvaient à la tête de la colonne. L'alarme se répandit au même instant dans l'intérieur du nid, et leurs compagnes sortirent en foule de tous leurs souterrains. Les Fourmis roussâtres, dont le gros de l'armée n'était qu'à deux pas, se hâtaient d'arriver au pied de la fourmilière ; toute la troupe s'y précipita à la fois et culbuta les noir-cendrées, qui, après un combat très court, mais très vif, se retirèrent au fond de leur habitation. Les Fourmis roussâtres gravirent les flancs du monticule, s'attroupèrent sur le sommet et s'introduisirent en grand nombre dans les premières avenues. D'autres groupes de ces insectes travaillaient avec leurs dents à se pratiquer une ouverture dans la partie latérale de la fourmilière. Cette entreprise leur réussit, et le reste pénétra, par la brèche, dans la cité assiégée. Elles n'y firent pas un long séjour : trois ou quatre minutes après, les Amazones ressortirent à la hâte par les mêmes issues, tenant chacune à leur bouche une larve ou une nymphe de la fourmilière envahie.

Elles reprirent exactement la route par laquelle elles étaient venues, et se mirent sans ordre à la suite les uns des autres. Leur troupe se distinguait aisément dans le gazon par l'aspect qu'offrait cette multitude de coques et de nymphes blanches, portées par autant de Fourmis roussâtres. Celles-ci traversèrent une seconde fois la haie et le chemin dans le même endroit où elles avaient passé d'abord, et se dirigèrent ensuite dans les blés en pleine maturité, où j'eus le regret de ne pouvoir les suivre.

Le motif de l'étrange expédition à laquelle je venais d'assister ne tarda pas à m'être connu. Le lendemain, je découvris sur le bord d'un chemin une grande fourmilière couverte de Fourmis rousses. Elles se disposaient en colonne, partirent toutes ensemble et tombèrent sur une fourmilière de noir-cendrées, où elles s'introduisirent presque sans opposition. La plupart en ressortirent tenant entre leurs pinces des larves qu'elles avaient dérobées ; les autres, moins fortunées, ne rapportèrent aucun fruit de leur expédition. Elles se divisèrent en deux bandes : celles qui étaient chargées reprirent le chemin de leur demeure ; celles qui n'avaient rien trouvé se réunirent et marchèrent en corps sur une nouvelle fourmilière noir-cendrée, dans laquelle elles firent un ample butin d'œufs, de larves et de nymphes. L'armée entière, formant deux divisions, se dirigeait du côté d'où je l'avais vue partir.

J'arrivai avant les Fourmis rousses auprès de leur habitation ; mais quelle ne fut pas ma surprise en voyant à la surface un grand nombre de Fourmis noir-cendrées ? Je soulevai la couche extérieure de l'édifice : il en sortit encore davantage, et je commençai à croire que c'était aussi une de ces fourmilières pillées par les Amazones, lorsque je vis arriver à la porte du nid la légion de celles-ci, chargée des trophées de la victoire.

Son retour ne causa aucune alarme aux noir-cendrées. Les Fourmis rousses descendirent avec leur butin dans les souterrains ; les noir-cendrées ne parurent pas s'y opposer ; j'en vis même quelques-unes s'approcher sans crainte de ces Fourmis guerrières, les toucher avec leurs antennes, leur donner à manger et prendre leurs fardeaux pour les descendre au fond du nid.

Jamais énigme ne piqua plus vivement ma curiosité que cette étrange découverte. Je trouvai bientôt, près de chez moi, plusieurs fourmilières d'Amazones, que j'ouvris, impatient de connaître les relations entre les deux espèces de Fourmis. Je trouvai dans chacune un mélange de Fourmis rousses et de Fourmis noir-cendrées.

Les noir-cendrées s'occupèrent de suite à réparer le dégât et à réparer les avenues de la fourmilière mixte; elles creusèrent des galeries et emportèrent dans les souterrains les larves et les nymphes que j'avais mises à découvert. Les rousses, au contraire, passèrent indifférentes sur ces larves sans les relever, ne se mêlèrent pas aux travaux des noir-cendrées, errèrent quelque temps à la surface du nid, et se retirèrent enfin dans le fond de leur citadelle.

Mais à cinq heures de l'après-midi la scène change tout à coup. Je les vois sortir de leur retraite; elles s'agitent, s'avancent au dehors de la fourmilière. Aucune ne s'écarte qu'en ligne courbe, de manière qu'elles reviennent bientôt au bord de leur nid. Leur nombre augmente de moments en moments; elles parcourent de plus grands cercles. Un geste se répète constamment entre elles : toutes ces Fourmis vont de l'une à l'autre, en touchant de leurs antennes et de leurs fronts le corselet de leurs compagnes. Celles-ci à leur tour s'approchent de celles qu'elles voient venir et leur communiquent le même signal. C'est celui du départ. L'effet n'en est pas équivoque : on voit aussitôt celles qui l'ont reçu se mettre en marche et se joindre à la troupe.

La colonne s'organise; elle s'avance en ligne étroite et se dirige dans le gazon. Toute l'armée s'éloigne et traverse la prairie. On ne voit plus aucune Fourmi rousse sur la fourmilière. La tête de la légion semble quelquefois attendre que l'arrière-garde l'ait rejointe; elle se répand à droite et à gauche sans avancer. L'armée se rassemble de nouveau en un seul corps et repart avec rapidité. On n'y remarque aucun chef : toutes les Fourmis se trouvent tour à tour les premières; elles semblent chercher à se devancer. Cependant quelques-unes vont dans un sens opposé; elles redescendent de la tête à la queue, puis reviennent sur leurs pas et suivent le mouvement général. Il y en a toujours un petit nombre qui retournent en arrière, et c'est probablement par ce moyen qu'elles se dirigent.

Arrivés à plus de trente pieds de leur habitation, elles s'arrêtent, se dispersent et tâtent le terrain avec leurs antennes, comme les chiens flairent les traces du gibier. Elles découvrent bientôt une fourmilière souterraine. Les noir-cendrées sont retirées au fond de leur demeure. Les Fourmis rousses, ne trouvant aucune résistance, pénètrent dans une galerie ouverte. Toute l'armée entre successivement dans le nid, s'empare des nymphes et ressort par plusieurs issues. Je la vois aussitôt reprendre la route de son habitation. Ce n'est plus une armée disposée en colonne, c'est une horde indisciplinée. Les amazones courent à la file avec rapidité ; les dernières qui sortent de la fourmilière assiégée sont poursuivies par quelques noir-cendrées, qui cherchent à leur enlever leur butin ; mais il est rare qu'elles y parviennent.

Je retourne vers la fourmilière mixte pour être témoin de l'accueil fait à ces spoliatrices par les noir-cendrées avec lesquelles elles habitent, et je vois une quantité considérable de nymphes amoncelées devant la porte. Chaque Fourmi rousse y dépose son fardeau en arrivant et reprend la route de la fourmilière envahie. Les noir-cendrées relèvent ces nymphes les unes après les autres et les descendent dans les souterrains ; je les vois même souvent décharger les Fourmis rousses, après les avoir touchées amicalement avec leurs antennes, et celles-ci leur céder sans opposition les nymphes qu'elles ont dérobées.

Suivons encore la troupe pillarde. Elle retourne à l'assaut de la fourmilière qu'elle a dévastée, mais ses habitants ont eu le temps de se rassurer et de placer de fortes gardes à chaque porte. Les rousses, en trop petit nombre d'abord, fuient lorsqu'elles voient les noir-cendrées en défense ; elles retournent vers leur troupe, s'avancent et reculent à plusieurs reprises, jusqu'à ce qu'elles se sentent en force. Alors elles se jettent en masse sur une des galeries, chassent, mettent en déroute les noir-cendrées. Toute l'armée s'introduit dans la cité souterraine et enlève une grande quantité de larves qu'elle emporte à la hâte ; mais on ne voit jamais les rousses emmener d'insectes parfaits. Ce n'est pas aux Fourmis qu'elles en veulent, c'est à leurs petits. A leur retour à la fourmilière mixte, les rousses reçoivent encore le meilleur accueil. Les noir-cendrées ont serré la première récolte. Chacune des rousses pose derechef sa nymphe à l'entrée de l'habitation ou la remet immédiatement à quelque noir-cendrée, et celle-ci s'empresse de la porter dans l'intérieur du nid.

Croirait-on que ces intrépides guerrières retournèrent une troisième fois au pillage ! Mais elles eurent à entreprendre un siège dans les formes ; car les Fourmis auxquelles elles avaient enlevé à deux reprises leurs larves et leurs nymphes s'étaient hâtées de se retrancher, de barricader leurs portes et de renforcer la garde intérieure, comme si elles eussent prévu une troisième attaque de la part de leurs ennemies. Elles avaient rassemblé tous les morceaux de bois et de terre qui s'étaient trouvés à leur portée et les avaient accumulés à l'entrée de leurs souterrains, dans lesquels elles étaient en force. Les Amazones n'osent d'abord en approcher ; elles rôdent à l'entour ou retournent en arrière, jusqu'à ce qu'elles soient suffisamment escortées.

Le signal se communique dans la troupe ; elles avancent en masse avec une impétuosité extraordinaire, et, lorsqu'elles sont parvenues sur la fourmilière ennemie, elles écartent avec les dents et les pattes les obstacles qui se présentent, se précipitent dans l'ouverture, malgré la résistance des noir-cendrées, et pénètrent par centaines dans la fourmilière. Elles en ressortent, emportant fièrement leur butin, et arrivent en corps à leur habitation ; mais cette fois, au lieu de remettre à leurs associées le fruit de leurs rapines, elles l'introduisent elles-mêmes dans les souterrains et n'en ressortent plus de tout le jour...

... Les larves et les nymphes enlevées aux noir-cendrées par les Amazones se développent dans la fourmilière ennemie et y deviennent les auxiliaires, les ménagères des insectes belliqueux auxquels elles sont associées. Élevées au milieu d'une nation étrangère, non seulement elles vivent en paix avec leurs ravisseurs, mais elles donnent tous leurs soins aux larves des Amazones, à leurs nymphes, aux Amazones elles-mêmes. Elles les transportent d'une partie de la fourmilière dans une autre, vont pour elles aux provisions, les nourrissent, bâtissent leur habitation, creusent de nouvelles galeries et gardent encore l'éxtérieur du nid, sans se douter qu'elles soient chez les insectes qui les ont enlevées à leur patrie. Quant aux Amazones, tranquilles au fond de leurs souterrains, elles attendent l'heure du départ et réservent toutes leurs forces, leur courage et la tactique qu'elles savent mettre en usage pour aller piller, dans une fourmilière voisine, des milliers de larves qu'elles confient à leurs ménagères et qui deviennent, à leur tour, utiles à la communauté.

Les Fourmis dont j'avais dérangé l'habitation me fournirent déjà quelques traits propres à me faire soupçonner ces vérités. Quand les Amazones, trompées par le nouvel aspect de leur nid, erraient à sa surface sans savoir trouver une retraite, les noir-cendrées, qui s'occupaient incessamment à pratiquer des galeries et qui connaissent mieux les nouvelles localités de la fourmilière, les tiraient d'embarras en les prenant par leurs mandibules et en les conduisant doucement dans les galeries déjà percées. Souvent on voyait une fourmi amazone s'approcher d'une noir-cendrée, faire mouvoir ses antennes sur la tête de celle-ci, qui la prenait aussitôt entre ses pinces et la transportait à l'entrée d'un souterrain, où elle la déposait. L'amazone se déroulait, semblait caresser de ses antennes la Fourmi noir-cendrée, et rentrait dans l'intérieur de la fourmilière.

Quelquefois la Fourmi noir-cendrée qui portait l'amazone paraissait méconnaître sa route ; elle errait çà et là, sans trouver la porte d'une galerie. Après plusieurs tours et détours infructueux, elle prenait le parti de poser à terre la Fourmi guerrière, qui restait à la même place jusqu'à ce que la noir-cendrée revînt la chercher. Pendant ce temps, celle-ci allait jusqu'au bord du trou, qu'elle reconnaissait alors plus aisément, et, après l'avoir bien examiné, elle revenait vers l'amazone, la prenait par ses mandibules et la portait dans l'intérieur du nid.

... Une expérience que je fis sur les amazones me convainquit de la dépendance où elles sont de leurs humbles compagnes, et pour la nourriture et pour l'habitation. J'enfermai trente Fourmis amazones, avec des larves et des nymphes de leur espèce, dans une boîte vitrée, dont le fond était couvert d'une épaisse couche de terre. Je versai un peu de miel dans un coin de leur prison, et j'eus soin de ne pas leur associer de Fourmis auxiliaires. Elles parurent d'abord faire quelque attention aux larves ; elles les emportèrent çà et là, mais les reposèrent bientôt. En moins de deux jours, la plupart des amazones moururent de faim, sans avoir cherché à se construire une loge dans la terre, sans avoir touché au miel que je leur avais donné. Le peu de Fourmis qui restaient encore en vie étaient languissantes et sans force. J'en eus pitié, et je leur donnai une de leurs compagnes noir-cendrées. Celle-ci toute seule rétablit l'ordre, fit une case dans la terre, y rassembla les larves, éleva plusieurs jeunes Fourmis qui étaient prêtes à sortir de l'état de nymphe, donna à manger aux amazones qui subsistaient encore et leur conserva la vie.

P. HUBER.

Leurs aliments ordinaires sont liquides et sucrés. Le suc des fleurs et des jeunes bourgeons, la sève des arbres et quelques autres liquides, voilà ce que les Fourmis recherchent. Quand une d'elles trouve une goutte de la précieuse boisson, elle se couche à terre pour n'en rien perdre, elle lèche le sol ; et, si la provision est un peu considérable, on voit son abdomen augmenter énormément de volume. Elle ne quitte la place que lorsque sa peau est arrivée à la limite de l'élasticité. Toute cette conduite serait le comble de la gourmandise, si le mobile n'en était l'amour fraternel. « La Fourmi n'est pas prêteuse, » dit La Fontaine ; non, elle ne prête pas, elle donne ; la voici repue, suivons-la à la maison.

Aussitôt arrivée, elle s'adresse à une de ses sœurs, se

place en face d'elle, avance les antennes et lui frappe quelques légers coups sur le devant de sa tête. Ce que cela veut dire, l'autre n'en doute pas un instant : elle avance à son tour les antennes tout doucement, et les deux faces, les deux bouches sont en contact. Il ne s'agit pourtant pas d'une caresse : une gouttelette de liquide apparaît, elle est bue immédiatement. Le partage est commencé, mais il ne s'arrête pas là : tous les membres de la famille ont leur part, les larves aussi. La division de la bienheureuse goutte est poussée à l'extrême. Un instant après, quelques ouvrières sortent, elles suivent le sentier qui a été si productif pour leur compagne, et, si la provision en vaut la peine, on voit se former une longue procession. C'est dans un premier estomac que les Fourmis portent ainsi les aliments, comme les pigeons portent les graines à leurs petits, et surtout comme les abeilles rapportent le miel à leurs ruches.

La Fourmi amazone ne travaille jamais; bien mieux, elle ne sait pas manger seule, ce dont l'organisation de sa bouche ne rend pas compte. Il faut que ses esclaves pourvoient à tous ses besoins, soignent ses larves et la soignent elle-même, mangent pour elle et lui donnent la becquée. Peut-on se figurer, je vous le demande, une dépendance pareille de ses domestiques!

J'ai voulu, après Huber, vérifier cette curieuse habitude, en me tenant, le plus possible, dans les conditions normales. Sur une petite pierre, tout près de l'entrée d'un nid, j'ai mis un fragment de sucre mouillé. Un moment après, une ouvrière de Fourmi cendrée l'a trouvé et en a bu le plus possible; puis elle est revenue à la maison. D'autres ouvrières ont paru aussitôt, et le sucre a trouvé beaucoup d'amateurs. Enfin, les amazones sont arrivées courant de tous côtés d'un air effaré, mais ne mangeant rien. Elles en sont venues bientôt à tirailler leurs esclaves par la patte, et alors elles ont eu leur part du sirop, mais sans le prendre elles-mêmes.

Que l'on ouvre leur nid ou que l'on soulève la pierre qui le recouvre souvent, on verra les amazones se sauver au plus vite. Seules les esclaves s'occupent à relever les larves et les cocons. Les amazones ne sont donc bonnes que pour le pillage, ce sont de vrais flibustiers.

C'est à la fin de l'été et en automne que leurs expéditions ont lieu. Quand le ciel est pur, vers trois ou quatre heures du soir, nos pillards sortent de leurs tanières. D'abord aucun ordre ne préside à leurs mouvements ; mais, quand toutes sont réunies, elles forment une colonne qui s'élance vivement en avant, et dans une direction différente chaque jour. Les Fourmis qui composent cette troupe marchent serrées les unes contre les autres ; celles qui sont au premier rang ont l'air de chercher quelque chose à terre ; aussi sont-elles à tout instant dépassées par celles qui viennent derrière, et la tête de la colonne est renouvelée ainsi pendant toute l'expédition. Elles cherchent, en effet, la trace des Fourmis qu'elles vont piller, et c'est l'odorat qui les guide. Elles quêtent à terre, comme les chiens qui cherchent le gibier, et, quand elles trouvent, elles entraînent après elles la troupe entière. Les moindres bandes que j'ai vues comprenaient environ trois cents individus, mais je n'exagère pas en portant au quadruple le nombre des plus considérables. Elles forment alors une colonne qui a jusqu'à 5 mètres de longueur sur 50 centimètres de plus grande largeur.

Après une marche qui dure quelquefois une heure, cette colonne arrive à une fourmilière de gris-cendrées ou de mineuses. La seconde espèce, plus robuste, oppose une résistance acharnée, mais sans grand succès. Bientôt toutes les amazones pénètrent dans le terrier ; une minute après, à peine, elles en ressortent rapidement, et en même temps les gris-cendrées sortent aussi en masse. La seule préoccupation, ce sont les larves et les nymphes : les amazones cherchent à les voler, les légitimes propriétaires cherchent à en sauver le plus grand nombre possible. Les gris-cendrées savent fort bien que les amazones ne peuvent grimper. Qui le leur a appris? L'expérience peut-être. Bref, elles le savent. Aussi se réfugient-elles sur toutes les herbes du voisinage, en emportant leur précieux fardeau ; elles sauvent ainsi quelques larves. Puis elles suivent les voleurs, les harcèlent et réussissent encore à leur en enlever quelqu'une. Eh bien, dans tout ce tumulte, il y a bien peu de coups sérieux donnés de part et d'autre; rarement une amazone, poursuivie avec acharnement, coupe en deux une fourmi grise.

Voilà nos voleurs qui reviennent chez eux en courant, chacun emportant une larve ou une nymphe. Mais ce n'est pas par le chemin le plus court qu'elles s'en retournent, c'est en suivant exactement tous les détours qu'elles ont suivis en venant. C'est encore l'odorat qui les guide, et point du tout la vue. Arrivées à leur nid, les amazones abandonnent leur butin à leurs esclaves et ne s'en occupent plus. Peu de jours après, les nymphes ainsi volées éclosent, et les ouvrières qui en sortent ne conservent, paraît-il, aucun souvenir de leur première patrie, car elles prennent immédiatement, et sans y être forcées, leur rôle de travailleur.

Ch. Lespès.

XLV

L'esclavage chez les Fourmis.

Pierre Huber, fils du célèbre observateur des Abeilles, se promenant dans une campagne près de Genève, vit à terre une forte colonne de Fourmis roussâtres (*Polyergus rufescens*) qui étaient en marche et s'avisa de les suivre. Sur les flancs, quelques-unes, empressées, allaient et venaient comme pour aligner la colonne. A un quart d'heure de marche, elles s'arrêtent devant une fourmilière de petites Fourmis noir-cendrées (*Formica Fusca*). Un combat acharné s'engage aux portes. Les noires résistent en petit nombre.

La grande masse du peuple attaqué s'enfuyait par les portes les plus éloignées du combat, emportant leurs petits. C'était précisément de ces petits qu'il s'agissait; ce que les noir-cendrées craignaient avec raison, c'était un vol d'enfants. Il vit bientôt les assaillants qui avaient pu pénétrer dans la place en ressortir chargés d'enfants des noires. On eût cru voir sur la côte d'Afrique une descente de négriers.

Les rousses, chargées de ce butin vivant, laissèrent la pauvre cité dans la désolation de cette grande perte et reprirent le chemin de leur demeure, où les suivit l'observateur ému et retenant presque son souffle. Mais combien son étonnement s'accrut quand, aux portes de la cité rousse, une petite population de Fourmis noires vint recevoir les vainqueurs, les décharger de leur butin, accueillant avec une joie visible ces enfants de leur race, qui, sans doute, devaient la continuer sur la terre étrangère.

Voilà donc une cité mixte, où vivent en bonne intelligence des Fourmis fortes et guerrières et de petites noires. Mais celles-ci, que font-elles? Huber ne tarda pas à voir qu'elles seules faisaient tout. Seules elles construisaient; seules elles élevaient les enfants des rousses et ceux de leur espèce qu'elles leur apportaient; seules elles administraient la cité, l'alimentaient, servaient et nourrissaient les rousses, qui, comme de gros enfants géants, indolemment se faisaient donner la becquée par leurs petites nourrices. Nul travail que la guerre, le vol et leur piraterie de négriers. Nul mouvement, dans les intervalles, que de vagabonder oisives et de se chauffer au soleil sur la porte de leurs casernes.

Le plus curieux, c'est de voir ces ilotes civilisés aimer leurs gros guerriers barbares et soigner leurs enfants, accomplir avec joie les œuvres de servage, que dis-je? pousser à l'extension du servage, encourager les vols d'enfants. Tout cela n'a-t-il pas l'apparence d'un libre consentement à l'ordre de choses établi? Et qui sait si la joie, l'orgueil de gouverner les forts, de maîtriser les maîtres, n'est pas pour ces petites noires une liberté intérieure, exquise et souveraine, au-dessus de toutes celles que leur aurait données l'égalité de la patrie?

Huber fit une expérience. Il voulut voir ce qu'il adviendrait si ces grosses rousses se trouvaient sans serviteurs, et si elles sauraient se servir elles-mêmes. Il pensa que peut-être ces dégénérées pourraient se relever par l'amour maternel, si fort chez les Fourmis. Il en mit quelques-unes dans une boîte vitrée, et avec elles quelques nymphes. Instinctivement, elles se mirent d'abord à les remuer, à les bercer à leur manière; mais bientôt elles trouvèrent (fort grosses et bien portantes qu'elles étaient!) que c'était un poids trop lourd; elles les laissèrent là, par terre, et les abandonnèrent. Elles s'abandonnaient elles-mêmes; Huber leur avait mis du miel dans un coin, et elles n'avaient qu'à prendre. Misérable dégradation! cruelle punition dont l'esclavage atteint les maîtres! elles n'y touchèrent pas; elles semblaient ne plus rien connaître; elles étaient devenues si grossièrement ignorantes, indolentes, qu'elles ne pouvaient plus se nourrir. Elles moururent, en partie, devant les aliments.

Alors Huber, pour compléter l'expérience, introduisit une seule petite noire. La présence de ce sage ilote changea tout et rétablit la vie et l'ordre. Il alla droit au miel et nourrit les gros imbéciles mourants; il fit une case dans la terre, un couvoir, y mit les petits, prépara l'éclosion, surveilla les nymphes, amena à bien un petit peuple, qui, bientôt laborieux à son tour, devait seconder sa nourrice. Heureuse puissance de l'esprit! Un seul individu avait recréé la cité.

L'observateur comprit alors qu'avec une telle supériorité d'intelligence ces ilotes devaient porter légèrement le servage et peut-être gouverner leurs maîtres. Une étude persévérante lui montra qu'en effet il en était ainsi. Les petites noires, en beaucoup de choses, pèsent d'une autorité morale dont les signes sont très visibles; elles ne permettent pas, par exemple, aux grosses rousses de sortir seules pour des courses inutiles, et elles les forcent à rentrer.

Même en corps, ces guerriers ne sont pas libres de sortir, si leurs sages petits ilotes ne jugent pas le temps favorable, s'ils craignent l'orage, ou si le jour est avancé. Quand une excursion réussit mal et que les rousses reviennent sans enfants, les petites noires sont à la porte de la cité pour les empêcher de rentrer et les renvoyer au combat. Bien plus, on les voit empoigner ces lâches au collet et les forcer de se remettre en route.

Voilà des faits prodigieux, tels que les vit l'illustre observateur. Il n'en crut pas ses yeux, et il appela un des premiers naturalistes de la Suisse, M. Jurine, pour examiner de nouveau et décider s'il se trompait. Ce témoin, et tous ceux qui observèrent ensuite, trouvèrent qu'il avait très bien vu.

Oserai-je le dire? après des témoignages si graves, je conservais quelque doute. Tranchons le mot, j'espérais que le fait, sans être absolument faux, avait été mal observé. Le dimanche 2 août 1857, je l'ai vu, de mes yeux vu, dans le parc de Fontainebleau. J'étais avec un savant illustre, excellent observateur, et qui vit tout comme moi.

C'était une journée très chaude. Il était quatre heures et demie de l'après-midi. Nous vîmes sortir d'un tas de pierres une colonne de Fourmis, quatre à cinq cents fourmis rousses ou rougeâtres, précisément de la couleur des élytres du Hanneton. Elles marchaient rapidement vers un gazon, maintenues en colonne par leurs sergents ou serre-files que l'on voyait sur les flancs et qui ne permettaient pas que l'on s'écartât. C'est ce que tout le monde a pu voir sur une file de Fourmis en marche. Mais ce qui me parut nouveau et qui m'étonna, c'est que peu à peu celles qui étaient à la tête, se rapprochant les unes des autres, n'avançaient plus qu'en tournant; elles passaient et repassaient par la foule tourbillonnante, et décrivaient des cercles concentriques : manœuvre évidemment propre à produire l'exaltation, à augmenter l'énergie, chacune, par le contact, s'électrisant de l'ardeur de toutes.

Tout à coup, la masse tournante semble s'enfoncer, disparaît. Dans le gazon, où rien n'indiquait qu'il y eût une fourmilière, se trouvait un imperceptible trou où nous les vîmes s'engloutir en moins de temps qu'il n'en faut pour écrire cette ligne. Nous nous demandions si c'était une entrée de leur domicile, si elles rentraient dans leur cité. En une minute au plus, elles nous donnèrent la réponse, nous montrèrent que nous nous trompions. Elles sortirent à flots brusquement, chacune emportant une nymphe entre ses mandibules.

Qu'il fallut si peu de temps, cela disait suffisamment qu'elles avaient su d'avance les localités, la place des œufs, l'heure où ils sont concentrés, enfin la mesure des résistances qu'elles avaient à attendre. Peut-être n'était-ce pas leur premier voyage.

Les petites noires sur qui les rousses faisaient la razzia sortirent en assez grand nombre ; mais j'en eus vraiment pitié. Elles n'essayaient pas de combattre. Elles semblaient effarées, éperdues. Elles tâchaient seulement de retarder les ravisseurs en s'y accrochant. Une rousse fut ainsi arrêtée, mais une autre rousse qui était libre la débarrassa du fardeau, et, dès lors, la noire la lâcha. La scène enfin fut lamentable pour les noires. Elles ne firent nulle sérieuse résistance. Les cinq cents rousses réussirent à enlever trois cents enfants à peu près. A deux ou trois pieds du trou, les noires cessèrent de poursuivre, désespérèrent, se résignèrent. Tout cela ne dura pas dix minutes pour l'allée et le retour. Les deux parties étaient trop inégales. C'était évidemment un facile abus de la force, très probablement une avanie souvent répétée, une tyrannie des grosses, qui levaient sur leurs pauvres petites voisines des tributs d'enfants.

MICHELET.

XLVI

Relations entre les Fourmis et les Pucerons.

Les Fourmis, n'ayant pas l'art de construire des magasins et de les remplir de provisions, ne peuvent pas, comme les abeilles, puiser leur nourriture dans des cellules sans sortir de chez elles. Celles qui restent au logis attendent donc leur subsistance des ouvrières qui sont allées à la récolte. Celles-ci leur rapportent de petits insectes, ou le corps de ceux qu'elles ont démembrés sur place ; alors chacune d'elles attaque le cadavre, et bientôt il est entièrement dépecé. Mais quand elles trouvent des fruits mûrs ou des animaux trop volumineux, ne pouvant pas les transporter dans la fourmilière, elles s'abreuvent des sucs qu'ils renferment et ne reviennent au nid qu'avec l'estomac plein de ces provisions liquides. A leur retour, elles les dégorgent dans la bouche de leurs compagnes, et voici comment cela se passe.

La Fourmi qui éprouve le besoin de manger commence par frapper de ses deux antennes, avec un mouvement très rapide, celles de la Fourmi dont elle attend du secours. On les voit aussitôt s'approcher en ouvrant leur bouche, et avancer leur langue pour se communiquer la liqueur qu'elles font passer de l'une à l'autre. Pendant cette opération, la Fourmi qui reçoit les aliments ne cesse de flatter celle qui la nourrit, en continuant à mouvoir ses antennes avec une activité singulière; elle fait aussi jouer sur les parties latérales de la tête de sa nourrice ses pattes antérieures, qui sont garnies de brosses très épaisses et qui, par la délicatesse et la rapidité de leur mouvement, ne le cèdent en rien à ceux des antennes.

L'une des principales ressources alimentaires des Fourmis est le liquide sucré fourni par les Pucerons. On sait qu'un grand nombre de végétaux nourrissent des Pucerons; ces insectes, attroupés sur les nervures des feuilles ou sur les branches les plus jeunes, insinuent leur trompe entre les fibres de l'écorce, dont ils pompent les sucs les plus substantiels. Une partie de ces aliments ressort bientôt de leur corps sous la forme de gouttelettes limpides par deux cornes que l'on voit à la partie supérieure et terminale du ventre. C'est cette liqueur dont les Fourmis font leur principale nourriture. On avait déjà observé qu'elles attendaient le moment où les Pucerons laissaient écouler cette manne précieuse, et qu'elles savaient la saisir aussitôt; mais j'ai découvert que c'était là le moindre de leurs talents, et qu'elles savaient encore se faire servir à volonté. Voici en quoi consiste leur secret.

Une branche de chardon était couverte de Fourmis et de

Pucerons. J'observai quelque temps ces derniers, pour saisir, s'il était possible, l'instant où ils faisaient sortir de leur corps cette sécrétion; mais je remarquai qu'elle ne sortait que très rarement d'elle-même, et que les Pucerons éloignés des Fourmis la lançaient au loin, au moyen d'un mouvement qui ressemble à une espèce de ruade. Comment se faisait-il donc que les Fourmis errantes sur les rameaux eussent presque toutes des ventres remarquables par leur volume et remplis évidemment d'une liqueur? C'est ce que j'appris en suivant de près une seule fourmi, dont je vais décrire exactement les procédés.

Je la vois d'abord passer sans s'arrêter sur quelques Pucerons que cela ne dérange point; mais elle se fixe bientôt auprès de l'un d'eux. Elle semble le flatter avec ses antennes, en touchant l'extrémité de son ventre alternativement de l'une et de l'autre, avec un mouvement très vif; je vois avec surprise la liqueur paraître au bout des cornes abdominales du Puceron, et la Fourmi boire aussitôt la gouttelette. Les antennes se portent ensuite sur un autre Puceron. Celui-ci, caressé de même manière, fait sortir le fluide nourricier; la Fourmi s'avance pour s'en emparer et passe immédiatement à un troisième, qu'elle amadoue comme les précédents, en lui donnant quelques petits coups d'antenne sur le bout du ventre; la liqueur apparaît à l'instant, et la Fourmi le recueille. Elle va plus loin : un quatrième, probablement déjà épuisé, résiste à ses caresses; la Fourmi, qui devine peut-être qu'elle n'a rien à en espérer, le quitte pour un cinquième, dont elle obtient sa nourriture sous mes yeux. Il ne faut qu'un petit nombre de ces repas pour rassasier une Fourmi : celle-ci, satisfaite, reprit le chemin de sa demeure.

J'observai encore celles qui restaient sur le chardon; elles m'offrirent la même scène. Dès lors, j'ai toujours remarqué que l'arrivée des Fourmis et le battement de leurs antennes précédaient le don de cette liqueur; j'ai revu mille et mille fois ces procédés singuliers, employés avec le même succès par les Fourmis, quand elles voulaient obtenir des Pucerons cette nourriture. Si elles négligent trop longtemps de les visiter, ils rejettent la miellée sur les feuilles, qui deviennent luisantes et poissées comme si l'on avait étendu sur leur surface une forte dissolution de sucre. A leur arrivée, les Fourmis cueillent d'abord cette manne, puis s'approchent des insectes qui la fournissent. Mais, si les Fourmis se présentent souvent aux Pucerons, ceux-ci se prêtent à leur désir en avançant l'époque de l'évacuation du liquide sucré. Dans ce cas, ils ne lancent pas au loin la manne des Fourmis; on dirait même qu'ils ont soin de la retenir pour la mettre à leur portée.

....Il y a des Fourmis qui ne sortent presque jamais de leur demeure; on ne les voit aller ni sur les arbres ni sur les fruits; elles ne vont pas même à la chasse d'autres insectes. Cependant elles sont extrêmement multipliées dans nos prés et nos vergers. Ce sont les Fourmis jaunes ou souterraines. Elles n'ont pas deux lignes de longueur; leur corps est d'un jaune pâle, un peu transparent et recouvert de poils.

Je savais où toutes les autres Fourmis cherchaient et trouvaient leur nourriture; mais je me demandais souvent comment celles-ci faisaient pour subsister, et de quels aliments elles pouvaient se fournir sans s'écarter de leur habitation, lorsqu'un jour, ayant retourné la terre d'une fourmilière, pour découvrir s'il y avait quelques provisions, je trouvai des Pucerons dans le nid. J'en vis sur toutes les racines des gramens dont la fourmilière était ombragée; ils y étaient rassemblés en familles nombreuses et de différentes espèces. La plupart étaient fixés aux racines. On en voyait, à une plus grande profondeur, d'attachés à leurs dernières ramifications; d'autres étaient errants au milieu des Fourmis, soit dans leurs cases, soit dans leurs souterrains. Les Fourmis semblaient épier le moment favorable pour obtenir leur pâture; elles s'y prenaient comme à l'ordinaire, et toujours avec le même succès.

Ces observations expliquaient fort bien pourquoi les Fourmis de cette espèce ne s'éloignaient pas de leur demeure : elles avaient, sans en sortir, tout ce qui est nécessaire au soutien de leur vie. Je me hâtai de vérifier cette découverte en fouillant dans divers nids de Fourmis jaunes, et j'y trouvai toujours des Pucerons. Les Fourmis s'en montraient fort jalouses : elles les prenaient souvent à leur bouche et les emportaient au fond du nid; d'autres fois, elles les réunissaient au milieu d'elles ou les suivaient avec sollicitude.

Je m'avisai de nourrir chez moi une de leurs peuplades. Je logeai les Fourmis jaunes dans une boîte vitrée avec leurs Pucerons, en laissant dans la terre que je leur donnai les racines de quelques plantes dont les rameaux végétaient au dehors. J'arrosais de temps en temps la fourmilière, et par ce moyen les plantes, les Pucerons et les Fourmis trouvaient dans cet appareil une nourriture abondante.

Les Fourmis ne cherchaient point à s'échapper; elles semblaient n'avoir rien à désirer; elles soignaient leurs larves et leurs femelles avec la même affection que dans leur véritable nid; elles avaient grand soin des Pucerons et ne leur faisaient jamais de mal. Ceux-ci ne paraissaient point les craindre; ils se laissaient transporter d'une place à une autre, et, lorsqu'ils étaient déposés, ils demeuraient dans l'endroit choisi par leurs gardiennes. Lorsque les Fourmis voulaient les déplacer, elles commençaient par les caresser avec leurs antennes, comme pour les engager à abandonner leurs racines ou à retirer leur trompe de la cavité dans laquelle elle était insérée. Ensuite elles les prenaient doucement avec les dents par-dessus ou par-dessous le ventre et les emportaient avec le même soin qu'elles auraient donné aux larves de leur espèce.

J'ai vu la même Fourmi prendre successivement trois Pucerons plus gros qu'elle et les transporter dans un endroit obscur. Il y en eut un qui lui résista plus longtemps que les autres; peut-être ne pouvait-il pas retirer sa trompe, engagée trop profondément dans le bois. Je m'amusai à suivre tous les mouvements que se donna la Fourmi pour lui faire lâcher prise; elle le caressait et le saisissait tour à tour jusqu'à ce qu'il eût cédé à ses désirs.

Cependant les Fourmis n'emploient pas toujours avec

eux les voies de la douceur. Quand elles craignent qu'ils ne leur soient enlevés par les Fourmis d'une autre espèce et vivant près de leur habitation, ou bien lorsqu'on découvre trop brusquement le gazon sous lequel les Pucerons sont parqués, elles les prennent à la hâte pour les emporter au fond des souterrains. J'ai vu les Fourmis de deux nids voisins se disputer leurs Pucerons. Quand celles de l'un pouvaient pénétrer dans l'autre, elles les dérobaient aux véritables possesseurs, et souvent ceux-ci parvenaient à les reprendre; car les Fourmis connaissent tout le prix de ces petits animaux, qui semblent leur être destinés. Les Pucerons sont leur trésor, une fourmilière est plus ou moins riche selon qu'elle en possède plus ou moins. C'est leur bétail, ce sont leurs vaches, et leurs chèvres. En faisant des galeries souterraines au milieu des racines, elles vont chercher au loin les Pucerons épars dans les gazons et les rassemblent dans leur nid, comme nous rassemblons les animaux domestiques sous le toit de nos bergeries.

D'autres Fourmis déploient une industrie plus admirable encore. Elles prennent possession des Pucerons qui vivent sur les branches des arbres et sur les tiges des plantes herbacées. Ces Fourmis, toujours jalouses de conserver leur bétail, ne souffrent pas que des étrangères viennent leur disputer la nourriture qu'elles en attendent; elles les chassent à coups de dents, s'agitent, s'inquiètent autour de leur troupeau et parcourent la branche avec des signes de colère. Quelquefois elles prennent leurs Pucerons à la bouche pour les soustraire aux attaques des autres Fourmis; le plus souvent, elles font bonne garde autour d'eux; mais, quand elles le peuvent, elles cherchent à les garantir de leurs rivales par un moyen plus ingénieux.

Je découvris un jour une plante qui supportait au milieu de sa tige une boule creuse à laquelle elle servait d'axe; c'était une case que des Fourmis avaient bâtie avec de la terre. Elles en sortaient par une ouverture fort étroite, pratiquée dans le bas, descendaient le long de la tige et passaient dans une fourmilière voisine. Je démolis une partie de ce pavillon aérien pour en étudier l'intérieur.

C'était une petite salle dont les parois, en forme de voûte, étaient lisses et unies. Les Fourmis avaient profité de la plante pour soutenir leur édifice : la tige passait au centre de l'appartement, et quelques feuilles composaient la charpente. Cette retraite renfermait une nombreuse famille de Pucerons établis sur les feuilles ; les Fourmis y venaient paisiblement faire leur récolte à l'abri de la pluie, du soleil et des Fourmis étrangères. Nul insecte ne pouvait les inquiéter, et les Pucerons n'étaient point exposés aux attaques de leurs nombreux ennemis. J'admirai ce trait d'industrie, et je ne tardai pas à le retrouver avec un caractère plus intéressant encore.

Plusieurs tiges de tithymale chargées de Pucerons s'élevaient au centre même d'une fourmilière. Profitant de la disposition courbée des feuilles de cette plante, les Fourmis avaient construit autour de chaque branche autant de petites cases allongées ; et c'est là qu'elles venaient chercher leur nourriture. Je détruisis une de ces loges ; les Fourmis emportèrent aussitôt dans les souterrains leurs précieux animaux. Peu de jours après, la case fut réparée, sous mes yeux, par les Fourmis, et les troupeaux furent ramenés dans le parc.

D'autres Fourmis trouvent leur nourriture auprès des Pucerons du plantain vulgaire. Les nourriciers sont d'abord fixés sur la tige, au-dessous des fleurs. Vers la fin d'août, cette tige se dessèche. Les Pucerons se retirent alors sous les larges feuilles radicales de la plante. Les Fourmis les y suivent et s'enferment avec eux, en murant avec de la terre humide tous les vides qui se trouvent entre le sol et les bords de ces feuilles ; elles creusent ensuite le terrain au-dessous, afin de se donner plus d'espace pour approcher de leurs Pucerons. Enfin des galeries couvertes font communiquer la bergerie avec leur habitation située plus ou moins loin.

P. Huber.

XLVII

Le Bombyx livrée [1].

Vers le 25 avril 1738, je rencontrai un nid de *Chenilles Livrées* qui paraissait nouvellement construit. Il était formé de plusieurs couches de soie très minces et qui ressemblaient aux toiles des araignées. Ce nid était placé dans les angles que quatre ou cinq rameaux d'aubépine formaient avec la branche principale. Il était si transparent qu'il laissait apercevoir les Chenilles logées dans son intérieur.

Ces Chenilles me parurent n'être écloses que depuis quelques jours. Elles étaient fort jolies. Je coupai la branche qui portait le nid et je l'emportai dans mon cabinet pour observer à loisir ma trouvaille.

1. La Chenille du Bombyx livrée vit sur tous les arbres fruitiers et sur une infinité d'arbres forestiers. Elle est bien connue, à cause de ses ravages, des jardiniers et surtout des arboriculteurs.

Elle est noirâtre, garnie de poils un peu roussâtres, assez clairsemés; elle a sur le milieu du dos une raie blanche longitudinale, et, de chaque côté, trois bandes d'un roux fauve, dont les deux supérieures séparées l'une de l'autre par une raie noire, et de l'inférieure par une bande bleue plus large que les autres. La tête est d'un bleu cendré marquée de deux points noirs.

Le Papillon varie un peu pour la couleur. Tantôt il est d'un roux ferrugineux et tantôt d'un fauve clair avec deux lignes blanchâtres, transversales, un peu arquées sur le milieu des ailes de devant. Dans toutes les variétés, la frange des ailes est blanche et entrecoupée par la couleur du fond.

La femelle dépose ses œufs par anneaux autour des petites branches d'arbres. Les *bracelets* qui en résultent ont quelquefois plus de trois centimètres de largeur; ils résistent aux froids les plus intenses et sont tellement adhérents à l'écorce, qu'on ne peut les détacher qu'à l'aide d'un grattoir ou d'un couteau. Les jardiniers donnent à ces bracelets d'œufs le nom de *Bagues*.

Les petites Chenilles éclosent au printemps, au moment de l'évolution des bourgeons. Elles vivent d'abord en sociétés nombreuses, sous une légère tente de soie. Après le dernier changement de peau, elles se dispersent sur les branches, et chacune vit de son côté.

BOISDUVAL.

Deux jours s'écoulèrent sans que les Chenilles sortissent de leur habitation ; mais, le troisième jour, j'en vis une compagnie qui avait commencé à se mettre en marche et qui montait le long de la fenêtre. Elles allaient en procession, à la file les unes des autres. Les rangs n'étaient pas égaux : il y en avait de quatre, de trois, de deux Chenilles, et la plupart n'étaient que d'une seule. Toutes marchaient d'un pas égal et tranquille, en balançant la tête alternativement à droite et à gauche. On aurait dit une colonie qui allait chercher ailleurs un établissement.

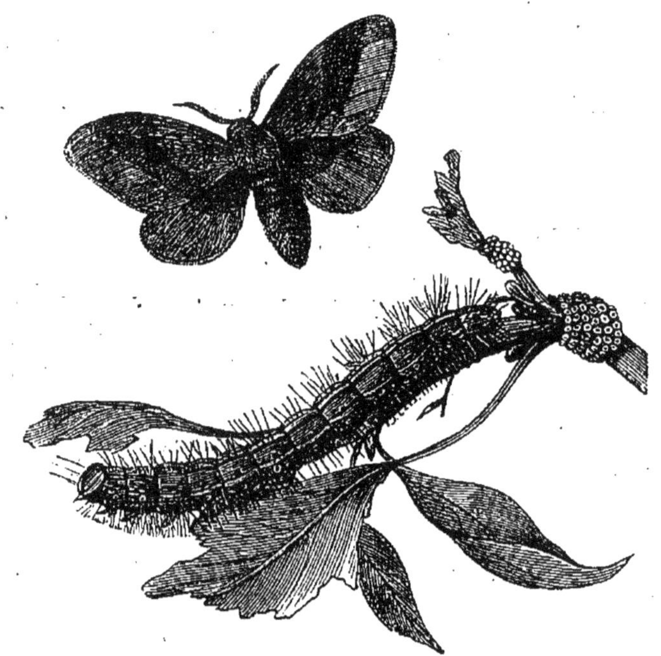

Fig. 41. — Le Bombyx livrée. — Papillon, chenille et œufs en bracelet.

Souvent la procession était interrompue dans sa marche par des Chenilles qui retournaient au nid, ou par d'autres qui faisaient halte. Après avoir fait un certain chemin, la procession s'arrêtait et les Chenilles s'attroupaient ; ensuite les unes retournaient au nid par le même chemin, tandis que les autres continuaient leur route. Ainsi, une partie de la procession montait et l'autre descendait, sans la moindre confusion. Elles marchaient d'un pas assez lent. Ce n'est que trois à quatre heures après leur sortie du nid qu'elles parvinrent au haut de la fenêtre, où elles se rassemblèrent. Je commençais à craindre que mes Chenilles n'eussent abandonné pour toujours leur habitation, et j'avais déjà regret de les avoir laissées en liberté, quand, après une petite station au haut de la fenêtre, je les vis redescendre et reprendre le chemin du nid en suivant précisément la même route qu'elles avaient suivie en allant.

J'étais fort surpris de les voir suivre si constamment et avec tant de précision la même route soit en montant soit en descendant. Je traçai même une ligne parallèle à cette route pour m'assurer mieux si elles ne s'en écarteraient point. Mais elles la suivirent toujours avec une égale constance. Je savais bien que les Chenilles ne sont pas privées de la vue ; je connaissais leurs yeux, et je les avais observés à la loupe ; cependant, malgré tout cela, je n'avais pas grande opinion de la vue de nos Chenilles, et je ne pouvais me persuader que ce fussent les yeux qui les guidassent si bien dans leurs courses. Je redoublai donc d'attention et de vigilance, et je les observai d'aussi près qu'il était possible. Enfin j'aperçus qu'elles tiraient des fils sur leur route, et je découvris sur le montant de la fenêtre, en y regardant fort obliquement, un petit sentier blanchâtre d'une ligne à deux de largeur, que le brillant de la soie rendait reconnaissable. Je compris alors pourquoi chaque Chenille portait la tête alternativement à droite et à gauche, tandis qu'elle cheminait. Elle recouvrait ainsi de soie le chemin qu'elle parcourait ; et celles qui la suivaient exécutant la même manœuvre, il se formait peu à peu, de tous les fils réunis, une sorte de ruban ou de tapis de soie, dont le tissu se fortifiait de plus en plus et déterminait toujours mieux la route.

Je m'arrêtais souvent à considérer la petite trace de soie qui dirigeait mes Chenilles dans leurs différentes courses et les empêchait de s'égarer ; je la comparais au fil d'Ariane, mais je ne savais pas encore combien cette comparaison était juste. M'étant un jour avisé d'enlever avec le doigt un peu de la soie qui tapissait le chemin de nos processionnaires, je remarquai avec surprise que, lorsque la Chenille qui conduisait la procession fut arrivée à l'endroit où la trace était interrompue, elle rebroussa chemin aussitôt, comme si elle eût été effrayée. Celle qui la suivait immédiatement en fit de même, et elles furent suivies de plusieurs autres. L'effroi ne se répandit pas cependant dans toute la procession, qui continua à défiler en bon ordre, d'un pas égal et tranquille ; mais, à mesure que les Chenilles arrivaient une à une au point où j'avais rompu la trace, elles interrompaient leur marche et paraissaient plus ou moins embarrassées. Je voyais, à n'y pouvoir se méprendre, qu'elles n'osaient continuer leur route. Elles restaient à la même place, tâtaient de tous côtés avec leur tête et hésitaient toujours de franchir le pas. Enfin une des Chenilles, plus hardie que les autres, osa le franchir. Le fil qu'elle tendit en passant rétablit la route. D'autres Chenilles la suivirent, qui tendirent de même de nouveaux fils, et au bout de quelque temps je ne vis plus d'interruption dans la trace de soie. Je dois dire néanmoins que, jusqu'à ce que la voie eût été entièrement réparée, les Chenilles montrèrent toujours quelque inquiétude en traversant l'endroit où elle avait été rompue.

Un matin, c'était sur les sept heures, toutes mes Chenilles se rendirent en procession au haut de la fenêtre, et, quelque temps après, je n'en découvris plus ni sur les chemins ni dans le nid. Impatient de savoir quelle nouvelle route elles avaient enfilée, et craignant de les perdre pour toujours, je courus à la fenêtre voisine, et je les découvris au haut de cette fenêtre, marchant dans le meilleur ordre, à la file les unes des autres et formant ainsi un cordon non interrompu depuis le haut de la fenêtre jusqu'au bas. Elles s'étaient donc frayé une route très nouvelle, et une route qui les éloignait beaucoup plus de leur habitation que toutes celles qu'elles avaient tracées jusqu'alors.

Je balançai quelque temps entre les divers partis que j'avais à prendre : je songeai d'abord à renfermer toutes mes Chenilles dans une boîte pour éviter de les perdre ; mais enfin je me déterminai à les laisser à elles-mêmes, pour voir si elles regagneraient leur nid. Elles continuèrent à s'en éloigner en descendant le long de la fenêtre et poussèrent même jusqu'à la corniche qui séparait le second étage, où je logeais, de l'étage inférieur. Parvenues sur la corniche, elles firent halte quelque temps; puis elles se remirent en marche et continuèrent à s'éloigner. J'étais fort inquiet, et j'avais plus de regret que jamais d'avoir laissé mes Chenilles s'émanciper si loin. Mais je les vis enfin revenir sur leurs pas, reprendre la route du nid par le nouveau sentier qu'elles venaient de tracer, continuer leur route sans s'arrêter, et arriver toutes sur le midi à leur habitation. Par divers détours, elles s'étaient ainsi éloignées du nid de plus de quarante pieds. C'était un bien long pèlerinage pour de si jeunes Chenilles, qui n'avaient guère que de trois à quatre lignes de longueur.

Je ne pouvais me lasser d'admirer la police de mes petites Chenilles. Il n'y avait rien de si joli que les cordons qu'elles formaient par leurs évolutions diverses. Ils paraissaient, à une certaine distance, des traits d'or tracés sur la pierre, mais ces traits étaient en mouvement, tantôt droits, tantôt élégamment sinueux, ondulés. Ce qui rendait le spectacle plus agréable encore, c'est que le brillant cordon des Chenilles était couché sur un ruban de soie d'un blanc vif et argenté. Le ruban n'était autre chose que le sentier tapissé de soie que les Chenilles suivent en marchant. Les princes de l'Orient, dont les voyageurs nous vantent la magnificence, ont-ils le luxe de mes vermisseaux, ne marchent-ils que sur des tapis de soie ?

Charles Bonnet.

XLVIII

Construction du Cocon.

Afin de donner une idée générale de la manière dont les chenilles construisent leurs coques, nous prendrons pour exemple celle du Ver à soie, la plus connue de toutes pour les tissus précieux qu'elle fournit à l'homme et l'industrie dont elle est l'objet.

La coque de cette espèce consiste en un tissu mince, transparent, semblable à de la gaze, à travers les interstices duquel on distingue un second cocon plus petit, de forme ovale et de texture compacte. Malgré cet aspect différent, le tout n'est en réalité composé que d'un seul fil, mais disposé de deux façons distinctes. Pour former l'enveloppe

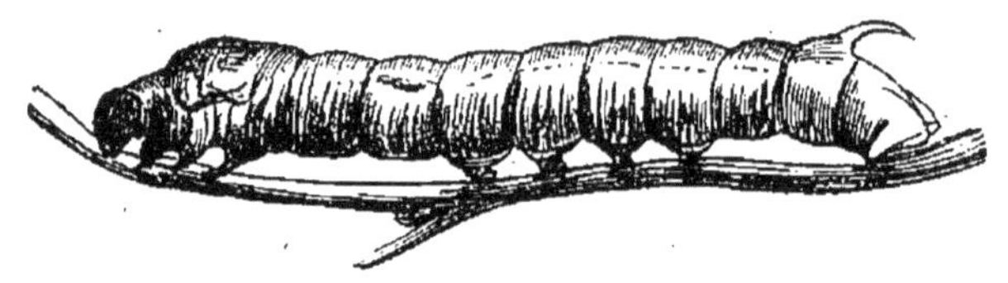

Fig. 42. — Le Ver à soie.

extérieure, qu'on peut comparer à une sorte d'échafaudage devant servir à la construction de l'autre, la chenille, après avoir choisi un local convenable entre deux feuilles ou deux rameaux formant un angle, commence par coller l'extrémité de son fil en un point, puis le conduit au point opposé, l'y fixe, et continue cette manœuvre jusqu'à ce qu'elle se soit entourée d'un réseau lâche et transparent. C'est dans l'intérieur de celui-ci, lorsqu'il est réduit intérieurement à un petit espace, qu'elle pose les fondements du cocon intérieur. Se fixant au moyen de ses pattes postérieures aux fils environnants, elle courbe son corps, et portant alternativement sa tête de côté et d'autre, elle file une couche sans changer de position. Quand cette couche a acquis une épaisseur suffisante, la chenille se déplace et en dépose une autre dans la partie opposée. Cette première assise est recouverte tantôt d'un côté, tant de l'autre, de nouvelles couches jusqu'à ce que la cavité intérieure soit réduite aux dimensions convenables.

Le fil de soie qui forme le cocon n'est donc pas, comme on pourrait le croire, disposé circulairement comme celui d'une pelote, mais de droite et de gauche, ou d'avant en arrière, en une suite de zigzags, de façon à former un certain nombre de couches distinctes. Malpighi a distingué six de ces couches, et Réaumur soupçonne qu'il en existe souvent bien davantage. Le premier trouva que le fil de soie

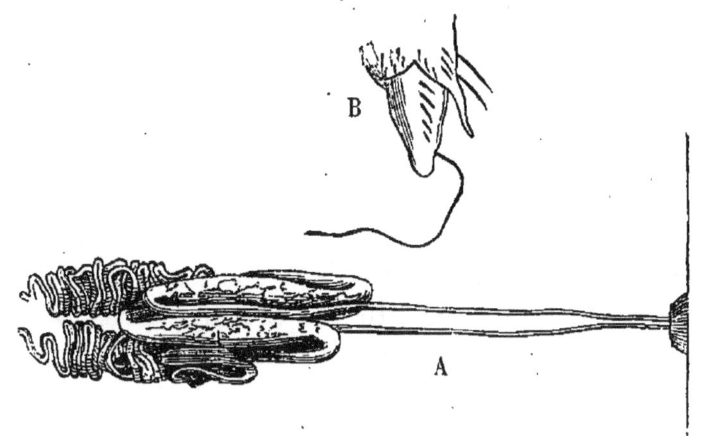

Fig. 43. — A, organes producteurs de la soie. B, filière.

dont il est composé, sans y comprendre l'enveloppe extérieure, n'avait pas moins de 300 mètres, mais d'autres l'ont estimé à 350. Par conséquent, les fils de six cocons mis bout à bout mesureraient 2100 mètres, plus d'une demi-lieue. Le poids d'un cocon étant en moyenne de 1 décigramme et

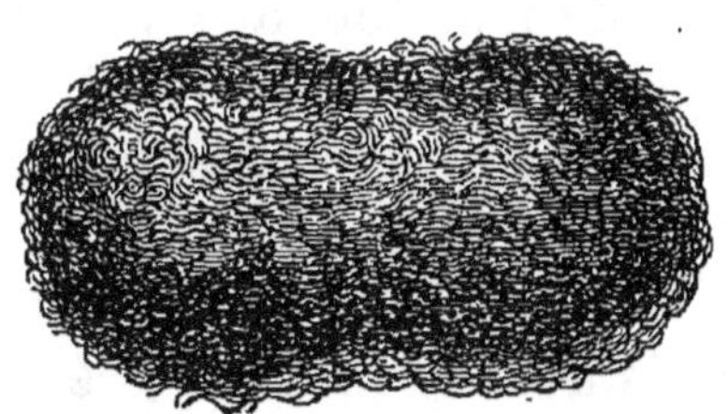

Fig. 44. — Cocon du Ver à soie.

demi, les fils de 1 kilogramme de cocons feraient la longeur de 2333 lieues. Telle est la ténuité de ces fils, qu'il en faut joindre cinq ou six ensemble pour les rendre propres à la fabrication des étoffes. Le cocon intérieur seul donne un fil de grande valeur; l'enveloppe extérieure, à cause de son irrégularité, ne peut être dévidée et ne donne qu'une soie propre à être cardée.

Les autres chenilles qui s'enferment dans des coques

exécutent en général des manœuvres analogues à celles que nous venons de décrire; sauf quelques détails variables d'une espèce à l'autre. Ainsi les chenilles dites *Tordeuses* donnent à leur coque la forme d'un bateau renversé. Elles commencent par construire deux murs parallèles, qui se rapprochent peu à peu aux deux extrémités, où ils sont réunis au moyen de fils solides. La chenille du grand Paon de nuit, qui donne à sa coque une forme elliptique, en construit la base en disposant ses fils en zigzag comme le fait le ver à soie; mais, arrivée à ceux qui doivent former l'ouverture ou le goulot, elle les arrange presque en ligne droite, parallèlement les uns aux autres et convergeant vers le même point central.

Fig. 45. — Chrysalide du Ver à soie.

Quelques chenilles, après avoir filé leurs coques, rejettent une matière molle, semblable à de la pâte, qu'elles appliquent au moyen de leur tête aux parois de la cavité, et qui, se séchant promptement, devient pulvérulente. L'intérieur du cocon semble ainsi crépi d'un plâtre très fin. D'autres emploient, pour augmenter l'épaisseur de leur demeure, les poils dont leur corps est couvert, et le mélangent quelquefois avec le mortier précédent. Après avoir terminé l'enveloppe de soie, elles s'arrachent les poils ou même les coupent avec les mandibules, et les font entrer dans les interstices du tissu en les pressant avec la tête. Lorsque cette opération, qui paraît leur être souvent très douloureuse et qui laisse leur corps complètement à nu, est terminée, elles filent une seconde enveloppe, destinée à protéger la nymphe contre les picotements que pourraient causer ces poils. Toutes les chenilles velues n'emploient pas leurs poils de cette manière; quelques-unes n'en font jamais usage, et, parmi celles qui s'en servent, toutes ne les disposent pas d'après le même procédé. Une petite chenille velue qui vit sur les lichens place les siens debout, l'un à côté de l'autre, aussi régulièrement que les pieux d'une palissade, et les unit au moyen de quelques fils qui les obligent à se courber et à former une sorte de toit à leur sommet.

TH. LACORDAIRE.

XLIX

La sortie du cocon.

Parvenus à l'état parfait, beaucoup d'insectes ont à exécuter la tâche laborieuse de percer la coque de feuilles, de soie épaisse, de gomme tenace, de terre, de bois, dans laquelle la nymphe était renfermée. Cette opération est facile à concevoir pour un Scarabée, pourvu de mandibules vigoureuses; mais comment s'y prendra un Papillon, qui n'a pour tout instrument qu'une trompe délicate et qui se trouve dans un état de faiblesse extrême? Ici, nous allons encore avoir à admirer les moyens variés dont se sert la nature pour arriver à ses fins. Citons au hasard quelques exemples.

Les chenilles de certains petits papillons nommés Teignes vivent dans l'intérieur des grains de blé et s'y changent en chrysalides. Le trou par lequel elles ont pénétré dans l'intérieur du grain est de la grosseur d'une pointe d'aiguille et tout à fait insuffisant pour donner passage au papillon. Celui-ci serait donc dans l'impossibilité absolue de sortir de cette enveloppe solide si les choses restaient en cet état; mais, avant de se changer en nymphe, la chenille, armée de fines dents, ronge, à la partie où doit se trouver la tête du papillon futur, une petite pièce circulaire qu'elle a soin de ne pas détacher complètement. Le papillon n'a donc qu'à pousser cette espèce de porte, suffisante contre les attaques des ennemis du dehors, pour qu'elle tombe et lui laisse le passage libre.

Une chenille qui vit dans une feuille de tremble roulée en cornet se renferme dans une coque de soie, suspendue comme un hamac au milieu de son habitation, au moyen de deux fils. Cette coque est si légère, qu'elle ne peut opposer aucun obstacle à la sortie du papillon; mais il n'en est pas de même de la feuille roulée en étui bien clos et dont les bords réunis par des fils solides résisteraient aux efforts d'un si faible animal. Il faut donc que la larve prépare un passage à l'insecte parfait. A cet effet, elle découpe dans les parois de la feuille une ouverture ronde, en ayant soin de ne pas enlever l'épiderme extérieur; et, comme le papillon pourrait éprouver quelque difficulté à trouver cette issue invisible, la coque est suspendue de telle manière que la tête de l'insecte se trouve exactement en face. Les premiers coups de tête du papillon enfoncent donc infailliblement la porte.

D'autres chenilles pourvoient à la sortie de l'insecte parfait par des moyens non moins ingénieux. Leurs coques, vues à l'extérieur, paraissent d'un tissu uniformément compacte; mais, en y regardant de plus près, on s'aperçoit qu'à l'une des extrémités il existe un couvercle maintenu en place par quelques fils déliés, qui se rompent à la plus légère pression.

La coque du grand Paon de nuit est arrondie en arrière et pointue en avant. Elle est composée de plusieurs couches de fils fortement agglutinés, qui lui donnent la consistance d'un parchemin très épais. Mais à sa partie antérieure, par laquelle doit sortir le papillon, les fils de soie sont disposés longitudinalement, raides et convergents vers un point commun. Au centre de leur faisceau est une ouverture, visible seulement quand on écarte les fils. Ceux-ci se prêtent sans difficulté à leur mutuel écartement lorsque l'effort a lieu de dedans en dehors; mais ils résistent et ne ferment que mieux l'ouverture si la pression agit de dehors en dedans. Non contente de cette disposition, la larve a pris d'autres précautions contre les ennemis extérieurs qui pourraient chercher à s'introduire dans sa demeure. A l'intérieur de ce premier cocon, elle en a construit un second absolument semblable, dont les soies convergent de même et présentent un obstacle infranchissable à l'ennemi. On a souvent comparé cette coque aux nasses dont se servent les pêcheurs; elle leur ressemble en effet; seulement, tandis que ces dernières permettent aux poissons d'entrer et leur refusent la sortie, la coque a un résultat absolument inverse, permettant au papillon prisonnier de sortir, et refusant l'entrée à tout insecte qui chercherait à pénétrer dans son intérieur. Une fois le papillon sorti, les fils convergents reprennent leur position première, et l'on ne peut distinguer que par la différence du poids les coques d'où l'insecte s'est échappé de celles où il est encore.

Un moyen tout différent est mis en usage par les insectes qui construisent leurs coques d'un tissu uniforme, également résistant dans toutes ses parties. Pour sortir d'une coque de cette nature, le papillon rend un liquide particulier qui ramollit, dissout la gomme unissant les fils entre eux et lui permet de se frayer une issue. Quelquefois même, il rompt les fils au lieu de les écarter simplement. C'est ce que fait le papillon du Ver à soie. Au moyen de ses yeux, la seule partie de son corps qui ait en ce moment quelque solidité et dont les innombrables facettes font l'effet d'une lime, il use les fils un à un et perce son cocon. Après cette rupture des fils, les cocons ne peuvent plus être dévidés et sont perdus; aussi les éducateurs de Vers à soie ont-ils soin de faire périr l'insecte avant sa dernière métamorphose, en exposant le cocon à une chaleur assez forte pour tuer la chrysalide. TH. LACORDAIRE.

Un papillon qui vient de naître dans une épaisse et forte coque de soie à tissu serré se trouve avoir un grand ouvrage à faire : il est né dans une prison, dont il est obligé de percer les murs pour jouir du jour et de la liberté. Plus la coque que la chenille a construite était solide, plus elle était en état de défendre la chrysalide, et plus grand est l'ouvrage que le papillon a à faire. Il doit paraître bien difficile, non seulement par rapport à l'état de faiblesse où est l'insecte, mais surtout parce que le papillon ne semble muni d'aucun des instruments nécessaires pour une telle opération; il n'a ni dents, ni ongles crochus. J'ai toujours été étonné, et je le suis encore, de voir sortir un papillon de certaines coques.

J'ai beaucoup de penchant à croire que les yeux du papillon sont les instruments qui lui servent alors le plus; ils sont ce que la tête a de plus dur; ils sont composés d'une espèce de corne. On sait de plus qu'ils sont taillés à facettes, ou, pour ainsi dire, en espèces de limes. Ce sont des limes bien fines à la vérité, mais elles ne le sont peut-être pas trop pour limer des fils de soie si fins. Il est certain que la plupart des fils qui bordent l'ouverture par où le papillon sort ont été cassés; les coques des Vers à soie qui ont donné des papillons, ne peuvent être dévidées, parce que leurs fils ont été coupés au bout où la coque a été percée. Il y a donc eu des fils rompus, et en grand nombre. Il est donc très probable qu'ils ont été coupés par une lime, et ce sont les yeux seuls qui sont cette lime. Je me prête d'autant plus volontiers à cette idée, qui paraît d'abord assez étrange, que j'ai observé d'autres insectes se servant principalement de leurs yeux pour ouvrir leurs coques.

Certaines coques sont faites d'un fil si gros et si bien lié, leur tissu est si fort et si épais, que le papillon ne viendrait peut-être pas à bout de les percer avec la lime de ses yeux. Telle est la coque du grand Paon, dont la chenille a des tubercules couronnés de fines épines avec une perle couleur de turquoise au centre. Cependant, malgré la force et la grosseur du fil, qui égalent presque celles des cheveux, malgré la solidité du tissu, le papillon qui naît dans une de ces coques trouve moins de difficulté à en sortir que d'autres papillons n'en rencontrent à sortir de coques dont le tissu est mince et fait de fils faibles. Il trouve une porte toujours ouverte; il n'a qu'à vouloir sortir, et une ouverture lui donne passage. Il n'a point à percer le tissu, ni à écarter les fils entrelacés; tout l'obstacle se réduit à pousser des fils flottants en une espèce de frange.

Si l'on considère deux de ces coques, une où la chrysalide est encore et une autre d'où le papillon est sorti, elles paraîtront toutes deux parfaitement semblables. L'ouverture qui a permis de sortir à un si gros papillon n'est point sensible sur la seconde coque; on n'est pourtant pas longtemps à reconnaître l'endroit qui lui a donné passage, et le seul qui a pu le lui donner. Au bout le plus menu de la coque, on voit des fils qui ne sont pas couchés comme ils le sont ailleurs; ils ne sont pas adhérents les uns aux autres et se dirigent vers le même point pour former une espèce d'entonnoir. Comme ils sont bien gommés, leur ressort les maintient tous dans la direction qui leur a été donnée par la chenille et les y ramène lorsque quelque force les en a tirés.

Le papillon qui cherche à sortir se présente à l'entrée de cet entonnoir et écarte, sans grande résistance, les fils détachés qui en forment les parois. Dès qu'il est sorti, les fils sont ramenés par leur ressort à leur première situation, de de sorte que la coque vide et la coque encore habitée sont pareilles à l'extérieur.

La facilité de la sortie de la coque est visible par cette construction, mais on pourrait craindre que la chrysalide ne fût pas bien en sûreté dans un cocon permettant l'entrée à des ennemis voraces, et les chrysalides ont bon nombre de pareils ennemis. Ouvrons une de ces coques tout au long, pour en mettre l'intérieur à découvert; nous verrons que la facilité de la sortie n'enlève rien à la sûreté de la chrysalide. Outre l'entonnoir extérieur, dont nous venons de parler, il y en a un second inférieur, formé précisément de la même manière, mais dont les fils sont encore mieux arrangés et plus serrés les uns contre les autres. Le nombre des entonnoirs n'augmente pas, ou augmente peu la difficulté que le papillon trouve à sortir; mais l'entrée dans la coque en est rendue plus difficile aux insectes qui voudraient s'y introduire.

On connaît la structure des nasses dans lesquelles on prend le poisson; leur artifice consiste en ce qu'elles sont composées de plusieurs entonnoirs d'osier ou de réseau mis l'un dans l'autre. La circonférence évasée du premier entonnoir offre une entrée facile au poisson; celui-ci parcourt sans crainte tout ce premier entonnoir et entre sans défiance dans le second, qui se présente de même à lui; enfin il se rend dans la grande cavité de la nasse. Mais lorsqu'il veut revenir en arrière, il ne sait plus trouver, ou enfiler les petites ouvertures par où il est sorti de chaque entonnoir. Les entonnoirs de notre coque sont tournés, par rapport au papillon, comme les ouvertures des nasses qui invitent les poissons à s'y engager; mais ils sont tournés, par rapport aux insectes qui voudraient pénétrer dans l'intérieur de la coque, comme le sont les entonnoirs des nasses par rapport aux poissons qui en veulent sortir.

RÉAUMUR.

L

Les Abeilles.

Nos abeilles domestiques, ou mouches à miel, qui paraissent être originaires de la Grèce et qui ont été transportées par l'homme dans toute l'Europe ainsi que dans le nord de l'Afrique et dans l'Amérique septentrionale, vivent en colonies composées chacune de dix à trente mille *ouvrières*, de six à huit cents mâles ou *faux bourdons* (appelés à tort bourdons par les cultivateurs), et communément d'une seule femelle, qui semble y régner en souveraine et qui a reçu le nom de *reine*. Elles établissent leur demeure dans quelque cavité, telle que le trou d'un vieil arbre ou l'espèce de hutte que les agriculteurs leur préparent et que l'on nomme ruche, et ce sont les Abeilles ouvrières qui exécutent tous les travaux nécessaires à l'existence et à la prospérité de la société. Les unes, nommées *cirières*, sont chargées de la récolte des vivres et matériaux de construction, ainsi que des bâtisses à élever; les autres, appelées, à raison de leurs fonctions, les *nourrices*, s'occupent presque exclusivement des soins intérieurs du ménage et de l'éducation des petits.

Pour faire sa récolte, l'Abeille cirière entre dans une fleur bien épanouie, dont les étamines sont chargées de la poussière appelée *pollen* par les botanistes. Cette poussière s'attache aux poils branchus dont son corps est couvert, et, en se frottant avec les brosses qui garnissent ses tarses, l'insecte la rassemble en pelotes, qu'il empile dans les cor-

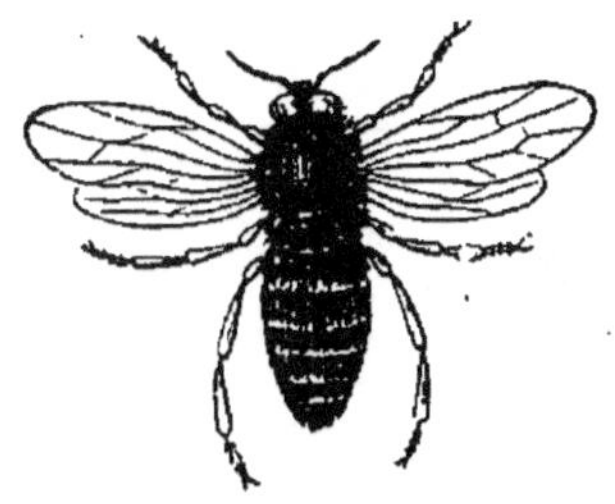

Fig. 46. — Abeille mère.

Fig. 47. — Abeille ouvrière.

Fig. 48. — Faux bourdon.

beilles ou palettes creusées à la face interne de ses jambes postérieures. A l'aide de leurs mandibules, les ouvrières détachent aussi de la surface des plantes une matière résineuse, appelée *propolis*, et en remplissent leurs corbeilles. Ainsi chargées, ces abeilles retournent à leur demeure commune et, aussitôt arrivées, se débarrassent de leur fardeau, pour retourner à la recherche de nouvelles provisions ou pour employer celles déjà recueillies. Les travaux de l'intérieur sont plus compliqués : les Abeilles commencent par boucher avec du propolis toutes les fentes de leur habitation et n'y laissent qu'une seule ouverture, dont les dimensions sont peu considérables ; elles s'occupent ensuite de la construction des *rayons* ou *gâteaux*, destinés à servir de nids pour les petits et de magasins pour les provisions de la communauté.

Ces gâteaux sont faits avec de la *cire*, matière qui est sécrétée par les Abeilles dans des organes particuliers, situés sous les anneaux de leur abdomen. Ils sont composés de deux couches de cellules (ou *alvéoles*) hexagones, à base pyramidale, adossées l'une à l'autre, et ils sont suspendus perpendiculairement par une de leurs tranches. En général, c'est à la voûte de la ruche qu'ils sont fixés, et ils sont toujours rangés parallèlement, de manière à laisser entre eux des espaces vides dans lesquels les Abeilles peuvent circuler. Les cellules, comme on le voit, sont par conséquent disposées horizontalement et ouvertes par un de

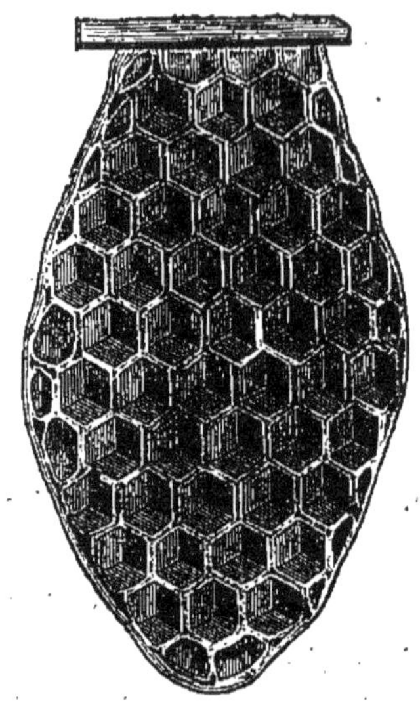

Fig. 49. — Rayon.

leurs bouts. C'est avec leurs mandibules que les ouvrières les façonnent; elles en taillent les pans pièce à pièce, et elles portent dans leur construction une précision étonnante. La plupart de ces loges ont exactement les mêmes dimensions et servent à loger les larves ordinaires, ou deviennent des magasins; mais quelques-unes, destinées à contenir des larves femelles et appelées pour cette raison *cellules royales*, sont beaucoup plus grandes et de forme presque cylindrique. Quand les Abeilles ont fait une récolte abondante de pollen ou de miel, elles déposent le superflu dans quelques-unes des cellules ordinaires, pour subvenir soit à leur consommation journalière, soit à leurs besoins futurs. Elles ont aussi la précaution de boucher avec un couvercle de cire les cellules contenant leur réserve de miel; et, si quelque accident vient menacer de miner leurs constructions, elles savent aussi élever des colonnes et des arcs-boutants pour empêcher la chute de leurs gâteaux. Les mâles, comme nous l'avons déjà dit, ne participent pas à ces travaux ; et, lorsqu'ils ne sont plus d'aucune utilité à la communauté, les ouvrières les mettent à mort, en les perçant de leurs aiguillons. C'est du mois de juin à celui d'août que ce carnage a lieu, et il s'étend même sur les larves et les nymphes de faux bourdons.

La femelle reste également étrangère à la vie active menée

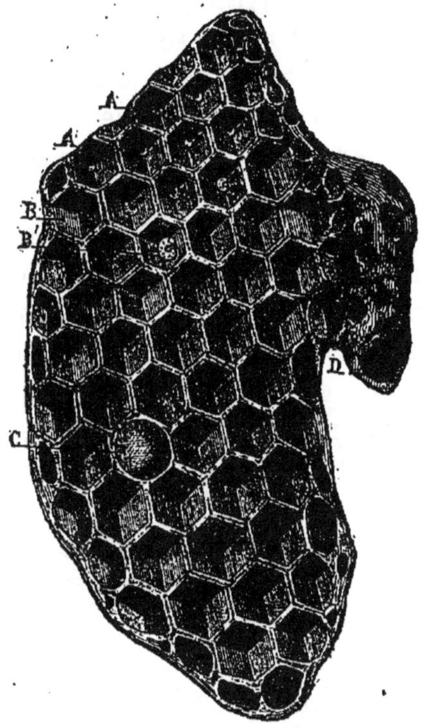

Fig. 50. — Rayon. — D, cellule royale.

par les ouvrières ; mais, comme c'est de sa fécondité que dépend la prospérité de l'essaim, elle est toujours choyée par celles-ci. Dès qu'elles commencent à pondre des œufs, elle devient pour toute la colonie un objet de respect, et elle ne souffre dans sa demeure aucune rivale ; si elle en rencontre, un combat à mort s'engage aussitôt, et une seule reine se voit toujours dans chaque essaim, quelle que soit la multitude d'individus dont celui-ci se compose.

Tant qu'elle est restée renfermée dans l'intérieur de son

habitation, la jeune reine ne pond pas d'œufs ; mais, si le temps est beau, elle en sort peu de jours après sa naissance et s'élève avec les faux bourdons à perte de vue dans l'air : cependant elle ne tarde pas à rentrer, et, quarante-six heures après, elle commence à pondre des œufs, qu'elle dépose un à un dans les cellules préparées pour cet usage. Pendant le premier été, cette ponte n'est pas très nombreuse et ne se compose que des œufs d'ouvrières; pendant l'hiver, elle s'arrête ; mais, dès que le retour du printemps se fait sentir, la fécondité de la mère-abeille devient extrême ; dans l'espace d'environ trois semaines, elle pond en général plus de douze mille œufs. C'est seulement vers le onzième mois de son existence qu'elle commence à donner des œufs de mâles en même temps que des œufs d'ouvrières, et ceux d'où naîtront des femelles ne viennent qu'un peu plus tard. Trois ou quatre jours après la ponte, les œufs éclosent, et il en sort une petite larve de couleur blanchâtre, qui, étant privée de pattes, ne peut sortir de son nid et chercher sa nourriture ; mais les ouvrières pourvoient abondamment à ses besoins, en lui présentant une sorte de bouillie, dont les qualités varient suivant l'âge et le sexe de l'individu à qui elle est destinée ; et, lorsque le moment de sa transformation en nymphe approche, elles la renferment dans sa loge en adaptant à celle-ci un couvercle de cire.

Cinq jours après la naissance d'une larve d'ouvrière, ses nourrices ferment ainsi sa cellule. Elle file alors autour de son corps une coque de soie et, au bout de trois jours, se change en nymphe ; enfin, après être restée sous cette forme pendant sept jours et demi, elle subit sa dernière métamorphose. Les mâles n'arrivent à l'état parfait que le vingt et unième jour de la naissance de la larve, tandis que les femelles subissent leur dernière transformation le treizième jour. L'influence qu'exerce sur le développement des Abeilles la qualité des aliments dont les ouvrières nourrissent les larves est des plus remarquables ; car, en variant la bouillie qu'elles donnent à leurs élèves, ces singulières nourrices produisent à volonté des ouvrières ou des reines. Cela se voit d'une manière évidente lorsqu'un essaim a perdu sa reine et qu'il n'existe pas, dans les rayons de la ruche, de cellule royale contenant une larve de femelle; alors les abeilles se hâtent de démolir plusieurs cellules d'ouvrières, pour leur donner la forme d'une cellule royale, et fournissent en abondance à la larve qu'elles y laissent la pâture dont elles alimentent les femelles ; or,

Fig. 51. — Rucher.

par ce seul fait, la larve, au lieu de devenir une abeille ouvrière, comme cela serait arrivé si elle avait continué à être élevée de la manière ordinaire, devient une abeille reine. Quand une jeune reine a achevé ses métamorphoses et rongé les bords du couvercle de sa cellule pour sortir de son nid, on voit se manifester dans toute la colonie une grande agitation. D'un côté, les ouvrières bouchent avec de nouvelles quantités de cire les ouvertures qu'elle pratique et la retiennent prisonnière dans sa loge; d'un autre côté, la vieille reine cherche à s'en approcher, pour la percer de son aiguillon et se défaire ainsi d'une rivale dangereuse ; mais des phalanges d'ouvrières s'interposent pour l'en empêcher. Au milieu du tumulte qui résulte de tout ce manège, la vieille reine sort de la ruche avec toute l'apparence de la colère et suivie d'une grande partie de la société d'ouvrières et de mâles dont elle était le chef unique. Les jeunes abeilles, trop faibles pour émigrer de la sorte, restent dans la ruche, et bientôt leur nombre augmente par l'apparition de celles qui étaient encore à l'état de larves ou de nymphes ; les jeunes reines se dégagent aussi de leurs cellules pendant le tumulte. S'il y en a plusieurs, elles se battent entre elles ; et celle qui, après le combat, se trouve seule, devient la souveraine de la nouvelle société. L'essaim qui a abandonné de la sorte sa demeure avec la vieille reine ne se disperse pas, mais va à quelque distance se suspendre en grappe et fonder une nouvelle colonie, qui recommence tous les travaux dont nous venons de parler, et qui, à son tour, fournit au bout d'un certain temps un second essaim, dont la sortie est déterminée par les mêmes causes que nous avons vues occasionner l'émigration du premier. Une ruche donne quelquefois trois ou quatre essaims par saison ; mais les derniers sont toujours faibles. La mort de l'abeille-reine, la faiblesse d'une colonie et les attaques de ses ennemis déterminent quelquefois les Abeilles à se disperser : les fugitives vont alors chercher asile dans une ruche plus fortunée ; mais elles en sont impitoyablement repoussées à coups d'aiguillon par les propriétaires de la demeure qu'elles voudraient partager ; car aucune abeille étrangère, même isolée, n'est reçue dans une ruche où elle n'est pas née. Quelquefois aussi, toute une colonie en attaque une autre pour piller ses magasins ; et, si les agresseurs ont le dessus, ils détruisent complètement la population vaincue et enlèvent tout le miel de leurs victimes, pour le déposer dans leur ruche. MILNE-EDWARDS.

LI

Aiguillon de l'Abeille.

Les Abeilles, ainsi que beaucoup d'autres Hyménoptères, ont le derrière armé d'un aiguillon venimeux. D'habitude, cet aiguillon est caché dans le corps; mais, dès qu'on tient une Abeille par le corselet entre deux doigts, elle ne tarde pas à faire sortir le sien comme un trait. Bientôt elle le fait rentrer, mais c'est pour le darder de nouveau et à bien des reprises. Alors elle recourbe son corps dans tous les sens et de toutes les façons qu'il lui est possible ; elle cherche à piquer les doigts qui la gênent. Mais, pour voir plus aisément cet aiguillon et pour se procurer le temps de le mieux observer, il faut saisir le corps de l'insecte et le presser près du derrière ; on oblige ainsi l'aiguillon de se montrer, et la pression continuée ne permet pas aux parties destinées à le ramener en arrière de faire fonction.

Quand il commence à paraître, il est accompagné de deux corps blancs, oblongs, arrondis par le bout, et dans chacun desquels une gouttière est creusée. On juge aisément que ces deux pièces composent ensemble une espèce de boîte, dans laquelle l'instrument délicat est logé lorsqu'il est dans le corps de l'animal. Ainsi renfermé, aucune partie de l'intérieur ne peut lui nuire ; et, ce qu'il était aussi nécessaire d'empêcher, il ne peut blesser aucune partie. A mesure qu'il avance davantage hors du corps, les deux pièces qui lui servaient de fourreau s'en écartent, et, quand il est entièrement sorti, elles se trouvent l'une à droite l'autre à gauche hors de son alignement.

Quoique ce petit dard soit extrêmement délié, on l'aperçoit néanmoins à la vue simple ; elle suffit même pour faire juger que, quelque fin qu'il soit, surtout vers l'extrémité, il est creux, et qu'il l'est jusqu'au bout de sa pointe ; car bientôt une gouttelette d'une liqueur extrêmement transparente paraît posée sur le bout même de cette pointe. On voit cette petite goutte grossir de moment en moment. Enfin, si on l'emporte avec le doigt, une autre gouttelette reparaît bientôt dans la même place. On prévoit déjà le fatal usage auquel une liqueur si claire est destinée. On soupçonne sans doute que, malgré sa limpidité, elle est le poison qui doit être porté dans la plaie ; et c'est ce que nous prouverons bientôt par les expériences les plus décisives.

Mais il ne faut pas s'en tenir à regarder cet aiguillon

avec ses seuls yeux; si on leur donne le secours d'une bonne loupe, ils peuvent nous apprendre qu'il n'est pas un instrument aussi simple qu'il le paraissait. Sa base est solide, épaisse et grosse, si on la compare avec la tige qu'elle porte. A mesure que cette base s'élève, elle devient plus menue ; enfin à son extrémité elle porte une tige droite destinée à faire les piqûres. Le tout est d'une même couleur, d'un châtain brun et d'un luisant qui fait connaître que cette pièce est de corne ou d'écaille. A mesure que la tige approche de son extrémité, elle devient de plus en plus déliée, et finalement se termine par une pointe fine.

De cette même pointe si fine, on voit quelquefois s'élever une autre pointe qui l'est beaucoup plus et qui sort tantôt plus tantôt moins, ou bien rentre entièrement dans celle d'où elle était sortie. Dès lors, on juge que ce corps si délié qu'on avait pris pour un aiguillon, n'est que la gaîne, le tuyau d'un autre aiguillon incomparablement plus fin. Cette gaîne est fendue inférieurement dans toute sa longueur. Elle renferme, non un aiguillon simple, mais deux filets, deux aiguillons appliqués l'un contre l'autre, et armés près de leur pointe de fines dentelures, qui ne permettent pas aux aiguillons de sortir des chairs où ils sont introduits sans des frottements difficultueux et sont cause que les Abeilles laissent leur arme dans les piqûres qu'elles ont faites quand elles sont obligées de s'éloigner plus vite qu'il ne leur conviendrait. Elles sont d'ailleurs fort utiles pour faire pénétrer les aiguillons dans la chair : les dentelures de celui qui vient d'être enfoncé servent d'appui pour celui qui est resté en arrière et qui doit, dans l'instant suivant, aller plus loin que l'autre. On en compte une quinzaine sur chacun des aiguillons de l'Abeille.

Ce n'est pas assez pour l'Abeille de pouvoir faire pénétrer dans les chairs ses aiguillons et leur étui ; elle ne manque jamais d'empoisonner la blessure qu'elle fait. Nous avons déjà vu que le poison qu'elle y verse est une liqueur extrêmement transparente ; il nous reste à connaître le réservoir qui la fournit. Si l'on ouvre le ventre d'une Abeille, on reconnaît que chaque aiguillon se recourbe à la base, l'un à droite, l'autre à gauche, et qu'au milieu de l'espace laissé entre les deux se trouve une petite vessie remarquable par sa transparence et pleine d'un liquide très clair. Elle est encore remarquable par sa consistance, car, si on la détache, on peut la manier, lui faire changer de figure en la pressant doucement entre deux doigts, et cela sans la crever. Dans son état naturel, elle est oblongue comme une olive. Elle se termine pàr un canal délié qui se dirige entre les deux aiguillons. C'est par ce canal que le liquide venimeux est conduit du réservoir dans la gouttière résultant des deux aiguillons rapprochés.

A l'extrémité opposée, le réservoir à venin communique avec deux organes tubuleux, qui sont les glandes où le liquide venimeux se forme et s'élabore. A mesure qu'il se produit, ce liquide s'écoule dans la poche à venin et s'y maintient en réserve.

Quand une Abeille irritée a introduit son dard dans notre chair, si on la presse de partir, elle l'y laisse mais non seul : la plupart de ses dépendances y restent attachées, comme la vessie à venin et beaucoup de parties musculeuses. La blessure qu'elle a faite lui coûte cher, plus cher que ne coûterait à un homme le coup de poing qui lui ferait perdre sur-le-champ tout le bras, ou le coup de pied qui lui ferait perdre la cuisse. La blessure qu'elle s'est faite à elle-même est une terrible et mortelle blessure, à laquelle elle ne saurait survivre longtemps. Après que cet aiguillon avec ses dépendances a été arraché et entièrement séparé du ventre de l'Abeille, il semble encore animé du désir de la venger : il travaille à rendre plus profonde la blessure qu'il a faite et dans laquelle il est resté. Sa base continue à se donner des mouvements; elle s'incline alternativement dans des sens contraires. Les muscles destinés à faire pénétrer l'aiguillon dans les chairs sont restés adhérents à cette base, et ils continuent leur jeu comme les muscles de la queue du lézard continuent le leur après que cette queue a été coupée.

Nous avons supposé jusqu'ici que c'est une liqueur très limpide qui rend si douloureuses des blessures qui autrement seraient à peine senties; il est temps de le démontrer par une expérience très simple. Je l'ai faite sur moi-même d'abord, puis sur diverses personnes qui ont bien voulu s'y prêter. — Avec une épingle très fine, je me suis fait une légère piqûre à un doigt. Je pressai alors le ventre d'une Abeille pour obliger l'aiguillon de se montrer, et je pris, avec la pointe de mon épingle, une petite goutte de la liqueur rassemblée à son bout. Alors je fis entrer une seconde fois cette pointe dans la piqûre que je m'étais faite. C'en fut assez pour qu'elle y laissât du venin. Le liquide venimeux ne fut pas plus tôt introduit, que je sentis une douleur semblable à celle qu'on éprouve après avoir été piqué par une Abeille. Au reste, la douleur de la plaie où l'épingle a porté du venin est, comme celle des piqûres d'Abeille, plus aiguë ou plus modérée, selon la quantité de la liqueur venimeuse infiltrée.

Je répétai un jour cette expérience sur un de nos académiciens qui doutait de cet effet. Pour le mieux convaincre, je n'épargnai pas la liqueur. Je fis entrer dans la piqûre une grosse goutte que j'avais prise au bout du dard d'un bourdon. L'épreuve fut plus forte qu'il ne l'eût voulu : quoique très courageux, il ne put sentir la douleur cuisante de sa petite plaie sans beaucoup piétiner et sans pester contre l'expérience.

La piqûre est d'autant plus douloureuse que la quantité de venin introduite dans la plaie est plus considérable; aussi devient-elle de moins en moins cuisante à mesure que l'insecte la répète coup sur coup, parce que la provision du venin s'épuise. Ayant été un jour piqué par une guêpe, je crus qu'il valait autant prendre son mal de bonne grâce, et je laissai l'insecte achever de me piquer tout à son aise. En pareille circonstance, l'insecte retire de la plaie son aiguillon sain et entier. Quand la guêpe eut retiré le sien, je la pris, et, en l'irritant, je la posai sur la main d'un domestique aguerri, qui n'était pas à une piqûre près. Celle qui lui fut faite était peu douloureuse. Je repris la guêpe, et je me fis piquer moi-même une seconde fois. A peine sentis-je cette dernière piqûre; la liqueur venimeuse avait été épuisée dans les deux premières. Enfin, j'eus beau irriter la guêpe, elle ne voulut pas piquer une quatrième fois.

Il est curieux de savoir l'effet que le venin de l'Abeille produit sur la langue et d'en connaître le goût. Au point touché par le venin, on sent d'abord un goût douceâtre qui semble tenir un peu de celui du miel; mais bientôt ce doux devient âcre et brûlant. On sent une impression de chaleur analogue à l'impression que ferait le suc laiteux des Euphorbes. L'endroit de ma langue où la petite gouttelette avait été appliquée est resté quelquefois pendant plusieurs heures comme s'il eût été légèrement brûlé.

Réaumur.

LII

Outils des Abeilles.

Les deux premières paires de pattes de l'Abeille ont à peu près la même longueur, mais la troisième paire est plus longue et d'une configuration spéciale. Dans chaque patte de la troisième paire, la troisième pièce ou jambe est aplatie et triangulaire; elle présente en outre en dehors une dépression longitudinale et triangulaire nommée *palette*, hérissée sur les côtés de poils raides, qui forment comme les bords d'une espèce de corbeille destinée à recevoir la récolte de pollen réunie en une petite pelote. La pièce suivante est le premier article du tarse et porte le nom de *brosse*. Chaque paire de pattes a sa brosse, mais de forme différente. La brosse, dans les pattes de première paire, est allongée, arrondie et tout à fait velue; dans les pattes de la seconde paire, elle est oblongue, lisse extérieurement et garnie à l'intérieur de poils dirigés en bas; dans les pattes de la troisième paire, elle est en forme de rectangle, lisse en dehors, et garnie en dedans de poils raides rangés en séries comme ceux de nos brosses à habits. Les brosses des pattes postérieures sont beaucoup plus considérables que celles des deux autres paires. Ces outils, brosse et palettes, propres à la récolte du pollen, sont l'apanage exclusif des Abeilles ouvrières; la reine et les mâles en sont dépourvus.

La bouche est armée de deux fortes mandibules, principal outil pour la construction des alvéoles. Leur surface extérieure est convexe et l'intérieure concave à peu près comme la tarière d'un charpentier. La cavité interne qui résulte de cette conformation reçoit les parcelles de matières pressées ou broyées par les extrémités des mandibules rapprochées. Une autre pièce importante de la

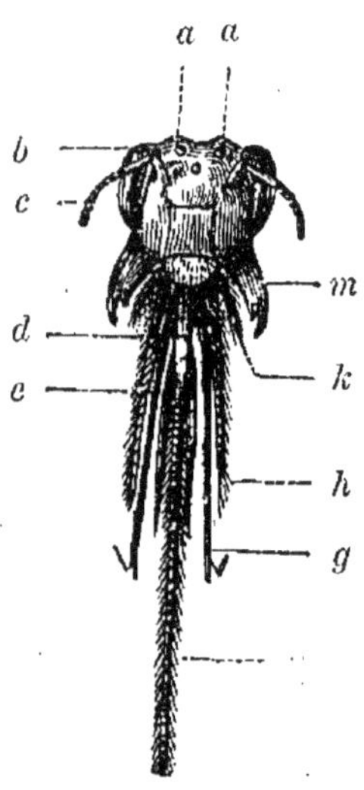

Fig. 52. — Tête de l'Abeille. *a*, *a*, yeux simples; *b*, yeux composés; *c*, antennes; *m*, mandibules; *e*, *g*, mâchoires; *k*, *h*, palpes; *d*, lèvre inférieure; *f*, languette.

bouche est la trompe, destinée à recueillir, à lécher les liquides sucrés des fleurs. Dans l'inaction, la trompe est aplatie, large, insensiblement de plus en plus étroite depuis son origine jusqu'à son extrémité, où elle se termine par un petit mamelon presque cylindrique, au bout duquel est un bourrelet ou espèce de bouton. La circonférence de ce bourrelet jette des poils assez longs et disposés en rayons. Le dessus de la trompe est aussi tout couvert de poils; sa partie la plus large est cannelée transversalement par de petits sillons très rapprochés les uns des autres.

Des mandibules faisant office de pinces, une trompe flexible pour lécher les liquides sucrés, des brosses pour réunir en pelotes les grains de pollen dont le corps velu de l'insecte se poudre dans les fleurs, des palettes pour recevoir ces pelotes et les transporter à la ruche, tels sont les instruments de travail de l'Abeille.

J.-H. Fabre.

LIII

Origine de la cire.

Un cultivateur de Lusace, dont le nom n'est pas parvenu jusqu'à nous, découvrit que les Abeilles ne rendent pas la cire par la bouche, comme on le croyait jusqu'alors, mais qu'elles la transsudent, la sécrètent dans les replis des anneaux dont leur ventre est formé. Pour s'en convaincre, il suffit de retirer une Abeille de l'alvéole où elle travaille et de tirailler un peu son abdomen pour l'allonger : la cire dont elle est chargée se trouve, en forme d'écailles, sous les anneaux du ventre.

Plusieurs années après, nous avons reconnu nous-mêmes les plaques de cire sous les anneaux inférieurs du ventre des Abeilles. Ces plaques sont rangées par paires sous chaque segment, dans de petites poches ou replis situés à droite et à gauche de l'arête du ventre. Il y en a huit sur chaque individu, car le premier et le dernier anneau n'en fournissent pas. La grandeur des lames de cire va en décroissant comme le diamètre des anneaux qui les produisent et leur servent de moule; les plus grandes sont placées sous le troisième anneau, les plus petites sous le cinquième. La cire n'est donc pas récoltée sur les fleurs, elle est une véritable sécrétion, c'est-à-dire que les Abeilles la produisent elles-mêmes par le travail de la nutrition. Pour mettre cette vérité en tout son jour, une expérience était nécessaire : il fallait retenir les Abeilles dans leur ruche et les empêcher d'aller butiner sur les fleurs, pour voir si dans ces conditions elles auraient de la cire à mettre en œuvre.

Un essaim fut donc enfermé dans une ruche de paille vide, avec ce qu'il fallait de miel et d'eau pour la consommation des Abeilles, et l'entrée fut close, mais de manière à laisser circuler l'air, dont le renouvellement pouvait être nécessaire aux insectes captifs. Les Abeilles furent d'abord fort agitées. On parvint à les calmer en plaçant la ruche dans un lieu frais et obscur. Leur captivité dura cinq jours entiers. Au bout de ce terme, nous leur permîmes de prendre l'essor dans une chambre dont les fenêtres étaient soigneusement fermées. Nous pûmes alors visiter leur ruche plus commodément. Elles avaient consommé leur provision de miel; et la ruche, qui au début ne contenait pas un atome de cire, avait acquis, dans l'espace des cinq jours de captivité, cinq gâteaux de la plus belle cire suspendus à la voûte.

Ce résultat était très remarquable; nous ne nous étions pas attendus à une si prompte et si complète solution du problème. Cependant, avant d'en conclure que le miel dont ces Abeilles s'étaient nourries les avait seul mises en état de transsuder de la cire, il fallait s'assurer, par de nouvelles épreuves, qu'on ne pouvait en donner une autre explication.

Les ouvrières que nous tenions en captivité avaient pu recueillir le pollen des fleurs lorsqu'elles étaient en liberté; elles avaient pu faire des provisions la veille et le jour même de leur emprisonnement, et avoir assez de cire dans leur estomac ou dans les corbeilles de leurs pattes pour construire leurs cinq gâteaux. Mais, s'il était vrai que la cire vînt du pollen des fleurs récolté précédemment, les Abeilles, ne pouvant plus s'en procurer, cesseraient bientôt de construire des rayons et tomberaient dans l'inaction la plus complète. Il fallait donc prolonger l'épreuve pour la rendre décisive.

Avant de tenter une seconde expérience, nous eûmes soin d'enlever tous les gâteaux que les Abeilles avaient construits pendant leur captivité. Cela fait, l'essaim fut remis dans la ruche avec une nouvelle ration de miel. Cette épreuve ne fut pas longue : nous nous aperçûmes, dès le lendemain au soir, que les Abeilles travaillaient en cire neuve. Le troisième jour, on visita la ruche, et l'on trouva cinq nouveaux gâteaux d'une cire irréprochable.

A cinq reprises, la même épreuve eut lieu avec le même succès. Sans aucune communication avec le dehors et nourries uniquement avec du miel pendant cette longue réclusion, les Abeilles produisirent chaque fois de nouveaux gâteaux de cire et en auraient sans doute produit davantage si nous eussions prolongé l'expérience. Il était donc hors de doute que la nourriture des Abeilles, le miel, fournit la cire par une sécrétion spéciale, de même que la nourriture de la vache, le fourrage, fournit le lait.

Cependant on pourrait croire encore que la cire est contenue toute faite dans le miel même. Pour répondre d'une manière formelle à cette objection, nous prîmes une livre de sucre réduit en sirop et nous le donnâmes pour unique nourriture à un essaim renfermé dans une ruche. Comme termes de comparaison, deux autres essaims captifs furent nourris, l'un avec de la cassonade très noire, l'autre avec du miel. Les Abeilles des trois ruches produisirent de la cire. De plus, celles qui avaient été nourries avec du sucre ou de la cassonade en donnèrent plus tôt et en plus grande abondance que l'essaim alimenté avec du miel. C'est donc le principe sucré du miel qui est la véritable cause de la sécrétion de la cire.

F. Huber.

LIV

Abeilles cirières et Abeilles nourrices.

Il existe deux espèces d'ouvrières dans une même ruche : les unes, susceptibles d'acquérir un volume considérable lorsqu'elles ont pris tout le miel que leur estomac peut contenir, sont destinées en général à l'élaboration de la cire ; les autres, dont l'abdomen ne change pas sensiblement de dimension, ne prennent ou ne gardent que la quantité de miel qui leur est nécessaire pour vivre, et font part à l'instant à leurs compagnes de celui qu'elles ont récolté. Ces dernières ne sont pas chargées de l'approvisionnement de la ruche ; leur fonction particulière est de soigner les petits. Nous les appellerons *Abeilles nourrices* ou petites abeilles, par opposition à celles dont l'abdomen peut se dilater et qui méritent le nom de *cirières*.

Nous nous sommes assurés, par des expériences positives, que les Abeilles d'une même sorte ne sauraient remplir seules toutes les fonctions qui sont réparties entre les ouvrières d'une ruche. Dans une de ces épreuves, nous peignîmes de couleurs différentes celles de l'une et de l'autre classe pour observer leur conduite, et nous ne les vîmes point changer de rôle. Dans un autre essai, nous donnâmes aux Abeilles d'une ruche du couvain et du pollen ; nous vîmes aussitôt les petites Abeilles s'occuper de la nourriture des larves, tandis que celles de la classe cirière n'en prirent aucun soin.

Lorsque les ruches sont approvisionnées en alvéoles vides, les Abeilles cirières dégorgent leur miel dans ces magasins et ne font point de cire ; mais si elles n'ont point d'alvéoles pour l'y déposer, ou si la reine ne trouve pas des cellules faites pour y pondre ses œufs, les cirières retiennent dans leur estomac le miel qu'elles ont amassé, et au bout de vingt-quatre heures la cire leur suinte entre les anneaux du ventre. Alors commence le travail des alvéoles.

On pourrait croire que, lorsque la campagne ne leur fournit pas de miel, les Abeilles cirières peuvent entamer, pour leur travail, les provisions dont la ruche est pourvue. Il n'en est rien, elles n'y touchent pas plus que les autres. Les cellules où les provisions de miel sont renfermées sont garnies d'un couvercle de cire qu'on n'enlève que dans les cas de besoins extrêmes et lorsqu'il n'y a aucun moyen de s'en procurer ailleurs. On ne les ouvre jamais pendant la belle saison. D'autres réservoirs, toujours ouverts, fournissent à l'usage journalier de la peuplade ; mais chaque Abeille n'y prend que ce qui lui est absolument nécessaire pour satisfaire au besoin présent.

On ne voit les cirières se montrer aux portes de la ruche avec de gros ventres que lorsque la campagne fournit une abondante récolte de miel ; et elles ne se servent du contenu de leur estomac pour élaborer de la cire que lorsque la ruche n'est pas remplie de gâteaux. Dans le cas contraire, elles dégorgent leur récolte dans les magasins.

Les Abeilles nourrices produisent aussi de la cire, mais toujours en quantité très inférieure à celle que les véritables cirières peuvent élaborer.

F. HUBER.

LV

Géométrie des Abeilles.

Tout, dans les cellules des Abeilles, paraît disposé avec tant de symétrie, et tout y paraît si bien fini, qu'on est tenté de les regarder comme le chef-d'œuvre de l'industrie des insectes ; on les mettrait même volontiers en parallèle avec ce que nos plus adroits ouvriers savent exécuter de plus difficile. C'est un ouvrage pour lequel l'admiration croît à mesure qu'on l'examine davantage. Quand on a bien vu la véritable figure de chaque alvéole, quand on a bien étudié leur arrangement, la géométrie semble avoir donné le plan de tout l'ouvrage et en avoir conduit l'exécution. On reconnaît que tous les avantages qui pourraient y être souhaités s'y trouvent réunis.

Les Abeilles paraissent avoir eu à résoudre un problème rassemblant des conditions qui en eussent fait regarder la solution comme difficile à bien des géomètres. Ce problème peut être énoncé ainsi : *Une quantité de cire étant donnée, en former des cellules égales, d'une capacité déterminée, mais la plus grande qu'il soit possible par rapport à la quantité de cire employée à leur construction, et des cellules tellement disposées qu'elles occupent dans la ruche le moins d'espace possible.*

Pour satisfaire à cette dernière condition, les cellules doivent se toucher de manière qu'il ne reste entre elles aucun vide. Les Abeilles y ont satisfait, et en même temps elles ont satisfait aux premières conditions, en construisant des cellules qui sont des tuyaux à six pans, des tuyaux hexagones. Elles auraient pu faire des cellules à trois côtés égaux, ou des cellules à quatre côtés égaux; mais ces cellules, qui ne laisseraient aucun vide entre elles, exigeraient plus de cire dans leur construction pour avoir la même capacité que les cellules hexagones. C'est ce qui est connu depuis longtemps, et ce qui a fait admirer au célèbre géomètre Pappus que les Abeilles se fussent déterminées pour la figure hexagone [1].

1. A cause de la forme des larves qui les habitent, les alvéoles doivent nécessairement avoir une configuration allongée, condition remplie par le cylindre et les divers prismes. Or, pour une hauteur donnée, déterminée par la longueur de la larve, la capacité des alvéoles aussi configurées est proportionnelle à la superficie de la base. Il faut donc chercher la figure plane qui, pour un même périmètre, embrasse la plus grande étendue. Le problème se présente alors sous cet aspect : Étant donnée une longueur, quelle figure faut-il lui faire prendre pour qu'elle enveloppe la plus grande superficie. La géométrie répond que *la figure doit être un polygone régulier du plus grand nombre possible de côtés.* Cela étant, la circonférence, qu'on peut considérer comme un polygone régulier d'un nombre infini de côtés, enveloppe, pour un même périmètre, la plus grande surface; et le cylindre rond est, de tous les prismes construits avec la même quantité de matière, celui dont la capacité est plus grande.

Mais cette solution doit être écartée, car elle ne satisfait pas à cette autre condition fondamentale, savoir : l'absence de tout vide inoccupé entre les alvéoles juxtaposées. Il reste donc à choisir, parmi les divers polygones réguliers qui peuvent s'agencer à côté l'un de l'autre sur un plan sans intervalles vides, celui qui possède le plus grand nombre de côtés. Soit A l'angle d'un polygone régulier quelconque, mais apte à se grouper sur le plan avec d'autres polygones pareils sans intervalles inoccupés, et soit N le nombre d'angles groupés autour d'un même point. La valeur de l'angle A sera $A = \frac{360^\circ}{N}$. D'autre part, représentons par n le nombre de

On voit encore que tout ce que les Abeilles pouvaient faire de mieux pour ménager la place et la matière, c'était

côtés du polygone régulier. La somme des angles du polygone étant égale à autant de fois deux angles droits que le polygone a de côtés moins 2, l'angle A aura pour expression : $A = \frac{180^\circ (n - 2)}{n}$. Ces deux valeurs de A donnent l'égalité :

$$\frac{360^\circ}{N} = \frac{180^\circ (n - 2)}{n},$$

ou bien :

$$\frac{2}{N} = \frac{n - 2}{n},$$

d'où l'on déduit :

$$n = \frac{2N}{N - 2}.$$

Donnons maintenant à N toutes les valeurs entières à partir de 3, car il faut évidemment au moins trois angles assemblés autour d'un même point pour recouvrir le plan ; nous en déduirons le nombre n de côtés du polygone correspondant :

Pour $N = 3$ on obtient $n = 6$
$N = 4$ » $n = 4$
$N = 5$ » $n = \frac{10}{3}$
$N = 6$ » $n = 3$
$N = 7$ » $n = \frac{14}{5}$
$N = 8$ » $n = \frac{16}{6}$
etc. etc.

Le nombre n de côtés du polygone doit évidemment être un nombre entier et au moins égal à 3; sinon le polygone est impossible. La solution $n = \frac{10}{3}$ doit donc être écartée, puisqu'elle est fractionnaire : il en est de même de toutes les solutions à partir de la cinquième, puisque ces solutions, dont la valeur va décroissant, sont toutes inférieures à 3. Il n'y a par conséquent que trois manières de recouvrir le plan avec des polygones réguliers égaux, savoir avec l'hexagone ($n = 6$), et il y a alors 3 angles groupés autour du même point ($N = 3$); avec le carré ($n = 4$), et il y a alors 4 angles groupés autour du même point ($N = 4$); enfin avec le triangle équilatéral ($n = 3$), et il y a alors 6 angles groupés autour de composer leurs gâteaux de deux rangs d'alvéoles tournés vers des côtés opposés. Si, comme les Guêpes, elles eussent fait des gâteaux n'ayant des ouvertures d'alvéoles que sur une de leurs faces, et les fonds de ces mêmes alvéoles sur l'autre face, les cellules que les Abeilles rassemblent dans un seul gâteau en eussent composé deux. Or il est visible que les deux gâteaux à un seul rang de cellules eussent tenu plus de place dans la ruche que n'en tient un à double rang. Enfin, il est visible encore que les deux gâteaux eussent consommé plus de cire qu'il n'en entre dans les gâteaux à double rang de cellules. Toute la cire nécessaire pour former les fonds d'un des deux gâteaux à un simple rang de cellules est épargnée dans le gâteau double.

S'il convenait aux Abeilles que le fond de chaque cellule fût plat, que chaque cellule fût exactement un tuyau hexagone ouvert à un de ses bouts et fermé à l'autre, rien ne serait plus simple que la disposition des deux rangs de cellules. Le fond entier d'une cellule lui serait commun avec une autre cellule. Deux cellules correspondantes, dont l'une aurait son ouverture sur une des faces du gâteau, et dont l'autre aurait la sienne sur l'autre face, seraient faites d'une seule et longue cellule divisée transversalement par une cloison ; si l'on veut, une mince feuille de cire qui diviserait en deux parties égales toute l'épaisseur du gâteau fournirait les fonds de toutes les cellules. Mais ces fonds plats ne s'accorderaient pas avec les conditions de la plus grande capacité combinée avec la plus grande épargne de cire. En réalité, chaque cellule est un tuyau hexagone posé sur une base pyramidale. Le fond de chaque cellule est un angle solide formé par la réunion de trois pièces, de trois lames de cire quadrilatères. C'est là le point le plus

du même point (N = 6). De ces trois solutions, les seules possibles, l'hexagone remplit la condition d'envelopper la plus grande surface à périmètre égal, puisqu'il contient le plus de côtés; c'est aussi la solution des Abeilles. Mais ce n'est là encore que la partie la plus simple du problème et la seule accessible aux éléments de la géométrie. — J.-H. F.

difficile du problème, résolu pour les Abeilles par Celui qui les a si bien instruites.

Maraldi, qui a si bien étudié la figure des cellules et la manière dont elles sont disposées les unes par rapport aux autres, a trouvé que chacune des trois pièces dont nous venons de parler est un rhombe dont les deux grands angles ont chacun à peu près 110 degrés, et dont les petits angles en ont par conséquent chacun environ 70. Nous devons donc nous représenter le fond de chaque cellule comme une cavité pyramidale formée de trois rhombes égaux.

La disposition des cellules les unes par rapport aux autres serait assurément ce que les Abeilles auraient trouvé de plus admirable si elles pouvaient l'avoir imaginé. L'arrangement des cellules de l'une des deux couches, des cellules dont les ouvertures sont sur une même face du gâteau, n'a cependant rien de remarquable dès qu'on sait qu'elles sont hexagones ; on voit assez comment elles peuvent être ajustées les unes auprès des autres sans laisser aucun vide. Mais quand on considère la seconde couche, celle des cellules qui ont leur ouverture sur la face opposée du gâteau, il n'est pas aussi aisé de voir comment elles peuvent être placées, sans que les bases pyramidales des cellules de la première couche obligent à laisser des vides entre les bases des cellules de la seconde couche. Pour qu'il n'y eût point de ces sortes de vides, et pour épargner la cire, il n'y avait rien de mieux que de faire servir de bases à une couche de cellules les bases mêmes de l'autre. C'est aussi ce que font les Abeilles. Chaque cellule d'une couche a un des rhombes de sa base appliqué contre un des rhombes d'une cellule de l'autre couche. Trois cellules de la première, qui se touchent, fournissent la base complète d'une cellule de la seconde couche ; et réciproquement trois cellules de la seconde couche, qui se touchent, fournissent la base à une cellule de la première ; car les bases n'appartiennent pas plus aux cellules d'une couche qu'aux cellules de l'autre. Si nous nous représentons trois cellules contiguës d'une même face, n'importe laquelle, nous concevrons que leurs trois bases pyramidales laissent entre elles un vide pyramidal précisément pareil à celui de l'intérieur de la base d'une cellule. Il est de même formé par trois rhombes égaux. En un mot, par la réunion de ces trois bases, il se forme une cavité pyramidale, exactement pareille à celle qui fait le fond de chacune des cellules de l'autre face, mais tournée dans un sens directement contraire. Si l'on élève sur les six côtés des rhombes qui forment le périmètre de cette cavité les six lames qui doivent limiter le tube hexagone, on aura une cellule égale aux trois autres, mais tournée vers un côté opposé, enfin une cellule de l'autre couche. Chacune des trois cellules contiguës de la première couche fournit un des rhombes de sa base pour former la base complète de cette cellule.

Il faut être aussi habile en géométrie qu'on l'est devenu depuis que les nouvelles méthodes ont été découvertes, pour connaître la perfection des règles que les Abeilles suivent dans leur travail. Nous allons le prouver. Maraldi, après avoir mesuré avec grand soin les angles de ces trois rhombes égaux dont le fond de l'alvéole est formé, a trouvé que les Abeilles donnent à chacun des deux grands angles opposés de chaque rhombe à peu près 110°, et à peu près 70° à chacun des deux petits angles. Les figures des fonds pyramidaux, faits par trois rhombes égaux, peuvent cependant varier à l'infini ; il peut y avoir une infinité de variétés dans les angles des rhombes employés ; c'est-à-dire que les fonds peuvent être des pyramides plus écrasées, plus mousses que celles pour lesquelles les Abeilles se sont déterminées, au contraire des pyramides plus allongées, plus pointues. Dans une suite infinie de pyramides, les Abeilles avaient donc à en choisir une. Or elles ont précisément choisi celle qui présente le plus d'avantages, celle qui avec la moindre quantité de cire dépensée donne à la cellule la plus grande capacité sans laisser d'intervalle inoccupé. Mais ce n'est pas à elles que doit revenir l'honneur du choix. Ce choix a été fait par une intelligence qui voit l'immensité des suites infinies de tous genres, et toutes leurs combinaisons, plus lumineusement et plus distinctement que l'unité ne peut être vue par nos Archimèdes modernes.

Après avoir fait admirer la disposition des rhombes à M. Kœnig, digne élève en mathématiques des Bernouilli et des Wolf, je lui proposai de résoudre le problème suivant : *Entre toutes les cellules hexagones à fond pyramidal, composé de trois rhombes égaux, déterminer celle qui peut être construite avec le moins de matière.* — M. Kœnig, qui a fait ses preuves de la facilité qu'il a de résoudre les plus hauts problèmes, fut touché de celui-ci. Il en trouva la solution. Le rhombe déterminé par ses calculs avait précisément, à deux minutes près, les angles que Maraldi avait trouvés par des mesures directes à chaque rhombe des cellules d'Abeilles. Le calcul donnait 109 degrés 26 minutes pour le grand angle du rhombe, 70 degrés 34 minutes pour le petit. Quand Maraldi a donné les mesures les plus précises de ces angles, il a fixé les grands à 109 degrés 28 minutes, et les petits à 70 degrés 32 minutes. Un tel accord entre la théorie et l'observation directe assurément a de quoi surprendre [1].

Lorsqu'on compare grossièrement une cellule à fond plat avec une cellule à fond pyramidal, on est assez porté à croire que c'est la première qui consomme le moins de cire pour une même capacité. Il n'en est rien cependant. Le calcul établit qu'en préférant les fonds pyramidaux aux fonds plats les Abeilles ménagent en entier la quantité de cire qui serait nécessaire pour former un fond plat, la capacité restant la même [2]. Quelle idée l'ancien géomètre

1. L'accord est plus parfait encore que ne le croyait Réaumur, car le calcul donne pour les deux angles 109° 28′ 16″ et 70° 31′ 44″, c'est-à-dire les angles mêmes mesurés par Maraldi abstraction faite des secondes. Les valeurs fautives de Kœnig proviennent apparemment d'une erreur dans le maniement des tables trigonométriques. — J.-H. F.

2. Encore une petite erreur dans le calcul du géomètre allemand. L'économie en cire n'équivaut pas à un fond plat ; elle est environ cinq fois et demie moindre, d'après d'autres calculateurs plus exacts. — J.-H. F.

Pappus n'eût-il pas eue de la géométrie des Abeilles, si, outre les avantages du tube hexagone, il eût connu ceux du fond pyramidal! Il fallait que les méthodes des nouveaux calculs fussent découvertes et que nous fussions en état de résoudre, par les moyens de l'analyse des infiniment petits, les questions de *maximis* et *minimis*, pour savoir à quel point de perfection et d'économie l'architecture des Abeilles est portée.

RÉAUMUR.

LVI

Construction des alvéoles par les Abeilles.

Buffon ne partage pas les idées de Réaumur sur le travail des Abeilles; il ne voit dans leur architecture qu'un fait indépendant de toute vue, de toute connaissance, de tout raisonnement, et compare les effets produits par la réunion de dix mille Abeilles travaillant à la construction des gâteaux de cire, à ceux qui pourraient résulter de l'agglomération de dix mille automates animés d'une même impulsion et parfaitement semblables entre eux.

De la conformité de leurs mouvements il résultera nécessairement un ouvrage régulier; et si nous accordons à ces automates le plus petit degré de sentiment, celui seulement qui est nécessaire pour sentir son existenee, tendre à sa propre conservation, éviter les choses nuisibles, apprêter les choses convenables, l'ouvrage sera non seulement régulier, proportionné, semblable, égal, mais il aura encore l'air de la symétrie, de la solidité, de la commodité, au plus haut point de perfection, parce que, en le formant, chacun de ces dix mille individus a cherché à l'arranger de la manière la plus commode pour lui, et qu'il a été forcé en même temps d'agir et de se placer de la manière la moins incommode aux autres.

La forme hexagonale n'est ici qu'un résultat mécanique

qui se trouve souvent dans la nature et que l'on remarque même dans les productions les plus brutes. Qu'on remplisse, par exemple, un vaisseau de pois et qu'on le ferme exactement, après y avoir versé autant d'eau que les intervalles entre ces graines peuvent en contenir; en se gonflant d'humidité, ces pois deviendront polyédriques. On en voit clairement la raison, qui est purement mécanique : chaque graine, dont la figure initiale est ronde, tend, par son gonflement, à occuper le plus d'espace possible. Les pois deviennent donc nécessairement polyédriques par la compression réciproque. Chaque Abeille cherche de même à occuper le plus d'espace possible dans un espace donné; il est donc nécessaire aussi, puisque le corps des Abeilles est rond, que leurs cellules soient des prismes hexagones, par la même raison des obstacles réciproques.

BUFFON.

Réaumur, Mairan, Charles Bonnet, ont eu des idées bien différentes de celles de Buffon sur l'architecture des Abeilles. Il n'a pas été difficile à Bonnet de réfuter l'illustre naturaliste et de montrer combien peu ses assertious étaient fondées. Si Buffon avait connu la configuration en pyramide des fonds, bien autrement surprenante que la forme hexagonale des prismes, nous avons peine à croire qu'il eût pu se défendre lui-même de l'enthousiasme et de l'admiration qu'il condamne. S'il avait suivi dans tous ses détails l'établissement de l'édifice; s'il avait vu la matière d'une même cellule façonnée successivement par un grand nombre d'individus de la ruche, qui se relayent les uns les autres, se corrigent mutuellement lorsque besoin en est, il eût cessé de dire que l'architecture, la géométrie, l'ordre, la prévoyance, sont uniquement fondés sur l'admiration de l'observateur. Quelle que soit l'interprétation que les recherches futures réservent aux alvéoles des Abeilles, nous ne craignons pas qu'elle démente le sentiment religieux dont l'illustre Réaumur était pénétré, lorsqu'il écrivait que ce n'était pas aux Abeilles qu'il fallait rapporter l'honneur de leurs ouvrages, mais à une Intelligence qui voit l'immensité des suites infinies de tout genre et toutes les combinaisons.

L. LALANNE.

Un grand naturaliste (Buffon) a cru réduire le travail géométrique des Abeilles à sa juste valeur, en le considérant comme le simple résultat d'une mécanique assez grossière. Il a pensé que les Abeilles, pressées les unes contre les autres, faisaient prendre naturellement à la cire une forme hexagonale, comme des boules d'une matière molle, qui, pressées les unes contre les autres, revêtent une figure polyédrique. Je sais gré à ce naturaliste de s'être tenu en garde contre les séductions du merveilleux; je voudrais avoir à le louer encore sur la justesse de sa comparaison; mais on va voir qu'il s'en faut bien que le travail des Abeilles résulte d'une mécanique aussi simple que celle qu'il lui a plu d'imaginer.

On n'a pas oublié que les cellules des Abeilles ne sont pas simplement des tubes hexagones : ces tubes ont un fond pyramidal formé de trois pièces en losanges ou de trois rhombes. Or, les Abeilles commencent par façonner un de ces rhombes, et c'est de la sorte qu'elles jettent les premiers fondements de la cellule. Sur deux des côtés extérieurs de ce rhombe, elles élèvent deux des pans de la cellule. Elles façonnent ensuite un second rhombe, qu'elles lient au premier en lui donnant l'inclinaison qu'il doit avoir; et, sur ses deux côtés extérieurs, elles élèvent deux nouveaux pans de l'hexagone. Enfin, elles construisent le troisième rhombe et les deux derniers pans. Tout cet ouvrage est d'abord assez massif et ne doit pas demeurer tel. Les habiles ouvrières s'occupent donc à le perfectionner, à l'amincir, à le polir, à le dresser. Leurs dents leur tiennent lieu de rabot, de lime. Une vraie langue charnue, placée à l'origine de la trompe, aide encore au travail des dents. Un bon nombre d'ouvrières se succèdent dans ce travail; ce que l'une n'a qu'ébauché, une autre le finit un peu plus; une troisième le perfectionne; et, quoiqu'il ait passé ainsi par tant de mains, on le dirait jeté au moule.

Ces gâteaux où brille une si profonde géométrie seraient-ils l'ouvrage d'insectes géomètres? Qui ne voit que plus l'ouvrage est géométrique, moins il suppose de géométrie dans l'ouvrier. Il saute aux yeux que le géomètre est ici l'Auteur de l'insecte.

CH. BONNET.

François Huber, se servant de ruches vitrées, nous fait assister à la construction des alvéoles.

Nous vîmes une ouvrière se détacher d'une des guirlandes centrales de la grappe des Abeilles, fendre la presse en écartant ses compagnes, chasser à coups de tête les chefs de file qui étaient accrochés au sommet de la voûte, et former en tournant un espace vide, dans lequel elle pouvait se mouvoir librement. Elle se suspendit alors au centre du champ qu'elle avait déblayé et dont le diamètre était de douze à treize lignes.

Nous la vîmes aussitôt saisir une des plaques de cire qui débordaient ses anneaux. Dans ce but, elle approcha de son ventre une des jambes de la troisième paire, elle l'appliqua immédiatement contre son corps, ouvrit la pince dont elle est armée, insinua adroitement la dent de sa brosse sous la lame qu'elle voulait enlever, referma l'instrument, fit sortir la plaque de cire de la loge où elle était engagée, et la prit enfin avec les ongles de ses jambes antérieures pour la porter à la bouche.

L'abeille tenait alors cette lame dans une position verticale. Nous nous aperçûmes qu'elle la faisait tourner entre ses dents à l'aide des crochets de ses premières jambes. En passant sous le tranchant des mâchoires, le bord de cette lame fut bientôt brisé et concassé. Les parcelles de cire qui s'en détachèrent, pressées par d'autres nouvellement hachées, roulèrent du côté de la bouche et sortirent de cette espèce de filière sous la forme d'un ruban fort étroit. Ils se présentèrent ensuite à la langue. Celle-ci les imprégna d'une liqueur écumeuse en exécutant les manœuvres les plus variées. Tantôt elle s'aplatissait comme une spatule, tantôt c'était une truelle qui s'appliquait sur le ruban de cire, d'autres fois elle s'offrait sous l'aspect d'un pinceau terminé en pointe.

Après avoir enduit tout le ruban de cire de la liqueur dont la langue était chargée, l'Abeille le fit de nouveau passer entre les mâchoires et le réduisit en fragments. Elle appliqua enfin ces parcelles de cire contre la voûte de la ruche. Le gluten dont elle les avait imprégnées facilitait leur adhésion. Elle les sépara alors d'un coup de dent de celles qui n'étaient pas encore mises en œuvre. L'Abeille fondatrice (ce nom lui est bien acquis) continua cette manœuvre jusqu'à ce que tous les fragments qu'elle avait hachés fussent attachés à la voûte. Elle commença alors à faire tourner entre ses dents le reste de la lame qu'elle avait tenu écarté pendant l'imprégnation du ruban. Toute la partie qui était demeurée intacte dans la première opération fut employée dans celle-ci et de la même manière. Une seconde, une troisième plaque furent mises en œuvre par la même Abeille; mais l'ouvrage n'était qu'ébauché, il ne présentait encore que des matériaux prêts à recevoir toute espèce de forme. L'ouvrière ne se donnait pas la peine de comprimer les molécules de cire, il lui suffisait qu'elles adhérassent ensemble.

Cependant l'ouvrière fondatrice quitta la place et se perdit au milieu de ses compagnes. Une autre lui succéda. Celle-ci avait de la cire sous les anneaux. Elle se suspendit au même endroit où venait de travailler celle qui l'avait précédée, saisit une de ses plaques, la fit passer entre ses dents et se mit en devoir de continuer l'ouvrage commencé. Elle ne déposait point au hasard les fragments de cire qu'elle avait mâchés; le petit tas qu'avait fait sa compagne la dirigeait, car elle fit le sien dans le même alignement et les unit l'un à l'autre.

Une troisième Abeille se détacha des couches intérieures de la grappe; elle se suspendit au plafond, réduisit en pâte molle quelques-unes de ses lames, et plaça les matériaux qu'elle avait à sa disposition auprès de ceux que ses compagnes venaient d'accumuler. Mais ils n'étaient pas arrangés de la même manière, ils faisaient angle avec les premiers. Une autre ouvrière s'en aperçut, et sous mes yeux enleva cette cire mal placée pour la porter auprès du premier tas et lui donner la même direction.

Il résultait de toutes ces opérations un bloc dont les surfaces étaient raboteuses, et qui descendait perpendiculairement au-dessous de la voûte. On n'apercevait aucun angle, aucune trace de la figure des alvéoles dans ce premier travail des Abeilles.

Enfin les Abeilles se disposèrent à sculpter sous nos yeux le bloc informe qu'elles venaient de poser. Une Abeille quitta la grappe, tourna autour du bloc et, après avoir visité ses deux faces, se fixa sur celle qui était de notre côté. L'ouvrière se plaça de manière que sa tête répondit au milieu du bloc; elle la remuait avec vivacité; ses dents agissaient contre la cire, mais n'enlevaient des fragments de cette matière que dans un espace très borné et à peu près égal au diamètre d'une alvéole. Il restait donc, à droite et à gauche du creux qu'elle formait, un espace dans lequel le bloc était encore brut.

L'Abeille, après avoir haché et humecté les particules de cire, les déposait sur les bords du creux. Quand elle eut travaillé quelques instants, elle s'éloigna. Une autre aussitôt la remplaça, s'établit dans la même position, la même attitude et continua l'ouvrage ébauché. Une troisième Abeille prit sa place, approfondit le creux, accumula la cire à droite et à gauche, rehaussa les bords latéraux déjà saillants de la cavité et leur donna une forme plus droite. C'était à l'aide de ses dents et de ses pattes antérieures qu'elle comprimait et fixait les particules de cire. Plus de vingt Abeilles concoururent successivement au même travail.

Ce premier fond de cellule n'était pas achevé lorsque nous vîmes une Abeille, sortie de la grappe formée par la réunion des ouvrières, faire le tour du bloc de cire et choisir la face opposée pour l'objet de ses travaux. Ce qu'il y eut de très remarquable, c'est qu'au lieu de se porter au centre même du bloc, comme les précédentes, elle se plaça de manière que ses dents agissaient seulement dans une des moitiés de cette face, de sorte que le milieu du creux qu'elle pratiquait se trouvait à l'opposite de l'une des petites saillies qui bordaient le creux de la face opposée. A peu près en même temps, une autre ouvrière vint travailler à la droite de celle-ci, dans la partie du bloc qu'elle avait laissée intacte. Ces Abeilles creusèrent donc, l'une à côté de l'autre, deux cavités; elles furent remplacées par plusieurs autres qui contribuèrent chacune à son tour et séparément à leur donner la profondeur et la forme convenables. Les deux cavités adjacentes n'étaient séparées que par le rebord commun, formé de l'amas des particules de cire tirées de leur intérieur. Ce rebord correspondait avec le milieu de la cavité creusée au centre du bloc, sur la face opposée, par d'autres ouvrières. Ainsi une partie des deux cavités postérieures était adossée à la cavité antérieure. Ces cavités étaient de même diamètre; elles furent bordées, comme celles de la face antérieure, par de petites saillies qui, lorsque les fonds seront sculptés, serviront de base aux pans verticaux des alvéoles.

Mais, tandis que les Abeilles s'occupaient à polir et à perfectionner ces fonds, d'autres ouvrières commencèrent l'ébauche d'un second rang de cellules sur les deux faces du bloc. Leur travail suit en général une marche combinée, et l'ouvrage fait sur une face est déjà un commencement de celui qui doit avoir lieu sur la face opposée. Tout cela se tient par une relation réciproque, par un rapport mutuel des parties qui les rend toutes dépendantes les unes des autres. Ainsi l'on ne peut douter qu'une petite irrégularité qui aurait lieu dans le travail de ces insectes sur l'une des faces n'altérât d'une manière analogue la forme des cellules situées sur le revers.

Comment expliquer cette marche combinée dans leurs opérations? par quel moyen les Abeilles postées sur l'une des faces du bloc de cire peuvent-elles déterminer l'espace dans lequel elles doivent creuser pour établir, d'une manière invariable, les rapports mutuels de ces fonds ? On ne voit point les Abeilles visiter alternativement les deux faces du bloc pour comparer la position respective des cavités qu'elles ébauchent; la nature ne les a pas instruites à prendre ces mesures, qui nous sembleraient indispensables pour la construction d'un ouvrage aussi régulier. Ces insectes se bornent à tâter avec leurs antennes la face du bloc qu'ils doivent sculpter et paraissent suffisamment éclairés, par cette seule inspection, pour exécuter un ouvrage très compliqué et dans lequel tout semble combiné avec une grande exactitude.

Les Abeilles n'enlèvent pas une parcelle de cire que leurs antennes n'aient d'abord palpé la surface qu'il s'agit de sculpter; elles ne se confient à leurs yeux seuls pour aucune de leurs opérations; mais, au moyen de leurs antennes, elles peuvent exécuter dans l'obscurité même ces gâteaux, que l'on regarde avec raison comme la plus admirable production des insectes. Cet organe est un instrument si flexible, qu'il se prête à l'examen des parties les plus déliées et des pièces les plus contournées; il peut leur tenir lieu de compas quand il s'agit de mesurer de très petits objets, comme le bord d'une cellule, par exemple.

F. Huber.

Pendant que les Abeilles prolongent les pans d'un tuyau hexagone, d'autres ébauchent les bases de nouvelles cellules; d'autres mettent à profit les bases de celles d'une des faces du gâteau pour construire des cellules sur l'autre face, car elles travaillent à la fois aux alvéoles des deux côtés. De quelque adresse que les Abeilles soient douées, ce n'est qu'avec du temps et bien de la peine qu'elles parviennent à dresser les parois des cellules, les rendre aussi minces et unies qu'elle doivent l'être. Si l'Abeille qui dégrossit une partie de la cellule et commence à lui faire prendre forme voulait d'abord la rendre aussi mince qu'elle doit le devenir par la suite, elle n'y réussirait pas. Cette partie, trop faible pour résister au poids et au mouvement de l'Abeille, se briserait. Aussi l'ouvrière lui donne d'abord de la solidité, du massif, beaucoup au delà de ce qu'il convient qu'il lui en reste. D'autres Abeilles sont chargées de limer, pour ainsi dire, de perfectionner et de polir ce qui est encore brut. Dans la plupart des ouvrages de l'homme, le travail de finir est celui qui demande le plus de temps; il suffit de peu de fondeurs pour fournir assez de besogne à un très grand nombre de ciseleurs. La majorité des ouvrières en cire est pareillement occupée à travailler les dedans des cellules, à les perfectionner. La place ne permet pourtant qu'à une Abeille à la fois de dresser et d'aplanir les parois intérieures d'une cellule. Mais comme le nombre des cellules est considérable, et que chaque ouvrière ne reste pas longtemps dans celle où elle est entrée, c'est de tous les travaux des Abeilles celui dans lequel on a le plus d'occasion de les observer. On parvient aisément à voir une Abeille qui fait entrer sa tête dans une alvéole; et, quand elle ne l'y enfonce pas bien avant, on aperçoit qu'elle ratisse les parois avec le bout de ses dents, qu'elle les fait agir l'une contre l'autre avec une admirable activité et sans interruption, pour détacher de petits fragments de cire, des espèces de copeaux. Les dents qui les ont détachés ne les laissent pas tomber : l'Abeille en fait une petite boule, grosse comme une tête d'épingle, sort de la cellule et va porter cette cire ailleurs. Elle n'est pas plus tôt sortie, qu'une autre Abeille prend sa place pour continuer le même ouvrage. Celle-ci entre comme la première avait fait, la tête la première dans l'alvéole; elle y entre plus avant si les points à polir sont plus proches du fond. Quand c'est sur le fond même qu'il faut travailler, l'Abeille est tout entière dans la cellule; à peine le bout de son ventre excède-t-il un peu les bords de l'ouverture.

RÉAUMUR.

LVII

Ressources de l'instinct.

Les Abeilles travaillent en montant ou en descendant, c'est-à-dire établissent leurs gâteaux dans une position verticale à la partie supérieure ou à la partie inférieure de la ruche. Nous essayâmes de les dérouter en les plaçant dans une ruche dont les fonds supérieurs et inférieurs étaient entièrement vitrés, de sorte qu'il ne leur restait plus de points d'appui pour leurs gâteaux et pour elles-mêmes que sur les parois verticales de leur demeure.

Elles se formèrent en grappe dans un des angles de la ruche et se mirent à construire leurs rayons perpendiculairement à l'un des plans verticaux de la ruche. L'ouvrage était aussi régulier que celui qu'elles font au-dessous d'un plan horizontal. Ce résultat était déjà très remarquable, car les Abeilles, accoutumées à sculpter en descendant, étaient obligées de bâtir leurs rayons sur un plan qui ne leur sert pas de base dans les circonstances naturelles.

Je mis ces Abeilles à une épreuve bien plus forte encore. Ayant observé qu'elles tendaient à conduire leurs gâteaux par le plus court chemin vers la partie opposée, j'imaginai de couvrir d'une glace la planche contre laquelle elles paraissaient vouloir souder leurs constructions. Je savais que, lorsqu'elles peuvent opter, elles préfèrent souder leurs constructions contre le bois et qu'elles ne se résolvent à travailler sur le verre qu'après avoir épuisé toutes les autres manières de solidifier leur construction; je m'attendais cependant à les voir, une fois arrivées auprès de la glace, essayer d'établir quelques liens entre le gâteau et la surface du verre, sauf à lui donner par la suite des attaches plus solides; mais j'étais loin d'imaginer le parti qu'elles devaient prendre.

Aussitôt que la planche fut cachée par la surface unie et glissante du verre, les Abeilles quittèrent la ligne directe qu'elles avaient suivie juqu'alors; elles continuèrent leur travail, mais en soudant leurs rayons à angle droit et de manière que leur extrémité antérieure pût atteindre, en se prolongeant, l'une des parois de bois que j'avais laissées à découvert.

Je variai cette expérience de plusieurs manières, et je vis constamment les Abeilles changer la direction de leurs gâteaux lorsque je leur présentais un plan trop uni, et choisir toujours celle qui pouvait les amener vers la paroi ligneuse. Je les obligeais à recourber leurs rayons et à leur donner les formes les plus bizarres en les poursuivant au moyen d'une glace, que je plaçais à une certaine distance ou devant les bords de la construction.

Ces résultats annoncent un instinct vraiment admirable : ils supposent même plus que de l'instinct, car le verre n'est point une substance contre laquelle la nature ait dû prémunir les Abeilles : il n'y a rien dans le creux des arbres, leur demeure naturelle, qui ressemble à une glace et en ait le poli. Ce qu'il y avait de plus singulier dans ce travail, c'est qu'elles n'attendaient pas d'être arrivées auprès de la surface du verre pour changer la direction des rayons ; elles choisissaient de loin celle qui leur convenait. Avaient-elles donc pressenti les inconvénients qui pouvaient résulter de l'appui glissant du verre?

La manière dont elles s'y prenaient pour souder leurs rayons n'était pas moins curieuse. Il fallait nécessairement qu'elles changeassent à chaque coude l'ordre habituel de leur travail et la dimension des cellules sur la face concave et sur la face convexe du gâteau. Elles donnaient alors beaucoup plus de largeur aux cellules occupant la face convexe qu'à celles de la face opposée et concave; les premières cellules avaient deux ou trois fois plus de diamètre que les autres. Comprend-on comment tant d'insectes occupés à la fois sur les bords des rayons pouvaient convenir de leur donner la même courbure d'une extrémité à l'autre ; comment ils se décidaient à construire sur une face de si petites cellules, tandis que sur l'autre ils leur donnaient des dimensions exagérées pour balancer l'excès de longueur de la face convexe sur la face concave; et peut-on assez s'étonner qu'ils eussent l'art de faire correspondre ensemble des cellules de différentes grandeurs? Le fond de ces cellules étant commun à celles des deux faces, c'étaient seulement leurs tubes qui prenaient une forme plus ou moins évasée. Peut-être aucun insecte n'a-t-il encore fourni une preuve plus forte des ressources que l'instinct peut trouver, lorsqu'il est forcé de sortir de ses voies ordinaires.

F. HUBER.

Observons actuellement les Abeilles dans des circonstances naturelles. Les cellules devant servir de berceau à des individus de différente taille, il faut que le calibre de ces loges soit proportionné à l'objet de leur destination. Les ouvrières chargées du soin de construire des cellules de mâles doivent donc adopter des dimensions plus grandes que celles qu'elles suivent en bâtissant des cellules ordinaires ou des cellules de neutres; mais ces loges plus amples ont la forme habituelle, leurs fonds sont composés de trois rhombes, leurs prismes de six pans, et leurs angles sont égaux à ceux des petites cellules. Le diamètre des cellules d'ouvrières est de 2 lignes 2/5, celui des cellules de mâles est de 3 lignes 1/3.

Les cellules des mâles occupent ordinairement le milieu des gâteaux ou leurs parties latérales; elles n'y sont pas isolées, mais font corps ensemble et correspondent les unes aux autres sur les deux faces du gâteau. On ne saurait trop admirer avec quel art les Abeilles parviennent à bâtir tour tour des cellules d'un grand et d'un petit diamètre, sans que leur ouvrage présente de disparate trop saillant. Lorsqu'elles doivent sculpter des cellules de mâles à la suite des cellules d'ouvrières, elles font plusieurs rangs d'alvéoles intermédiaires dont le diamètre augmente progressivement jusqu'à ce qu'il ait atteint celui qui est dévolu aux cellules de mâles; et par la même raison, quand les Abeilles veulent revenir aux loges d'ouvrières, elles passent par une gradation décroissante jusqu'au diamètre ordinaire des cellules de cette classe.

On voit ordinairement trois ou quatre rangs de cellules intermédiaires. Les premières cellules de mâles participent encore à l'irrégularité des arêtes d'après lesquelles elles sont formées; là se trouvent des fonds qui correspondent à quatre cellules au lieu de trois. A mesure qu'on s'éloigne des cellules de transition, on trouve que celles des mâles deviennent plus régulières et finissent par être sans défaut. L'irrégularité recommence aux confins des cellules de mâles et ne disparaît qu'après plusieurs rangs de celles d'ouvrières à formes bizarres.

On avait souvent observé des irrégularités dans les cellules des Abeilles; Réaumur, Bonnet et plusieurs autres naturalistes en citent des exemples comme autant d'imperfections. Quel eût été leur étonnement s'ils avaient remarqué qu'une partie de ces anomalies est calculée; qu'il existe, pour ainsi dire, une harmonie mobile dans le ménanisme de la construction des gâteaux. Si, par un effet de l'imperfection de leurs organes, les Abeilles faisaient quelques-unes de leurs cellules inégales ou de pièces mal dressées, il y aurait encore quelque talent à savoir les réparer et a compenser cette faute par d'autres irrégularités. Il est bien plus étonnant qu'elles sachent quitter la voie ordinaire pour bâtir des cellules de mâles, et qu'elles soient instruites à varier les dimensions et les formes de chaque pièce pour arriver à un nouvel ordre régulier? et qu'enfin, après avoir construit trente à quarante rangs de cellules de mâles, elles quittent de nouveau l'ordre régulier afin d'arriver, par des diminutions successives, au point d'où elles étaient parties.

Comment ces insectes peuvent-ils se tirer d'un pas aussi difficile, d'une construction aussi compliquée; comment passent-ils du petit au grand, du grand au petit, d'un plan régulier à des formes bizarres et de celles-ci à des formes symétriques? C'est ce qu'aucun système connu ne saurait expliquer.

F. HUBER.

Dans une de mes ruches de verre, un gâteau, non suffisamment assujetti, tomba entre les autres gâteaux, menaçant tout l'édifice d'un éboulement. C'était au cœur de l'hiver. Ne pouvant se procurer des matériaux au dehors pour consolider leur ouvrage et réparer le désastre, les Abeilles prirent de la cire au bas des autres rayons en rongeant le bord des alvéoles les plus allongées, puis se portèrent en foule les unes sur les bords du gâteau tombé, les autres entre ses parois et celles des rayons voisins. Là, elles construisirent plusieurs liens de structure irrégulière, situés soit entre les verres de la ruche et le gâteau tombé, soit entre les gâteaux respectifs. C'étaient des piliers, des arcs-boutants, des solives, disposés avec art et adaptés aux localités.

Elles ne se bornèrent pas à réparer les accidents éprouvés par leur édifice; elles songèrent à ceux qui pouvaient survenir et parurent profiter de l'avertissement que leur avait donné la chute de l'un des gâteaux pour consolider les autres et prévenir un second événement du même genre.

Les autres gâteaux n'avaient pas été déplacés, ils paraissaient solides sur leurs bases; aussi fûmes-nous très surpris de voir les Abeilles fortifier leurs attaches avec de la vieille cire, en les rendant plus épaisses qu'elles ne l'étaient auparavant. Elles fabriquèrent une foule de nouveaux liens pour les unir plus étroitement entre eux et les souder plus fortement aux parois de leur habitation. Tout cela se passait au milieu de janvier, à une époque où les Abeilles se tiennent ordinairement en repos dans le haut de la ruche et où les travaux ne sont plus de saison pour elles. Je l'avouerai : je ne sus me défendre d'un sentiment d'admiration pour un trait où semblait briller la prudence la plus consommée.

F. Huber.

LVIII

La Récolte.

Velue qu'elle est sur tout le corps, l'Abeille n'entre pas dans une fleur bien épanouie sans se rouler, se frotter contre les étamines et s'enfariner de pollen. C'est alors que les poils dont elle est hérissée lui sont d'un grand usage. Les grains de pollen, qui glisseraient s'ils ne touchaient qu'une écaille luisante, sont arrêtés dans sa forêt de poils. L'Abeille devient donc toute poudrée, assez ordinairement en jaune, d'autres fois en rouge ou en blanc jaunâtre, suivant les fleurs qu'elle visite. Avant de retourner à la ruche, elle a soin de se nettoyer, de se brosser. Elle a des brosses plates aux quatre pattes postérieures, elle en a surtout de très grandes aux pattes de derrière. En outre, les pattes de devant, chargées de poils entre la quatrième et la cinquième articulation, ont aussi en ce point une espèce de brosse ronde. L'insecte peut donc facilement balayer la poussière d'étamines dont il est poudré, en passant et repassant ses diverses brosses sur toutes les parties du corps. Mais l'Abeille n'a garde de faire tomber cette poussière à terre, comme nous cherchons à le faire quand nous ôtons la poussière à nos habits. Cette poussière est précieuse pour elle, aussi l'amasse-t-elle en deux petites pelotes de figure plus ou moins arrondie et assez souvent lenticulaire.

Deux places sont préparées pour recevoir les pelotes de pollen : ce sont les cavités triangulaires bordées de poils, les corbeilles ou palettes des jambes postérieures. Dans chacune de ces cavités, l'Abeille porte tour à tour les grains de pollen, ou plus exactement de petites masses de ces grains, qu'elle réunit pour en composer une plus grosse masse. Quand l'Abeille trouve de quoi faire une bonne récolte, elle donne à la charge de chaque palette la grosseur d'un grain de poivre un peu aplati. Pendant qu'elle est occupée à brosser les poussières attachées à ses poils, qu'elle les fait passer d'une patte à l'autre et qu'elle les empile sur les palettes, ses mouvements sont si rapides qu'il est impossible de les suivre. Si la fleur est incomplètement épanouie, l'Abeille visite une à une les anthères, choisit les plus voisines de leur point de maturité et les ouvre avec ses mandibules. Les deux brosses des pattes de devant se mettent alors en contact avec les mandibules et se chargent de quelques grains. En se retirant en arrière, chacune des premières pattes cède sa poussière aux brosses de la seconde paire, qui la déposent enfin sur les palettes où l'Abeille la fixe à petits coups répétés. Elle la tape trois à quatre fois de suite avec la brosse comme on tape avec une pelle de bois de la terre molle que l'on veut façonner.

Les Abeilles ne retournent pas toutes à la ruche avec une charge égale. Toutes peut-être ne sont pas également bonnes ouvrières, et puis il y en a qui ont le bonheur de trouver des fleurs plus riches en pollen. Quand elle est petite, la pelote n'excède pas les bords de la jambe; mais les grosses pelotes vont bien par delà. Elles sont collées contre les poils, qui les maintiennent en place. La couleur des pelotes varie suivant les fleurs où l'Abeille a butiné : il y en a de jaunes, de rouges, de blanches, de vertes, mais les jaunes sont les plus fréquentes. Dans la saison des travaux, les Abeilles font provision de pollen tant que dure la floraison. Presque toutes les Abeilles qui rentrent à la ruche sont chargées de deux pelotes de poussières polliniques.

Une autre récolte bien importante des Abeilles est celle des liqueurs sucrées que beaucoup de fleurs laissent transsuder au fond de leurs corolles. La trompe est l'instrument de cette récolte. A peine l'Abeille s'est-elle posée sur une fleur bien épanouie, qu'elle plonge sa trompe au fond de la corolle et l'applique à la naissance des pétales. Cette trompe se meut dans tous les sens, s'allonge, se raccourcit, se contourne, s'infléchit, suivant que les parties explorées sont convexes ou concaves. Elle fait office de langue léchant une liqueur. Sa surface velue s'enduit du nectar de la fleur. L'Abeille plie le bout de sa trompe, l'allonge et le raccourcit tour à tour, le retire de temps à autre, lui fait décrire des sinuosités, et rend, par intervalles, sa surface supérieure concave, comme pour ménager une pente, vers la bouche, à la liqueur dont elle est chargée. En raccourcissant sa trompe de manière à la faire entièrement rentrer dans la bouche, elle porte et dépose le suc mielleux dans l'œsophage qui le conduit dans l'estomac. C'est donc en léchant leurs surfaces sucrées que l'Abeille enlève le nectar des fleurs;

sa trompe, aidée dans ce mouvement par la pression ondulatoire des autres pièces de la bouche, agit exactement comme la langue d'un chien lapant un liquide. L'Abeille rentre ainsi à la ruche avec deux genres de récolte : les pelotes de pollen chargées sur les palettes des pattes postérieures, et le liquide sucré des fleurs dont l'estomac est plein.

RÉAUMUR. — VICTOR RENDU.

LIX

Les Provisions.

En rentrant dans la ruche avec ses deux pelotes de pollen, l'Abeille se rend aux gâteaux, se fixe quelque part et agite ses ailes. Elle semble, par ses mouvements et le bruit qu'elle produit, inviter ses compagnes à la venir trouver. Trois ou quatre autres accourent bientôt et travaillent officieusement à la décharger de ses fardeaux. Chacune prend entre ses mandibules sa petite portion des pelotes de pollen et ne tarde guère à en venir prendre une seconde et même une troisième, si d'autres Abeilles ne se sont pas présentées pour en avoir leur part. En un mot, les deux pelotes sont souvent enlevées et mangées par les Abeilles présentes, surtout dans les temps du fort du travail, quand les ouvrières, pressées de meubler de gâteaux un logement nouveau, reçoivent la nourriture du petit nombre qui va butiner.

Mais si la ruche est bien meublée, et si la récolte de pollen est tellement abondante qu'il en arrive plus qu'il ne peut en être consommé, l'Abeille qui rentre avec ses deux pelotes n'a plus à compter sur le secours d'autrui pour la décharger. Toutes en sont gorgées; celle qui en apporte s'en est également rassasiée à la campagne, mais elle n'a garde de laisser perdre le fruit de son travail. Il vient des temps où il y a disette de pollen; et même, dans les saisons favorables, il y a des jours fâcheux où les Abeilles ne peuvent aller ramasser cette nourriture sur les fleurs. Il leur convient donc d'en avoir en provision.

L'Abeille, chargée de ses deux pelotes, s'accroche avec les deux jambes de devant aux bords d'une cellule ne contenant ni larve ni miel; elle y fait entrer ses jambes postérieures et avec les pattes intermédiaires pousse leur charge dans l'intérieur de l'alvéole. Cette seule impulsion suffit pour détacher les pelotes des palettes et les faire tomber dans la cellule. Après s'être débarrassée de son fardeau, l'ouvrière part pour une autre récolte ou bien va se joindre à l'un des groupes d'Abeilles qui réparent leurs forces par un repos momentané. Les deux lentilles de pollen ne sont pas plus tôt au fond de la cellule, qu'une ouvrière y entre la tête la première; elle presse, pétrit et humecte ces pelotes avec ses mandibules, les imbibe d'un peu de miel dégorgé, et dispose la masse pollinique aplatie de façon à la rendre parallèle à l'ouverture de l'alvéole.

Toute cellule qui a reçu deux pelotes de pollen devient un petit magasin destiné à être rempli de la même substance. Jusqu'à ce que la cellule soit pleine, les Abeilles viennent les unes après les autres s'y décharger de leurs récoltes, que d'autres pétrissent, pressent et arrangent. Quelquefois c'est l'Abeille qui a porté les deux pelotes qui prend elle-même tous ces soins.

Les magasins à pollen sont loin d'être aussi nombreux que les magasins à miel, principale nourriture des Abeilles. Ce n'est pas à notre intention que les Abeilles font leurs provisions de miel. Il y a des jours, des saisons entières qui ne leur permettent pas d'aller chercher de quoi vivre dans la campagne, où d'ailleurs elles ne trouveraient rien. Alors elles consomment le miel amassé en des temps favorables. Si leur récolte a été trop petite, ou si la consommation est trop grande ou trop prompte, elles sont réduites à périr de faim.

Les Abeilles, à l'époque de la floraison, mangent des grains de pollen ; elles lèchent le liquide sucré qui suinte au fond des fleurs. De ces deux substances digérées à point, travaillées dans l'estomac, résulte le miel que l'Abeille dégorge dans les cellules pour les provisions de l'avenir. Quand il est vide, l'estomac de l'insecte est dans toute son étendue d'un diamètre égal et ressemble à un fil blanc délié ; mais, lorsqu'il est bien rempli de miel, il a la figure d'une vessie oblongue. Les enfants qui vivent à la campagne connaissent cette vessie, et il la cherchent même dans le corps des Abeilles pour en boire le miel. Ses parois sont si minces et si transparentes, qu'elles laissent voir la couleur de la liqueur qu'elles renferment.

Chaque fleur ne fournit à l'Abeille qu'une bien petite quantité de suc mielleux ; il faut que l'active récolteuse en visite un grand nombre pour se remplir l'estomac- Quand elle est gorgée, elle rentre à la ruche. L'Abeille s'arrête sur le bord de l'une des cellules qu'il s'agit de remplir, fait entrer sa tête dans l'alvéole, et, contractant la paroi de son estomac, rejette son miel dans le magasin. Le liquide dégorgé ne ressemble plus au nectar des fleurs : il est plus épais, plus visqueux et d'un arome différent. Le travail de la digestion est certainement cause de ces nouvelles propriétés. Une abeille est loin de pouvoir remplir à elle seule toute une cellule en quelques voyages ; il faut le concours de plusieurs qui à tour de rôle viennent y verser leur butin.

Du fond de la cellule jusque près de l'endroit encore vide, le miel est encore d'une même nuance, mais la dernière couche est différente du reste. Elle est plus consistante et comparable à la crème sur le lait. L'Abeille qui veut dégorger son miel insinue l'extrémité de ses pattes antérieures sous la plaque mielleuse, écarte un peu celle-ci de droite et de gauche, et introduit soudain par l'ouverture une grosse goutte de miel qui pénètre sous la croûte et perd bientôt sa forme arrondie en se mélangeant avec le reste. Avant de se retirer, l'ouvrière façonne la croûte avec ses pattes et la remet en l'état primitif.

Au reste, ce n'est pas toujours en dégorgeant son miel dans une alvéole qu'une Abeille s'en défait. Souvent elle en trouve le débit en chemin. Quand elle rencontre de ses compagnons qui ont besoin de nourriture et n'ont pas le loisir d'en aller chercher dehors, elle s'arrête et redresse sa trompe tout enduite de miel. Les autres Abeilles sucent la trompe emmiellée qui leur est présentée. Si la récolteuse ne trouve pas à donner à manger en chemin, elle se rend aux ateliers des travailleuses, c'est-à-dire aux endroits où les cirières sont occupées soit à construire de nouvelles cellules, soit à polir, à perfectionner des cellules déjà faites, et leur offre du miel, comme si, comprenant la valeur du temps, elle voulait leur éviter de suspendre leurs travaux pour aller chercher de la nourriture dehors.

Le miel qui remplit les magasins est destiné à deux fins : il doit suffire à la consommation journalière, il doit aussi servir de réserve pour les temps difficiles où le froid, le vent, la pluie, la neige empêcheront de se pourvoir dehors. Pendant les temps accidentels, les Abeilles usent du miel qui doit être consommé le premier ; c'est là aussi que puisent les travailleuses, trop occupées pour aller en quête hors de la ruche. Chaque Abeille, du reste, n'en prend que ce qui lui est strictement nécessaire. Les cellules qui renferment ces provisions courantes, abandonnées, pour ainsi dire, à la discrétion des ouvrières, sont faciles à reconnaître : elles sont toujours ouvertes. Les autres, véritables greniers d'abondance réservés pour la rude saison, sont fermés pour que nul n'y touche avant le moment voulu. Elles sont comme autant de pots de confiture ou de sirop, ayant chacun un couvercle solide et qui le bouche hermétiquement, car il est fait de même matière que le pot. Je veux dire que les Abeilles donnent un couvercle de cire à chacune des cellules contenant le miel qu'elles se proposent de conserver pour leur provision. Quant la saison a été favorable à la récolte, on trouve dans chaque ruche plusieurs gâteaux en entier formés de cellules ainsi bouchées.

Réaumur. — Victor Rendu.

LX

Cellules royales.

Les Abeilles ouvrières, à qui les reines ou mères sont si chères, paraissent aussi s'intéresser beaucoup aux œufs qui doivent en donner. Elles construisent à leur intention des alvéoles particuliers. Elles ne se contentent pas, comme pour les œufs qui doivent donner des mâles ou faux bourdons, de faire des alvéoles plus grands que ceux des Abeilles ordinaires, mais d'ailleurs construits sur le même modèle ; elles abandonnent leur architecture ordinaire et construisent des alvéoles d'une forme moins propre à nous plaire, mais qui leur paraît peut être plus belle. Elles donnent aux cellules royales une figure arrondie et oblongue, plus grosse à la base, plus rétrécie à l'extrémité libre, et dont la surface extérieure est relevée de petites rugosités. Si les Abeilles ne nous paraissent pas avoir été préoccupées de la beauté et de l'élégance de ces cellules, elles ont été du moins très attentives à leur donner de la solidité. Elles leur en donnent tant, que les cellules royales semblent mal faites, lourdes et massives.

La cire, qui est employée avec une économie si géométrique dans la construction des cellules hexagones, est prodiguée pour les logements où les reines doivent être élevées. Rien ne coûte alors aux Abeilles. J'ai pesé comparativement une cellule royale et une cellule hexagone d'ouvrière, et j'ai reconnu qu'il fallait environ cent de ces dernières pour égaler le poids de l'autre. Cependant la cellule royale n'était pas encore finie ; elle n'avait pas toute sa longueur et n'était pas de celles qui sont les plus grandes. Je crois qu'il y en a telle qui pèse autant que cent cinquante cellules ordinaires. Après tout, ce n'est pas trop que la dépense faite pour bâtir une espèce de Louvre surpasse cent et cent cinquante fois celle que demande un logement de particulier.

Les Abeilles ne paraissent pas non plus chercher à ménager le terrain, quand il s'agit de placer une de ces cellules qui doivent être les berceaux des reines. C'est quelquefois sur le milieu même d'un gâteau qu'elles la posent, comme s'il lui convenait d'avoir une place distinguée. Plusieurs cellules communes sont sacrifiées pour lui servir de base et de support. Le plus souvent, les cellules royales pendent du bord inférieur du gâteau comme les stalactites pendent des voûtes des cavernes. Ce qui m'a paru très constant, c'est que leur gros bout est en haut, et que leur longueur est dans un plan vertical, de sorte que leur axe est à peu près perpendiculaire à celui des cellules ordinaires.

Réaumur.

LXI

Soins des ouvrières pour la Reine.

Je venais d'introduire un essaim dans une ruche vitrée, et je cherchais à voir la reine, que je n'avais jamais encore vue. Dans les premiers moments où je suivis des yeux cette Abeille remarquable, je fus fort tenté de croire que tout ce qui a été dit de la cour que les ouvrières font à la mère, du cortège dont elle est accompagnée, avait été plus imaginé qu'observé. Elle était seule, marchant d'un pas lent, presque grave. Elle arriva, toujours seule, sur l'un des carreaux de la ruche, se perdit un instant dans un peloton d'Abeilles, reparut sur le fond de la ruche, mais toujours fort délaissée. Enfin une dizaine d'Abeilles vinrent la rejoindre, se rangèrent autour d'elle et semblèrent lui faire cortège.

Dans les premiers instants d'un grand trouble et d'une grande confusion, on ne songe qu'à soi. Si l'on se trouvait dans une grande salle d'assemblée qui fût subitement renversée sens dessus dessous, on oublierait dans le premier moment ce qu'on y aurait de plus cher. Les Abeilles, tumultueusement jetées dans une ruche qui avait été tournée et retournée en tous sens, se trouvaient précisément dans un cas semblable. Aussi, dans les premiers instants, chacune ne pensa qu'à soi; mais, quand elles furent revenues à elles-mêmes, elles commencèrent à songer à cette mère, qu'elles avaient oubliée et méconnue.

Bientôt je fus forcé de reconnaître que ce n'était pas sans fondement qu'on avait parlé des hommages que les Abeilles paraissent rendre à la reine, des soins et des attentions qu'elles ont pour elle. La mère. avec sa petite suite, se rendit encore dans le groupe d'Abeilles, où elle disparut. Elle y resta peu de temps et revint se montrer sur la base de la ruche. A peine y fut-elle arrivée, qu'environ douze ouvrières se mirent à sa suite. D'autres ne tardèrent pas d'accourir et se placèrent en deux files sur les côtés, pendant que la mère continuait sa marche. D'autres qui venaient à sa rencontre l'entouraient par-devant. Sa cour grossissait de moment en moment. Bientôt il se fit autour d'elle une espèce de cercle composé de plus de trente Abeilles. Le rang de celles de devant s'ouvrait à mesure qu'il en était besoin pour lui laisser le passage libre. Quelques-unes s'approchaient d'elle plus que les autres et la léchaient avec leur trompe. D'autres étendaient leur trompe et la lui présentaient pour lui offrir le miel dont elle était pleine. Je la vis quelquefois s'arrêter pour sucer la trompe qui lui était présentée, ou bien la sucer tout en marchant. Pendant plusieurs heures, j'observai cette reine, et je la vis toujours avec un cortège d'ouvrières, qui semblaient désirer lui rendre des honneurs ou plutôt de bons offices.

Il m'a été prouvé que les Abeilles ont pour toute mère des soins, des attentions qu'elles n'ont pas les unes pour les autres ; que la vie de leurs compagnes n'est même rien pour elles en comparaison de celle d'une reine. Je le dois à un fait assez singulier. — Je retirai de l'eau une mère noyée. Elle paraissait morte et ne donnait plus aucun signe de vie. Elle était même estropiée : une jambe lui manquait en partie. Malgré le fâcheux état dans lequel elle était, je crus devoir tenter tout ce qui pourrait lui rendre la vie. Ce n'est pas pour les Abeilles seules qu'une mère est précieuse ; elle l'est pour quelqu'un qui veut s'instruire de l'histoire de ces insectes, car il en coûte souvent toute la population d'une ruche pour avoir une seule mère.

Je mis donc la reine qui semblait morte dans un poudrier de verre : j'y mis aussi sept ou huit Abeilles noyées que j'avais fait revivre et qui très faibles encore pouvaient cependant un peu marcher ; j'y mis enfin cinq autres Abeilles qui paraissaient aussi mortes que la mère. Je ne dois pas oublier de faire remarquer que ces diverses ouvrières n'avaient jamais habité avec la reine qui paraissait morte ; elles étaient d'une autre ruche que la sienne. J'approchai du feu le poudrier, pour réchauffer les insectes mourants. D'abord la reine ne donna aucun signe de vie ; mais quatre ou cinq des autres Abeilles, après avoir pris un peu de vigueur, vinrent se ranger autour d'elle comme si elles eussent été touchées de son état et eussent voulu lui donner des secours qu'elles croyaient pouvoir lui être utiles. Elles ne cessaient de la lécher avec leur trompe, et cela successivement en divers endroits de son corps, de son corselet, de sa tête. Tandis qu'elles prenaient tous ces soins pour une étrangère, elles ne tenaient aucun compte de leurs anciennes compagnes, qui étaient tout auprès, mortes ou mourantes. Enfin elles semblaient espérer que la mère se ranimerait, et leurs espérances étaient fondées. Au bout d'un quart d'heure, la reine remua. A peine eut-elle donné les premiers signes de vie, qu'un bourdonnement s'éleva dans le poudrier, où quelques moments avant il n'y avait pas le moindre bruit. Plusieurs personnes qui étaient avec moi, et qui comme moi souhaitaient de voir revivre la reine, furent frappées de ce bourdonnement plus aigu que d'habitude. D'un commun accord, nous lui donnâmes le nom de *Chant de réjouissance*. Les Abeilles eurent lieu de continuer à se réjouir : la mère reprit ses forces peu à peu, et malgré sa jambe estropiée elle devint en état de marcher, et elle marcha.

RÉAUMUR.

LXII

Massacre des faux bourdons.

On demandera peut-être de quelle nécessité il était que les Abeilles fussent armées, pour nous piquer, d'un aiguillon construit avec tant d'art? C'est que cet aiguillon, qui nous pique quelquefois, ne leur a pas été donné précisément pour nous piquer. Les Abeilles ont des ennemis, contre lesquels il faut qu'elles puissent se défendre. Il y a plus : des mouches plus grosses qu'elles ne le sont, et sur lesquelles cependant elles doivent avoir la supériorité, de robustes mouches qu'elles doivent attaquer avec avantage, se trouvent dans leur propre habitation : ce sont les mâles ou faux bourdons.

Tant que les mâles ont la forme de ver, les ouvrières ont pour eux précisément les mêmes soins que pour les autres; et, quand ils ont acquis des ailes, elles se comportent encore avec eux comme doivent se comporter ensemble les enfants d'une même famille. Les faux bourdons et les ouvrières doivent leur naissance à une même mère, la reine. Pendant quelque temps, il y a entre les deux genres d'Abeilles une parfaite intelligence; mais des jours arrivent où les faux bourdons, devenus inutiles, sont attaqués par les ouvrières, qui les tuent impitoyablement et en font un carnage affreux. Les mâles sont pourtant beaucoup plus gros et semblent plus forts que les Abeilles ordinaires, mais celles-ci ont une arme qui leur donne bien de l'avantage sur les autres : elles ont un aiguillon et les faux bourdons n'en ont pas.

Parmi les lois de quelques républiques bien policées, nous en trouvons d'étrangement barbares. Les Lacédémoniens pouvaient tuer les enfants qui, naissant contrefaits, devaient être à charge à l'État; les lois des Chinois leur permettent des actions aussi inhumaines. Nous ne savons pas toutes les raisons qui portent les Abeilles ouvrières à traiter les mâles avec tant de cruauté; nous savons du moins qu'elles ont un motif aussi bon que celui des Lacédémoniens, qui faisaient périr les enfants quand ils les jugeaient devoir être à charge à la République. A un certain moment, les faux bourdons sont inutiles dans la ruche, ils sont à charge, sans profit aucun, à la communauté. Quand ce temps est venu, les Abeilles ouvrières en font un massacre général.

RÉAUMUR.

C'est ordinairement dans les mois de juillet et d'août que les ouvrières se défont des mâles. On les voit alors leur donner la chasse, les poursuivre jusqu'au fond des ruches, où ils se réunissent en foule. Comme on trouve dans ce même temps une grande quantité de cadavres de faux bourdons sur la terre au devant des ruches, il ne me paraissait pas douteux qu'après leur avoir donné la chasse les Abeilles ne les tuassent à coups d'aiguillon. Cependant on ne les voit point employer cette arme contre eux sur la surface des gâteaux ; elles se contentent de les poursuivre et de les en chasser. Le massacre a donc lieu apparemment tout au fond de la ruche.

Afin d'apprécier la justesse de ce doute, nous imaginâmes de faire vitrer la table qui sert de fond aux ruches et de nous placer par dessous pour voir tout ce qui se passerait dans le lieu de la scène. Cette invention nous réussit à merveille. Le 4 juillet 1787, nous vîmes les ouvrières faire un vrai massacre des mâles, dans six ruches, à la même heure et avec les mêmes circonstances.

La table vitrée était couverte d'ouvrières qui paraissaient très animées et qui s'élançaient sur les faux bourdons à mesure qu'ils arrivaient au fond de la ruche. Elles les saisissaient par les antennes, les jambes ou les ailes; et après les avoir tiraillés, écartelés pour ainsi dire, elles les tuaient à grands coups d'aiguillon, qu'elles dirigeaient ordinairement entre les anneaux du ventre. L'instant où cette arme redoutable les atteignait était toujours celui de leur mort : ils étendaient les ailes et expiraient. Cependant, comme si les ouvrières ne les eussent pas trouvés aussi morts qu'ils nous le paraissaient, elles les frappaient encore de leurs dards, et si profondément qu'elles avaient beaucoup de peine à les retirer : il fallait qu'elles tournassent sur elles-mêmes, pour triompher des obstacles des dentelures et réussir à dégager leur arme.

Le lendemain, nous nous mîmes encore sous la table vitrée, et nous fûmes témoins de nouvelles scènes de carnage. Pendant trois heures, nous vîmes nos Abeilles en furie tuer des mâles. Elles avaient massacré la veille ceux de leurs propres ruches; mais, ce jour-là, elles se jetaient sur les faux bourdons chassés des ruches voisines et qui venaient se réfugier dans leur habitation. Nous les vîmes aussi arracher de leurs cellules quelques nymphes de mâles qui se trouvaient encore dans les gâteaux; elles les éventraient, suçaient avec avidité tout ce qu'il y avait de fluide dans leur abdomen, et les emportaient ensuite au dehors. Le jour suivant, il ne parut plus de faux bourdons dans ces ruches.

F. Huber.

LXIII

Introduction d'une Reine dans une ruche qui en est privée.

J'introduisis une reine dans une de mes ruches vitrées. Les Abeilles étaient privées de reine depuis vingt-quatre heures, et pour réparer leur perte, elles avaient déjà commencé à construire douze cellules royales pour y élever des larves d'ouvrières avec la gelée qui en fait des souveraines.

Au moment où je plaçai sur le gâteau cette femelle étrangère, les ouvrières qui se trouvèrent auprès d'elle la touchèrent de leurs antennes, passèrent leurs trompes sur toutes les parties de son corps, et lui donnèrent du miel; puis elles firent place à d'autres qui la traitèrent avec les mêmes honneurs. Toutes ces Abeilles se rangèrent en cercle autour de la souveraine que je leur avais donnée et battirent des ailes à la fois. Il en résulta une sorte d'agitation qui se communiqua peu à peu aux ouvrières placées sur les autres parties de cette même face du gâteau, et les détermina à venir reconnaître à leur tour ce qui se passait sur le lieu de la scène. Elles franchirent le cercle que les premières venues avaient formé, s'approchèrent de la reine, la touchèrent de leurs antennes, lui donnèrent du miel, et après cette petite cérémonie se reculèrent, se placèrent derrière les autres et grossirent le cercle. Là, elles agitèrent leurs ailes, se trémoussèrent sans désordre, sans tumulte, comme si elles eussent éprouvé une douce satisfaction. Au bout d'un quart d'heure, la reine, qui n'avait pas encore quitté la place où je l'avais déposée, se mit à marcher. Loin de s'opposer à son mouvement, les Abeilles ouvrirent le cercle du côté où elle se dirigeait, la suivirent ou se rangèrent en haie à droite et à gauche.

Pendant que cela se passait sur la face du gâteau où j'avais placé la reine, tout était resté parfaitement tranquille sur la face opposée : il semble que les ouvrières se trouvant sur cette dernière ignorassent complètement l'arrivée d'une reine dans leur ruche; elles travaillaient avec beaucoup d'activité aux cellules royales, comme si elles eussent ignoré qu'elles n'en avaient plus besoin; elles soignaient avec de la gelée royale des vers d'ouvrières destinés à devenir des souveraines. Mais enfin la nouvelle reine passa de leur côté. Elle fut reçue de leur part avec le même empressement qu'elle avait éprouvé de leurs compagnes sur la première face du gâteau. Les Abeilles se rangèrent en haie, lui donnèrent du miel et la touchèrent de leurs antennes. Enfin, toutes la reconnaissant pour mère de la république, elles renoncèrent aussitôt à continuer les cellules royales. Les vers royaux furent retirés de leur berceau, et la bouillie accumulée autour d'eux fut mangée par les assistants. Depuis ce moment, la reine fut reconnue de tout son peuple et se conduisit dans sa nouvelle habitation comme elle eût fait dans sa ruche natale.

F. HUBER.

LXIV

Conversion d'une ouvrière en reine.

J'ai répété l'expérience tant de fois depuis près de dix ans, et avec un succès si soutenu, que je ne puis élever le moindre doute sur la conversion d'une larve d'ouvrière en reine quand les circonstances l'exigent. Je regarde comme un fait certain que, lorsque les Abeilles perdent leur reine et qu'elles possèdent encore dans leur ruche des vers d'ouvrières, elles agrandissent plusieurs des cellules dans lesquelles ces dernières sont logées, qu'elles leur donnent non seulement une nourriture différente, mais en plus forte dose; et que les vers élevés de cette manière, au lieu de se convertir en Abeilles ouvrières, deviennent de véritables reines. Voici quelques détails à ce sujet.

Lorsque les Abeilles ont perdu leur reine, elles ne tardent pas à entreprendre les travaux nécessaires pour réparer leur perte. D'abord elles choisissent les jeunes vers d'ouvrières auxquels elles doivent donner les soins propres à les convertir en reines. Dès ce premier moment, elles commencent à agrandir les cellules où ils sont logés. Elles sacrifient trois des alvéoles contigus à celui où le ver est placé; elles en emportent les vers et la bouillie et élèvent autour du nourrisson élu une cloison cylindrique. La loge du ver devient donc un vrai tube, à fond rhomboïdal, car les Abeilles ne touchent pas aux pièces de ce fond pour ne pas endommager les trois cellules correspondantes de la face opposée du gâteau et ne pas sacrifier inutilement les trois vers qui les habitent. Elles laissent donc le fond rhomboïdal, et se contentent d'élever autour de la larve élue un vrai tube cylindrique, qui se trouve, ainsi que les autres cellules du gâteau, placé horizontalement. Mais cette habitation ne peut convenir au ver appelé à l'état de reine que pendant les trois premiers jours de sa vie; il faut qu'il vive les deux autres jours, pendant lesquels il conserve encore la forme de ver, dans une autre situation. Pour ces deux jours, portion si courte de la durée de son existence, il doit habiter une cellule dont la base soit en haut et l'orifice en bas. On dirait que les ouvrières le savent, car, dès que le ver a achevé son troisième jour, elles préparent son nouveau logement, elles rongent quelques-unes des cellules placées au-dessous du tube cylindrique, sacrifient sans pitié les vers qui s'y trouvent contenus, et se servent de la cire qu'elles viennent de ronger pour construire un nouveau tube un peu conique, qu'elles soudent à l'angle droit sur le premier et qu'elles dirigent en bas.

Pendant les deux premiers jours, il y a toujours une Abeille qui tient sa tête dans la cellule royale; quand elle quitte, une autre la remplace. Elles y travaillent à prolonger la cellule à mesure que le ver grandit; elles lui apportent de la nourriture qu'elles placent devant sa bouche et autour de son corps. Le ver, qui ne peut se mouvoir qu'en spirale, tourne sans cesse pour atteindre la bouillie placée devant lui; il descend insensiblement, et arrive enfin tout près de l'orifice de sa cellule. C'est à cette époque qu'il se transforme en nymphe. Des soins ne lui étant plus nécessaires, les Abeilles ferment son berceau d'un couvercle de cire.

Des diverses expériences faites sur ce curieux sujet, en voici une. Je fis placer dans une ruche privée de reine quelques parcelles de gâteaux dont les cellules renfermaient uniquement des œufs et des vers d'ouvrières. Le même jour, les Abeilles agrandirent quelques-unes des cellules à vers, les convertirent en cellules royales et donnèrent un épais lit de gelée aux nourrissons qui y étaient contenus. Désirant choisir moi-même quelques-uns des vers destinés à devenir reines, je fis enlever cinq des larves renfermées dans les cellules royales et leur fis substituer cinq larves d'ouvrières que j'avais vues sortir de l'œuf quarante-huit heures auparavant. Les Abeilles ne parurent point s'apercevoir de cet échange : elles soignèrent les vers substitués comme ceux qu'elles avaient choisis elles-mêmes; elles continuèrent à agrandir les cellules où nous les avions placés et les fermèrent d'un couvercle en temps opportun.

Alors je fis enlever les cellules où avaient été déposées les larves de mon choix, pour assister à l'éclosion des reines qui devaient en provenir. Deux de ces reines sortirent presque en même temps; elles avaient la taille habituelle et étaient parfaitement développées à tous égards. Les trois autres cellules ayant passé leur terme, nous les ouvrîmes pour voir leur contenu. Nous trouvâmes dans l'une une Reine morte, sous forme de nymphe; les deux autres n'offraient qu'une peau desséchée, les vers étant morts avant de passer à l'état de nymphe. Quant aux cellules où j'avais laissé les vers d'ouvrières choisis par les Abeilles, il en sortit également des reines.

Je ne puis rien imaginer de plus positif. Il est démontré que les Abeilles ont le pouvoir de convertir en reines les vers d'ouvrières, puisqu'elles ont réussi à se donner des reines en opérant non seulement sur des vers choisis par elles-mêmes, mais encore sur des vers choisis par nous-mêmes. Le seul moyen employé par les Abeilles pour obtenir cette conversion est de donner une certaine nourriture aux vers d'ouvrières et de les élever dans des cellules plus grandes. Cette nourriture, ou gelée royale, est servie en abondance. Quand elle est pure, on la reconnaît à son goût aigrelet et relevé.

F. Huber.

J'ai ouvert plusieurs cellules de vers qui doivent devenir des reines, et j'y ai trouvé une abondante provision de bouillie destinée à les nourrir. Cette bouillie est une espèce de ragoût assaisonné; son goût, légèrement sucré, est mêlé avec de l'aigre.

Réaumur.

LXV

Combat des Reines.

J'avais une ruche où se trouvaient à la fois cinq ou six cellules royales. L'une des reines, plus âgée, subit avant les autres sa dernière transformation. Il y avait à peine dix minutes que cette jeune reine était sortie de son berceau qu'elle alla visiter les autres cellules royales fermées. Elle se jeta avec fureur sur la première qu'elle rencontra et, à force de travail, parvint à l'ouvrir. Nous la vîmes tirailler avec ses dents la soie de la coque renfermée dans la cellule; mais probablement ses efforts ne réussirent pas à son gré, car elle abandonna la brèche de la cellule royale pour aller travailler à l'extrémité opposée, où elle parvint à faire une plus large ouverture. Quand elle l'eut assez agrandie, elle se retourna pour y introduire son ventre; elle y fit divers mouvements en tous sens, jusqu'à ce qu'enfin elle réussît à frapper sa rivale d'un coup d'aiguillon mortel. Alors elle s'éloigna de cette cellule; les Abeilles, qui étaient restées jusqu'à ce moment spectatrices de son travail, se mirent, après son départ, à agrandir la brèche, et retirèrent de la cellule le cadavre d'une reine à peine sortie de son enveloppe de nymphe.

Pendant ce temps-là, la jeune reine victorieuse se jeta sur une autre cellule royale et y fit également une large ouverture, mais elle ne chercha pas à y introduire son aiguillon. Cette seconde cellule ne contenait pas, comme la première, une reine déjà développée, mais bien une nymphe royale. Il y a donc toute apparence que les nymphes de reine inspirent moins de fureur à leurs rivales; elles n'en échappent pas mieux à la mort, car, dès qu'une cellule royale a été ouverte avant le temps, les ouvrières en retirent ce qu'elle contient sous quelque forme que ce soit, ver, nymphe ou reine. Aussi, lorsque la reine victorieuse eut quitté cette seconde cellule, les ouvrières agrandirent l'ouverture et en tirèrent la nymphe qui y était renfermée. Enfin, la jeune reine se jeta sur une troisième cellule; mais, comme nous avions besoin de reines pour quelques expériences, nous nous déterminâmes à emporter les autres cellules royales pour les mettre à l'abri de ses fureurs.

Nous voulûmes voir ensuite ce qui arrive dans le cas où deux reines sortent en même temps de leurs cellules. Le 15 mai 1790, nous eûmes ce spectable. Deux jeunes reines sortirent ce jour-là de leurs cellules, presque au même moment, dans une de nos ruches d'expérimentation. Dès qu'elles furent à portée de se voir, elles s'élancèrent l'une contre l'autre avec tous les signes d'une violente colère, et se mirent dans une situation telle que chacune avait ses antennes prises dans les dents de sa rivale. La tête, le corselet et le ventre de l'une étaient opposés à la tête, au corselet et au ventre de l'autre ; les reines n'avaient qu'à replier le bout du ventre, elles se seraient mutuellement percées de leur aiguillon et seraient mortes toutes les deux dans le combat. Mais il semble que la nature n'a pas voulu que les combattantes périssent à la fois dans leur duel ; on dirait qu'elle a ordonné aux reines se trouvant face à face, ventre contre ventre, de se fuir à l'instant même avec la plus grande précipitation. Aussi, dès que les deux rivales sentirent qu'elles allaient se toucher du bout du ventre, elles se dégagèrent, et chacune s'enfuit de son côté.

La raison de cette fuite me paraît évidente. Puisqu'il ne peut y avoir plus d'une reine dans chaque ruche, il faut, lorsque par hasard il en survient une seconde, que l'une des deux soit mise à mort. Or il ne peut être permis aux Abeilles ouvrières de faire cette exécution, parce que dans une république composée d'autant d'individus entre lesquels on ne peut pas supposer une entente parfaite, il arriverait fréquemment qu'un groupe d'Abeilles se jetterait sur l'une des reines, tandis qu'un second groupe massacrerait l'autre, et la ruche serait ainsi privée de reine. Il faut donc que les reines seules soient chargées de se défaire de leurs rivales. Mais comme, dans ces combats, la nature ne veut qu'une seule victime, elle a sagement arrangé d'avance qu'au moment où, par leur position, les deux combattantes pourraient l'une et l'autre perdre la vie, elles ressentissent toutes les deux une crainte si forte, qu'elles ne pensassent plus qu'à fuir sans se darder leurs aiguillons.

Quelques minutes après, la crainte cessa ; et les deux reines commencèrent à se chercher. Bientôt elles s'aperçurent, et nous les vîmes courir l'une sur l'autre. Elles se saisirent encore comme la première fois et se mirent exactement dans la même position. Le résultat fut le même : dès que leurs ventres s'approchèrent, elles ne songèrent plus qu'à se dégager l'une de l'autre, et elles s'enfuirent.

Les Abeilles ouvrières étaient fort agitées pendant tout ce temps-là ; leur tumulte s'accroissait lorsque les deux adversaires se séparaient. Nous les vîmes à deux reprises arrêter les reines dans leur fuite, les saisir par les jambes et les retenir prisonnières plus d'une minute.

Enfin, dans une troisième attaque, celle des deux reines qui était la plus acharnée ou la plus forte courut sur sa rivale au moment où celle-ci ne la voyait pas venir ; elle la saisit avec ses dents à la naissance de l'aile, puis monta sur son corps et amena l'extrémité de son corps sur les derniers anneaux de son ennemie, qu'elle parvint facilement à percer de son aiguillon. Alors elle lâcha l'aile qu'elle tenait entre ses dents et retira son dard. La reine vaincue tomba, se traîna languissamment, perdit ses forces très vite et expira bientôt après.

Pour une autre expérience, nous introduisîmes trois cellules royales fermées dans une ruche qui n'en contenait pas. Aussitôt qu'elle les aperçut, la reine s'élança sur ces cellules, les perça vers leur base et ne les quitta qu'après avoir mis à découvert les nymphes qui y étaient renfermées. Les ouvrières, jusque-là pacifiques spectatrices de cette destruction, s'approchèrent pour enlever les nymphes royales. Elles prirent avidement la bouillie encore contenue au fond des cellules, elles sucèrent aussi ce qui se trouvait de fluide dans le ventre des nymphes, et finirent par détruire les cellules.

Nous introduisîmes ensuite dans cette même ruche une reine étrangère, dont nous avions peint le corselet pour la distinguer de la reine régnante. Il se forma très vite un cercle d'Abeilles autour de cette étrangère ; mais leur intention n'était pas de l'accueillir ou de la caresser, car insensiblement elles s'accumulèrent si bien autour d'elle et la serrèrent de si près, qu'au bout d'une minute elle perdit sa liberté et se trouva prisonnière. Ce qu'il y a ici de très remarquable, c'est qu'au même moment d'autres ouvrières s'accumulaient autour de la reine régnante et gênaient tous ses mouvements. Nous vîmes l'instant où elle allait être enfermée comme l'étrangère.

On dirait que les Abeilles prévoient le combat que vont se livrer les deux reines, et qu'elles sont impatientes d'en voir l'issue. Elles ne les retiennent prisonnières que lorsqu'elles paraissent vouloir s'écarter l'une de l'autre. Si l'une d'elles, moins gênée dans ses mouvements, se dirige vers sa rivale, alors les Abeilles qui l'entouraient s'écartent pour lui laisser l'entière liberté d'attaquer. Si les reines paraissent encore disposées à se fuir, les ouvrières les entourent de nouveau. Quel est le rôle que jouent les ouvrières? Cherchent-elles à accélérer le combat? excitent-elles, par quelque moyen secret, la fureur des combattantes ? Comment se fait-il que, accoutumées à rendre des soins à leur propre reine, il y ait pourtant des circonstances où elles l'arrêtent quand elle veut fuir un danger qui la menace?

Le groupe d'abeilles qui l'entourait lui ayant permis quelque léger mouvement, la reine régnante parut vouloir s'acheminer vers sa rivale. Alors toutes les Abeilles se reculèrent pour laisser le passage libre; peu à peu, la multitude d'ouvrières qui séparaient les deux adversaires se dispersa; enfin, il n'en restait plus que deux, qui s'écartèrent à leur tour et permirent aux reines de se voir. En cet instant, la reine régnante se jeta sur l'étrangère, la saisit avec ses dents près de la racine de l'aile, et parvint à la fixer immobile contre le gâteau. Enfin, recourbant son ventre, elle perça d'un coup mortel la malheureuse victime de notre curiosité.

F. Huber.

Quand, malgré toute l'attention qu'on a de l'en empêcher, une jeune mère a percé sa loge et vient présenter à l'ancienne l'objet détesté de sa jalousie, le duel est infaillible. Cependant, comme chacune sait l'autre armée d'un dard mortel, leur poltronnerie naturelle pourrait modérer leur fureur et borner la lutte à quelques secousses innocentes, à une vaine prise de corps, comme un pugilat d'athlètes payés. Mais le peuple qui fait cercle et les regarde de près, ce peuple est très sérieux ; il entend que l'affaire soit telle. La division dans la cité serait le dernier des maux. Elles sont aussi si économes, sobres pour elles-mêmes, pour autrui parcimonieuses, qu'elles tiennent compte, j'en suis sûr, de l'énormité de la dépense s'il y avait deux mères à entretenir. Chacune d'elles, royalement nourrie comme elles sont, grève assez la république. L'État serait ruiné s'il payait double budget. Donc, il faut qu'une des deux meure. Et l'on voit ce spectacle étrange qui caractérise à fond l'esprit singulier de ce peuple, que cet objet d'adoration, naguère gorgé, brossé, léché, s'il recule, on le ramène au combat, on l'y pousse jusqu'à ce que l'une des deux étant parvenue à sauter sur l'autre, de son abdomen recourbé et ramené sous l'ennemie, lui plonge au fond des entrailles l'irrémissible poignard.

L'unité est ainsi gagnée. La survivante, qui, vaincue, eût été jetée hors de la ruche sans regret, victorieuse devient l'idole, le dieu vivant de la cité.

MICHELET.

LXVI

Formation des Essaims.

Dans le temps des essaims, la conduite ou l'instinct des Abeilles paraît recevoir une modification particulière. En tout autre temps, lorsqu'après avoir perdu leur reine elles destinent à la remplacer plusieurs vers d'ouvrières, elles prolongent et agrandissent les cellules de ces vers ; elles donnent à ces derniers une nourriture plus abondante et d'un goût plus relevé ; et, par ces soins, elles parviennent à transformer en reines des vers qui ne devaient naturellement devenir que des Abeilles communes. Nous leur avons vu construire à la fois vingt-sept cellules royales de cette sorte. Lorsqu'une fois elles les ont fermées et achevées, elles ne cherchent plus à préserver les jeunes femelles qui y sont contenues des attaques de leurs ennemies. L'une de ces femelles sortira peut-être la première de son berceau et se jettera successivement sur toutes les cellules royales, qu'elle ouvrira pour y percer ses rivales, sans que les ouvrières s'occupent à les défendre. Si plusieurs reines sortent à la fois, elles se chercheront, se combattront; il y aura plusieurs victimes, et le trône restera à la femelle victorieuse. Bien loin que les Abeilles témoins de ces duels cherchent à s'y opposer, elles paraissent plutôt exciter les combattants.

C'est tout autre chose dans le temps des essaims. Les cellules royales qu'elles construisent alors ont une forme différente des premières. Ces cellules sont en manière de stalactites; quand elles ne sont qu'ébauchées, elles ressemblent assez au calice d'un gland. Dès que les jeunes reines qui les ont pour berceaux sont prêtes à subir leur dernière transformation, les Abeilles font autour de ces cellules une garde assidue, pour ne les laisser sortir de leurs cellules que successivement, à quelques jours d'intervalle les unes des autres, suivant la date de leur âge. La consigne sur ce point est inflexible. Plus les jeunes reines font d'efforts pour s'affranchir, plus leurs gardiennes redoublent de vigilance; les couvercles brisés sont remis en état, solidement soudés avec des cordons de cire. Si les recluses réclament de la nourriture, c'est par quelque fente des cellules qu'on leur donne à manger. Ce fait mérite qu'on s'y arrête un moment.

A diverses reprises j'avais entendu bruire une jeune reine prisonnière dans sa loge. En examinant la cellule avec soin, j'aperçus une petite ouverture, une fente, dans le bout de la coque que la captive avait tenté de briser pour se libérer et que les gardes avaient réparé. Par cette fente, elle faisait rentrer et sortir alternativement sa trompe. Une des gardiennes s'en aperçut et vint appliquer sa bouche sur la trompe de la reine captive; puis elle fit place à d'autres qui vinrent également offrir du miel à la prisonnière. Quand celle-ci fut bien rassasiée, les Abeilles bouchèrent la fente avec de la cire.

Cependant la vieille reine se prend d'agitation au bruissement qui de temps à autre s'élève des cellules royales gardées. Elle erre inquiète, elle veut ouvrir ces cellules et percer de son aiguillon ses rivales détestées; mais les gardiennes lui font violence et la maintiennent au large. Elle passe sur le corps des ouvrières qui se trouvent sur sa route; si elle s'arrête, les Abeilles qui la rencontrent s'arrêtent aussi, comme pour la regarder; d'autres s'avancent brusquement vers elle, là frappent de leur tête et montent sur son dos. La reine part alors, portant en croupe quelques-unes de ses ouvrières. Aucune ne lui offre du miel, elle en prend elle-même aux cellules ouvertes. Plus de cortège, plus de haie d'honneur, plus de cercles qui s'ouvrent devant elle. Les premières Abeilles, émues par ces courses désordonnées, suivent la reine en courant comme elle; elles émeuvent à leur tour, en passant, les ouvrières encore tranquilles sur les gâteaux. Le chemin parcouru par la reine se reconnaît à l'agitation excitée, agitation qui ne se calme plus. Bientôt le trouble est général. La reine ne pond plus dans les cellules, elle laisse tomber ses œufs au hasard; les nourrices ne soignent plus les larves, les cirières ne polissent plus les cellules, toutes courent et se croisent en désordre. Celles qui reviennent de la campagne ne sont pas plus tôt entrées dans la ruche qu'elles participent à ces mouvements tumultueux. Elles ne songent plus à se débarrasser de leur peloton de pollen ou à remplir les magasins de miel; les larves sont abandonnées, les vivres sont au pillage. Enfin, comme à un signal donné, les Abeilles se précipitent en foule vers les portes de la ruche.

Elles sortent, la vieille reine avec elles. C'est un essaim, une colonie, qui va chercher ailleurs une autre habitation.

Ce premier essaim est toujours conduit par la vieille reine. Je crois en entrevoir les motifs. Pour qu'il n'y ait jamais pluralité de femelles dans une même ruche, la nature a inspiré aux reines-Abeilles une horreur mutuelle les unes pour les autres. Elles ne peuvent se rencontrer sans chercher à se combattre et à se détruire. Or, comme les jeunes reines sont à peu près du même âge, elles ont des chances égales dans le combat, et le hasard décide à laquelle appartiendra la souveraineté quand il y a plusieurs prétendantes. Mais, si l'une est plus âgée que les autres, elle est plus forte, et l'avantage lui restera toujours dans la lutte; elle détruira successivement toutes ses rivales à mesure qu'elles naîtront. Si donc la vieille reine ne sortait pas la première, avant l'apparition des jeunes, elle détruirait toutes ses rivales à mesure qu'elles sortiraient des cellules; la ruche ne pourrait donner d'essaims, et l'espèce s'éteindrait. Il faut donc, pour la conservation de l'espèce, que la vieille reine quitte la ruche et conduise elle-même le premier essaim.

La vieille reine partie, les gardiennes laissent sortir de son berceau la femelle issue du premier œuf pondu dans les alvéoles royaux. Les ouvrières la traitent d'abord avec indifférence. Bientôt, cédant à l'instinct qui la pousse à détruire ses rivales, elle court aux cellules où les autres jeunes reines sont renfermées. Mais, aussitôt qu'elle s'en approche, les Abeilles la pincent, la tiraillent, la chassent et la forcent à s'éloigner. Sans cesse tourmentée du désir d'attaquer les autres reines et sans cesse repoussée, elle s'agite et traverse en courant les divers groupes formés par les ouvrières. Parfois, le corselet appuyé contre un gâteau, les ailes croisées sur le dos et frémissantes, elle jette un bruissement aigu. A l'instant le tumulte s'apaise, les Abeilles vivement affectées baissent toutes la tête et restent immobiles; elles semblent saisies de stupeur quand résonne ce commandement de la souveraine.

En de telles circonstances, j'ai vu une jeune reine s'approcher d'une cellule royale et prendre ce moment pour bruire et se mettre en cette attitude qui frappe les ouvrières d'immobilité. Je crus d'abord que, profitant de l'effroi inspiré par son cri aux ouvrières, elle parviendrait à ouvrir l'alvéole et à tuer la rivale qui y était renfermée. Elle monta en effet sur la cellule et se mit en devoir de la briser; mais, pour se livrer à ce travail, elle cessa de chanter et quitta l'attitude qui en impose aux Abeilles et paralyse leur volonté. De ce moment, les gardiennes de la cellule menacée reprirent courage, et à force de tourmenter, de mordre la reine, elles parviennent à la chasser fort loin.

Mais revenons à la reine qui passe et repasse à travers la ruche pour gagner les divers points où les alvéoles royaux sont suspendus. A mesure qu'elle approche de l'un d'eux, les ouvrières gardiennes la repoussent rudement. Elle entre en fureur ; elle heurte, bouscule les divers groupes qu'elle traverse et finit par leur communiquer son agitation. En cet instant, on voit un grand nombre d'Abeilles se jeter vers les portes de la ruche. Un second essaim part sous la conduite de la jeune reine.

Après ces deux essaims, les ouvrières restées dans la ruche donnent la liberté à une autre reine, qu'elles traitent avec la même indifférence que la première, qu'elles chassent d'auprès des cellules royales, et qui, se voyant toujours repoussée dans ses tentatives contre ses rivales enfermées dans leurs coques, s'agite, sort et emmène avec elle un nouvel essaim.

Cette scène se répète avec les mêmes circonstances trois ou quatre fois pendant le printemps dans une ruche bien peuplée. A la fin, le nombre des Abeilles est tellement réduit, qu'une surveillance sévère autour des ruches est impossible. Plusieurs jeunes reines sortent alors à la fois de leurs prisons; elles se cherchent, se combattent, et la reine victorieuse dans le duel final règne paisiblement.

F. HUBER.

LXVII

Pillage d'une Ruche.

L'Abeille, peu hospitalière, encore moins prêteuse, n'est pas pillarde de sa nature ; mais la faim, détestable conseillère, la jette parfois sur les ruches voisines, quand elle ne trouve pas de quoi se nourrir chez elle. La ruche que la misère dévore, dont les provisions sont épuisées, se détermine un beau jour à attaquer une autre ruche pour la piller, bien qu'elle sache, par expérience, que toute Abeille étrangère court risque de la vie en cherchant à s'introduire dans un domicile autre que le sien.

Le coup monté, on se précipite à l'improviste et en nombre sur la ruche convoitée. De part et d'autre, l'acharnement est extrême : ici, l'on se bat pour la défense du foyer; là, les assaillantes jouent leurs vies en désespérées; leur cri de guerre est : vaincre ou mourir! pour elles, en effet, il n'y a pas d'autre alternative. L'attaque est-elle repoussée? l'ennemi revient à la charge le lendemain. A-t-elle réussi? la destruction de la ruche envahie est inévitable : les vainqueurs enlèvent tout le miel de la cité ruinée et vont le porter dans leur ruche.

L'action, on le devine sans peine, a été des plus meurtrières, car, quelque redoutable que soit l'agresseur, quelle que soit la force numérique de l'ennemi, l'ouvrière ne recule jamais, elle accepte résolument le combat. Voici comment s'engage la lutte. Des Abeilles étrangères ne se sont pas plus tôt introduites dans une ruche, que l'alarme se répand dans la cité envahie. Tout se met en rumeur; un bourdonnement général trahit l'émotion universelle; la colère, l'irritation éclatent; attaquées et assaillantes sont bientôt aux prises. Ces combats présentent un spectacle très varié. Tantôt deux abeilles entrelacées roulent pêle-mêle hors de la ruche; elles se saisissent par où elles peuvent, se poussent, se pressent, se tiraillent, se mordent et cherchent mutuellement à se dominer. Celle qui parvient à grimper sur le dos de l'autre est sûre de la victoire; elle serre son adversaire avec ses mandibules au cou et au corselet et la poignarde de son dard. En signe de triomphe, elle se tient auprès du cadavre, posée sur ses quatre pattes antérieures et frottant ses deux dernières jambes l'une contre l'autre. Tantôt, l'affaire a été déjà décidée dans l'intérieur de la ruche; l'Abeille victorieuse en sort, emportant entre ses pattes l'ennemi qu'elle a tué. Quelquefois elle s'envole avec lui et échappe alors aux regards; d'autres fois elle s'arrête à peu de distance de la ruche et jette à terre sa victime. Celle-ci respire-t-elle encore? elle l'achève avec ses dents. Hors de la ruche, les combats sont seul à seul; mais qui sait si tout se passe avec la même loyauté à l'intérieur?

Ces combats généraux, de ruche à ruche, ne sont pas les seuls que se livrent les Abeilles ; il y a encore entre elles des luttes particulières. Bien qu'ordinairement pacifiques, les Abeilles ne sont qu'à demi endurantes et ripostent lestement pour peu qu'on les provoque. Dans certains temps même, elles sont d'une extrême susceptibilité ; une forte chaleur les met aisément en ébullition. Malheur à qui les moleste ou les irrite : de cruelles piqûres le punissent promptement de sa témérité. Quelles sont les causes qui amènent les combats particuliers, c'est ce que nul jusqu'ici ne saurait dire.

Dans les journées chaudes, on a souvent occasion d'observer des combats à mort entre ouvrières d'une même ruche. Quelquefois l'attaquante et l'attaquée sortent de la ruche en se tenant déjà l'une l'autre ; quelquefois c'est au dehors que l'une d'elles tombe brusquement sur une autre, qui vole ou se promène tranquillement dans le voisinage. De quelque manière que le combat ait commencé, les deux Abeilles tombent à terre dès qu'elles se sont jointes ; en l'air, elles ne pourraient se porter des coups assurés. Dans cette situations elles font tout ce que feraient deux lutteurs dont chacun voudrait arracher la vie à son ennemi : chacune tâche de prendre la position la plus avantageuse. Parfois, elles sont toutes deux couchées sur le côté, se tenant réciproquement saisies avec leurs pattes, tête contre tête, derrière contre derrière, et contournées de façon qu'elles forment ensemble un cercle. Quand elles se tiennent ainsi, le mouvement des ailes les fait pirouetter de temps en temps et les porte quelquefois en avant à plus d'un pied de distance, mais toujours à fleur de terre. Une des deux parvient enfin à prendre quelque position plus favorable, à monter sur l'autre et à lui menacer le cou de son aiguillon. Elles sont alors au plus fort de l'acharnement; elles dardent continuellement leur aiguillon, elles cherchent, chez l'adversaire, une partie molle où le dard puisse être introduit. Comme les Abeilles sont fortement cuirassées, ces tentatives sont souvent très longues, quelquefois de près d'une heure. Pour peu que le cou de l'Abeille qui se défend s'allonge et mette à découvert sa peau fine, c'en est fait : le stylet empoisonné de l'autre plonge dans ce point vulnérable, et l'Abeille blessée meurt. D'autres fois, les deux Abeilles fatiguées et désespérant, l'une et l'autre, de remporter une victoire complète, se séparent et s'envolent chacune de son côté.

Il ne faut pas confondre ces duels sérieux avec les attaques intéressées dont une ouvrière est assez souvent l'objet. Trois ou quatre Abeilles se jettent parfois sur l'une de leurs compagnes; l'une la prend par une jambe, l'autre la saisit par une aile, quelques-unes lui mordillent le corps. Ces jeux n'ont rien de dangereux : bientôt la paix est conclue et scellée par un banquet. Toujours l'Abeille attaquée finit par se débarrasser de ses adversaires : pour se tirer d'affaire, il lui suffit d'allonger sa trompe, et la lutte cesse à l'instant. Une des assaillantes vient lécher sa trompe emmiellée, les autres suivent son exemple, sans que l'Abeille provoquée fasse la moindre résistance. On ne la lutinait ainsi que pour la forcer à faire part du miel qu'elle avait d'abord malicieusement refusé.

Réaumur. — V. Rendu.

LXVIII

Les Abeilles et le Sphinx Atropos.

Vers la fin de l'été, lorsque les Abeilles ont emmagasiné une partie de leur récolte, on entend quelquefois auprès de leur habitation un bruit étonnant. Une multitude d'ouvrières sortent pendant la nuit et s'échappent dans les airs. Le tumulte dure souvent plusieurs heures; et, le lendemain, on voit beaucoup d'Abeilles mortes au devant de la ruche. Le plus souvent, celle-ci ne renferme plus de miel, et quelquefois elle est entièrement déserte.

Pour connaître la cause de ces dégâts, je mis mes gens en embuscade. Bientôt ils m'apportèrent des *Sphinx Atropos*, grands papillons de nuit, plus connus sous le nom de *Têtes de mort*. Ces Sphinx voltigeaient en grand nombre autour des ruches ; on en saisit un au moment où il allait entrer dans l'une des moins peuplées. Son intention était évidemment de pénétrer dans la demeure des Abeilles et d'y vivre à leurs dépens.

De toutes parts on m'apprenait que de semblables dégâts avaient été commis dans les ruches. Les cultivateurs, qui s'attendaient à une récolte abondante, trouvaient leurs ruches aussi légères qu'elles le sont aux premiers jours du printemps; elles étaient réduites au poids de la cire, quoiqu'elles fussent très bien approvisionnées auparavant. On surprit enfin dans plusieurs ruches le gros Sphinx qui avait causé la désertion des Abeilles.

Comme les entreprises des Sphinx devenaient de jour en jour plus funestes, on imagina de rétrécir les portes des ruches, afin que l'ennemi ne pût pas s'y introduire. On fit avec du fer-blanc une espèce de grillage, dont les ouvertures ne laissaient de place que pour le passage des Abeilles, et on l'établit à l'entrée de leur habitation. Ce procédé eut un succès complet : le calme se rétablit et les dégâts cessèrent.

Les mêmes précautions n'avaient pas été prises en tous ieux; mais nous nous aperçûmes que les Abeilles, livrées à elles-mêmes, avaient pourvu à leur propre sûreté. Elles s'étaient barricadées sans le secours de personne; avec de la cire, elles avaient fabriqué un mur épais à l'entrée de leur ruche. Ce mur s'élevait immédiatement derrière la porte, et quelquefois dans la porte même, qu'il obstruait complètement; mais il était percé lui-même de quelques ouvertures suffisantes pour le passage des ouvrières une à une ou deux à deux au plus.

Ici, l'homme et l'Abeille s'étaient parfaitement rencontrés dans l'invention d'un moyen de défense. Les ouvrages des Abeilles étaient d'ailleurs assez variés. Là, comme je viens de le dire, on voyait un seul mur, dont les ouvertures étaient en arcades; ailleurs, plusieurs cloisons, les unes derrière les autres, rappelaient les bastions de nos citadelles; des portes, masquées par les murs antérieurs, s'ouvraient dans ceux du second rang et ne correspondaient point avec les ouvertures du premier; quelquefois c'était une suite d'arcades croisées qui laissaient une libre issue aux Abeilles, sans permettre l'introduction de leurs ennemis, car ces fortifications étaient massives, la matière en était compacte et solide.

Les Abeilles ne construisent point ces portes casematées sans une nécessité urgente. Ce n'est donc point un de ces traits de prudence générale qui semblent préparés de loin pour obvier à des inconvénients que l'insecte ne peut ni connaître ni prévoir. C'est lorsque le danger est là, lorsqu'il est pressant, immédiat, que l'Abeille, forcée de chercher un préservatif assuré, use de cette dernière ressource. Mais il vient une époque où ces passages étroits ne peuvent suffire aux Abeilles : c'est lorsque la récolte est très abondante, que la ruche est excessivement peuplée et qu'il est temps de former de nouvelles colonies. Elles démolissent alors les barricades élevées au moment du danger. Les précautions étant devenues maintenant incommodes, elles les écartent jusqu'à ce que de nouvelles alarmes les leur inspirent ne nouveau.

Les portes pratiquées en 1804 furent détruites au printemps 1805. Les Sphinx ne parurent point cette année-là, ni l'année suivante; dans l'automne de 1807, ils se montrèrent en grand nombre. Aussitôt les Abeilles se barricadèrent et prévinrent ainsi le désastre dont elles étaient menacées.

Il est à remarquer que lorsque la porte de leur ruche est naturellement étroite, ou lorsqu'on a soin de la rétrécir assez tôt pour prévenir les dévastations de leurs ennemis, elles se dispensent de les murer. Cet à-propos dans leur conduite ne peut s'expliquer qu'en admettant que leur instinct se développe à mesure que les circonstances l'exigent.

F. Huber.

C'était vers le temps de la Révolution américaine, peu avant la Révolution française. On vit apparaître et se répandre un être inconnu à notre Europe, d'une figure effrayante, un grand et fort papillon de nuit, marqué assez nettement en gris fauve d'une vilaine tête de mort. Cet être sinistre, qu'on n'avait jamais vu, alarma les campagnes et parut l'augure des plus grands malheurs. En réalité, ceux qui s'en effrayaient l'avaient apporté eux-mêmes. Il était venu en chenille avec sa plante natale, la pomme de terre américaine, le végétal à la mode que Parmentier préconisait, que Louis XVI protégeait et qu'on répandait partout. Les savants le baptisèrent d'un nom peu rassurant : le Sphinx Atropos.

Cet animal était terrible en effet, mais pour le miel. Il en était fort glouton et capable de tout pour y arriver. Une ruche de trente mille Abeilles ne l'effrayait pas. En pleine nuit, le monstre avide, profitant de l'heure où les abords de la cité sont moins gardés, avec un petit bruit lugubre, étouffé, comme étoupé par le duvet mou qui le recouvre, envahissait la ruche, allait aux rayons, se gorgeait, pillait. gâchait, bouleversait les magasins et les enfants. On avait beau s'éveiller, se rassembler, s'ameuter, l'aiguillon ne perçait pas l'espèce de couverture, le matelas mou et élastique, dont il est garni partout, comme ces armures de coton que portaient les Mexicains du temps de Cortès et qu'aucune arme espagnole ne pouvait percer.

Huber avisait aux moyens de protéger ses Abeilles contre ce pillard effronté. Un matin, l'aide fidèle qui le secondait dans ses expériences lui apprit que les Abeilles avaient déjà elles-mêmes résolu le problème. Elles avaient, en diverses ruches, imaginé, essayé des systèmes divers de défense et de fortifications. Tantôt elles construisaient un mur de cire, avec d'étroites fenêtres, où le gros ennemi ne pouvait passer. Tantôt, par une invention plus ingénieuse, sans boucher rien, elles plaçaient aux portes des arcades entre-croisées, ou de petites cloisons les unes derrière les autres, mais qui se contrariaient, c'est-à-dire qu'au vide laissé par les premières répondait le plein des secondes.

Ainsi nombre d'ouvertures pour la foule impatiente des Abeilles, qui pouvaient, comme à l'ordinaire, entrer, sortir, sans autres obstacles que d'aller un peu en zigzag; mais clôture, absolue clôture, pour le grand et gros ennemi, qui ne pouvait plus entrer avec ses ailes déployées, ni même se glisser par ces corridors étroits.

Ce fut le coup d'État des bêtes, la révolution des insectes, exécuté par les Abeilles, non seulement contre ceux qui les volaient, mais contre ceux qui niaient leur intelligence. Les théoriciens qui la leur refusaient, les Malebranche et les Buffon, durent se tenir pour battus. On dut revenir à la réserve des grands observateurs, des Swammerdam, des Réaumur, qui, loin de contester l'intelligence des insectes, nous donnent nombre de faits pour prouver qu'elle est flexible, qu'elle peut grandir par les dangers, les obstacles, quitter les routines et faire des progrès inattendus dans certaines circonstances.

Michelet.

Le Sphinx Atropos est un très gros papillon qui mesure de quatre à cinq pouces d'envergure. Sa trompe est courte et épaisse, ses antennes sans renflement et terminées par un petit crochet. Son corps est noirâtre, avec une grande tache pâle sur le dos, où se dessinent deux gros points noirs et deux petites lignes, de manière que l'ensemble de la tache figure assez bien une tête de mort. Ses ailes supérieures, d'un brun noir, sont nuancées de gris et de roux; ses ailes inférieures, d'un jaune fauve, sont traversées par deux bandes noires.

Le Sphinx tête de mort a la faculté d'émettre un son aigu que l'on a comparé à un cri. Ce fait, presque unique chez les Lépidoptères, a beaucoup intrigué les observateurs, longtemps inhabiles à découvrir l'organe mis en jeu pour la production de ce bruit. Aujourd'hui, on croit être assuré que cette stridulation est déterminée au moyen d'une petite capsule membraneuse située de chaque côté du corps à la base de l'abdomen, et recouverte par un faisceau de poils susceptibles d'entrer en vibration.

Dans quelques parties de la France, on a vu parfois le Sphinx Atropos se montrer en assez grande abondance. Le volume considérable de l'insecte, ses couleurs sombres, le dessin de son thorax rappelant l'image d'une tête de mort, son cri aigu, son apparition nocturne, ont frappé l'imagination des personnes ignorantes et superstitieuses. L'inoffensif papillon a été, en certains lieux, considéré comme un présage du plus mauvais augure. Il n'en a pas fallu davantage pour semer la terreur parmi des populations. Le Sphinx tête de mort n'a qu'un défaut : il aime trop le miel, et son avidité le porte à s'introduire dans les ruches, où il cause les plus grands désordres.

Sa chenille, la plus grande de toutes celles de l'Europe, est aussi l'une des plus belles. Elle est d'une teinte verte très fraîche, avec tous les anneaux, à partir du quatrième, ornés d'une sorte de chevron d'un bleu vif ou d'un violet plus ou moins foncé. Comme les autres chenilles de Sphinx, elle porte une corne inoffensive à l'extrémité postérieure du dos. Elle vit constamment sur la pomme de terre et s'enfonce dans le sol pour se transformer.

ÉMILE BLANCHARD.

LXIX

Les Termites.

Comme les Abeilles et les Fourmis, les Termites se réunissent en sociétés nombreuses, dans lesquelles des individus de forme différente, représentant des espèces de castes, s'acquittent de fonctions diverses. Dans toute termitière, on trouve à la fois des larves, des nymphes et des insectes parfaits accompagnés d'un nombre immense de neutres. Chez les Abeilles et les Fourmis, ce sont ces derniers qui jouent le rôle d'*ouvrières;* chez les Termites, ils remplissent les fonctions de *soldats* et sont exclusivement chargés de veiller à la sûreté commune, ainsi qu'au maintien du bon ordre.

Les larves et les nymphes, au lieu d'attendre dans une oisiveté complète le temps marqué pour leurs métamorphoses, s'acquittent de tous les travaux. Ce sont elles qui élèvent les édifices, creusent les mines, amassent les provisions, entourent la mère commune, reçoivent et soignent les œufs. Quoique chargées des fonctions les plus pénibles, elles ont la plus petite taille. Les ouvriers des Termites belliqueux, la plus grande des espèces observées par Smeathman, n'ont guère que 5 millimètres de long, et cinq d'entre eux pèsent à peine 1 milligramme. Ils ne sont donc guère plus grands que nos Fourmis, auxquelles ils ressemblent assez pour qu'on leur ait longtemps donné le même nom. Leur corps entier est d'une délicatesse telle, qu'ils sont broyés au moindre froissement; mais leur tête porte des mandibules dentelées et d'une corne assez solide pour attaquer les corps les plus durs, à l'exception des métaux et des pierres.

Les soldats ont environ le double de longueur et pèsent chacun autant que quinze ouvriers. Cet excès de poids est dû à leur énorme tête cornée, beaucoup plus grosse que le corps et armée de pinces aiguës, véritable armure offensive qui ne saurait servir au travail.

Enfin l'insecte parfait atteint jusqu'à 18 millimètres de long, il pèse autant que trente travailleurs, et les quatre ailes qu'il reçoit pour quelques heures seulement ont près de 50 millimètres d'envergure.

Toutes les espèces de Termites sont mineuses; la plupart sont en outre architectes. Il en est qui bâtissent leur nid sur les arbres autour de quelque grosse branche que ces insectes destructeurs savent fort bien respecter. Ces nids ont parfois la grosseur d'une barrique, et, quoique offrant une large prise aux ouragans des tropiques, quoique composés uniquement de petites parcelles de bois collées à l'aide des gommes du pays et des sucs fournis par les ouvriers eux-mêmes, ils ne sont jamais arrachés.

Ces espèces, à vie presque aérienne, sont en petit nombre. La plupart construisent, au-dessus de leurs galeries souterraines, des édifices qui renferment leurs magasins et leurs couvoirs. Le Termite atroce et le Termite mordant élèvent ainsi de véritables colonnes surmontées d'un toit en dôme qui déborde de tous côtés. Ces colonnes ont de 70 à 75 centimètres de hauteur sur environ 20 centimètres de diamètre. Elles sont construites en entier avec une sorte d'argile qui, pétrie par les Termites, acquiert une dureté extraordinaire. On renverse une de ces colonnes en l'arrachaut à ses fondements plutôt que de la rompre par le milieu. L'intérieur en est creux, ou plutôt entièrement fait de cellules assez irrégulières qui servent de logements. Si le nombre des habitants augmente, une nouvelle colonne s'élève à côté de la première, et ainsi de suite, de manière que l'ensemble des nids figure un groupe de champignons monstrueux.

Mais, pour voir les Termites déployer tout ce que le ciel leur a départi d'industrie, il faut visiter et démolir pièce à pièce, comme l'a fait Smeathman, un nid de Termites belliqueux. Quand une colonie de ces derniers s'établit au milieu d'une plaine, on voit d'abord paraître et grandir rapidement une ou deux tourelles coniques, qui bientôt se multiplient et atteignent jusqu'à une hauteur de cinq pieds. L'étendue du sol occupé par ces édifices provisoires annonce celle des travaux souterrains. Peu à peu, le diamètre de ces tourelles augmente ; leur base s'élargit ; en peu de temps, elles se touchent et se soudent l'une à l'autre ; les vides qui les séparaient disparaissent alors promptement, et en moins d'une année le nid présente au dehors l'aspect d'un monticule irrégulièrement conique, à sommet arrondi en forme de dôme, portant sur ses flancs un nombre variable d'éminences allongées, et ayant jusqu'à 5 ou 6 mètres de diamètre à la base sur à peu près autant de hauteur.

Si, tenant compte de la différence de taille des architectes, nous comparons aux monticules construits par ces insectes les plus gigantesques monuments élevés par la main de l'homme, le résultat est fait pour nous humilier profondément. La pyramide de Chéops avait, au moment de sa construction et avant tout ensablement, 146 m. 20 de hauteur. Elle avait par conséquent à peu près quatre-vingtonze fois la hauteur d'un homme, en prenant pour taille moyenne 1 m. 60. Or, d'après ce que nous avons dit des dimensions des Termites et de leurs monticules, ces derniers ont en hauteur environ mille fois la longueur des insectes qui les construisent. Ainsi, toute proportion gardée, un nid de Termites est onze fois plus élevé que le plus haut de nos monuments. Pour être seulement son égale, la *grande* pyramide devrait s'élever à plus de 1600 mètres au-dessus du sol et dépasser la hauteur du Puy-de-Dôme.

Ces montagnes artificielles sont d'une solidité à toute épreuve. Pendant qu'elles sont encore en construction et que leur dôme arrondi est encore accessible aux bœufs sauvages, on voit souvent la sentinelle de quelque troupeau debout sur le sommet. Smeathman, Jobson et autres voyageurs montaient habituellement sur ces termitières pour dominer le pays, ou s'embusquaient parmi les tourelles qui les hérissent pour attendre le gibier au passage; et cependant, comme les colonnes dont nous parlions tout à l'heure, ces monticules sont creux. Placés au centre du terrain qu'exploite chaque colonie, ils en sont pour ainsi dire la capitale; et, comme nos grandes cités, ils ont leurs rues et leurs places publiques où circule sans cesse une population innombrable, leurs magasins toujours combles de provisions, leurs hôpitaux des enfants trouvés où les générations nouvelles s'élèvent par les soins de la communauté, et leur palais de souverains, qui sont bien en réalité les père et mère de leurs sujets.

Supposons un de ces monticules coupé par le milieu. Voici d'abord des parois presque aussi dures que de la brique et épaisses de 60 à 80 centimètres. Des galeries plus ou moins cylindriques sont percées dans ces murailles et augmentent de diamètre vers la base, où les plus grandes atteignent jusqu'à 35 centimètres de large et s'enfoncent sous terre à près de 1 mètre 1/2 de profondeur. Ces dernières sont à la fois des carrières et des déversoirs. Ce sont elles qui ont fourni les matériaux de l'édifice, et en cas d'inondation elles recevraient et perdraient profondément dans le sol l'eau, qui ne peut atteindre ainsi les quartiers populeux. Les autres galeries, qui serpentent obliquement en tous sens, s'embranchent les unes dans les autres et arrivent jusqu'au dôme et dans les moindres tourelles, sont autant de routes servant uniquement au passage des travailleurs occupés de maçonnerie. Cet ensemble n'est pas encore la ville; il n'en est que le rempart.

Sous le dôme se trouve un grand espace libre, occupant la largeur entière du monticule. Le plancher en est plat et sans aucune ouverture. Quelques-unes des galeries percées dans l'enveloppe générale s'ouvrent à son niveau; d'autres débouchent à des hauteurs diverses et sont continuées par des rampes en relief appliquées contre le mur. Ce sont autant d'échafaudages qui permettent aux travailleurs d'atteindre à toutes les parties de la voûte. Quant au comble lui-même, il joue le rôle d'un double fond, d'une chambre à air dont on comprend sans peine l'utilité sous ce ciel brûlant, où les nuits sont si fraîches, et entretient dans l'édifice entier une température plus égale, et garantit surtout des variations journalières les couvoirs placés au-dessous.

Nous avons visité les murs, les caves et les combles de l'édifice; pénétrons maintenant dans les appartements. Au niveau du sol, au centre du rez-de-chaussée, est le palais des souverains, dont nous ferons tout à l'heure l'histoire. Ce palais est une grande cellule oblongue à fond plat, à voûte arrondie, qui, dans les vieilles termitières, a jusqu'à 25 centimètres de long. Les parois en sont très épaisses, surtout dans le bas, et percées de portes et de fenêtres rondes régulièrement espacées. Tout autour de ce sanctuaire, sur un espace de plus de 30 centimètres en tous sens, s'étend un véritable dédale de chambres voûtées, toujours rondes ou ovales, donnant l'une dans l'autre et communiquant par de larges corridors. Ce sont les salles de service exclusivement réservées aux travailleurs et soldats occupés du couple royal. Sur les côtés s'élèvent jusqu'au plancher du comble des magasins adossés aux murs de l'enveloppe générale. Ce sont de grandes chambres irrégulières, toujours remplies de gommes et de sucs de plantes solidifiés et réduits en fines particules. Des galeries et de petites chambres vides relient entre elles toutes ces chambres pleines et assurent le service.

La cellule royale et ses dépendances sont protégées par une voûte épaisse, dont le dessus sert de plancher à un grand espace libre ménagé au centre du monticule. Sur cette espèce d'aire s'élèvent des pilliers massifs, hauts quelquefois de plus de 1 mètre, qui donnent à cette vaste salle un air de nef de cathédrale et qui supportent les couvoirs.

Ceux-ci diffèrent du reste de l'édifice autant par leur structure que par leur destination. Partout ailleurs, l'argile est seule mise en œuvre, et c'est encore elle qui forme en quelque sorte la carcasse de la *nourricerie;* mais ici les grandes chambres où doivent éclore les œufs et se tenir les très jeunes larves sont divisées en un grand nombre de petites cellules dont les cloisons sont entièrement construites en parcelles de bois collées avec de la gomme. On trouve de ces couvoirs de toutes les dimensions, et quelque-uns sont aussi gros qu'une tête d'enfant. Tous sont entourés d'une coque de brique, aérés par les portes qui donnent dans les galeries de communication, et placés, comme ils le sont, entre le grand vide du comble et la nef dont nous venons de parler, ils réunissent toutes les conditions désirables d'égalité de température et de ventilation.

Revenons maintenant à la cellule royale. Elle renferme toujours un couple unique, objet des soins les plus empressés, mais qui achète sa grandeur au prix d'une réclusion perpétuelle, car les portes et les fenêtres du palais, suffisantes pour laisser passer un ouvrier ou un soldat, sont trop étroites pour livrer passage au roi et plus encore à la reine. Celle-ci, toujours au centre de la chambre princière et reposant à plat, frappe tout d'abord les yeux de l'observateur. Qu'elle ressemble peu au gracieux insecte aux fines ailes, à la taille svelte, qui n'avait d'abord que trois ou quatre fois la longueur et trente fois le poids d'un ouvrier! Les ailes ont disparu; la tête et le corselet sont restés à peu près les mêmes; l'abdomen, au contraire, a pris un développement monstrueux et tend à s'accroître sans cesse. Dans une vieille reine, il est deux mille fois plus gros que le reste du corps et atteint jusqu'à 15 centimètres de long. Cette femelle pèse autant que trente mille ouvriers, et, grâce à cette obésité exagérée, les précautions prises pour prévenir sa fuite sont parfaitement inutiles, car elle ne peut faire un seul pas. Quant au roi, il a aussi perdu ses ailes, mais n'a d'ailleurs changé ni de dimensions ni de formes.

Les travailleurs et les soldats ont l'air de faire assez peu d'attention au roi; mais ils sont fort occupés de la reine. L'espace laissé libre autour de celle-ci est constamment rempli par quelques milliers de serviteurs empressés, qui circulent autour d'elle en tournant toujours dans le même sens. Les uns lui donnent à manger, d'autres enlèvent les œufs qu'elle ne cesse de pondre; car ici, comme chez les abeilles, cette reine est avant tout la mère de ses sujets. Son abdomen monstrueux est une fabrique d'œufs en continuelle activité. Elle en pond au delà de soixante par minute, c'est-à-dire plus de quatre-vingt mille par jour; et Smeathman est porté à croire que cette ponte prodigieuse dure toute l'année avec la même fécondité!

Ces myriades d'œufs, promptement recueillis, sont portés dans les couvoirs, et il en sort bientôt des larves semblables aux ouvriers, mais beaucoup plus petites et d'un blanc de neige. Ces larves habitent pendant quelque temps les chambres où elles sont nées; elles y sont l'objet de soins attentifs. Puis elles subissent une première métamorphose et revêtent la forme d'ouvriers actifs ou de soldats. Les premiers seuls parviennent à l'état d'insectes parfaits. Vers la saison des pluies, il leur pousse des ailes, et, par quelque soirée d'orage, mâles et femelles sortent par millions de leurs retraites souterraines. Mais leur vie aérienne est de courte durée : au bout de quelques heures, leurs ailes se flétrissent et se détachent. Dès le lendemain, la terre est jonchée de ces malheureux, qui désormais, incapables de fuir, deviennent la proie de mille ennemis guettant avec soin cette provende annuelle. Bien peu échappent au massacre. Quelques couples, recueillis par des ouvriers et protégés par des soldats que le hasard a conduits auprès d'eux, rentrent dans leurs galeries et deviennent les souverains de leurs sauveurs. Bientôt cloîtrés pour toujours dans leur cellule royale, ils forment le noyau d'une nouvelle termitière.

Les Termites neutres conservent pendant toute leur vie les caractères et les attributions qui leur ont valu le nom de soldats. Ils comptent à peine pour un centième dans la population des termitières et constituent une classe à part. En temps ordinaire, ils vivent oisifs, montant, pour ainsi dire, la garde à l'intérieur, ou se bornent à surveiller les travailleurs sur lesquels ils exercent une autorité évidente. En temps de guerre, ils payent bravement de leur personne et meurent, s'il le faut, pour le salut commun. Au premier coup de pioche qui met à jour une galerie, on voit accourir la sentinelle la plus voisine. L'alarme se répand, et en un clin d'œil une foule de combattants couvrent la brèche, dardant en tous sens leurs grosses têtes, ouvrant et fermant avec bruit leurs tenailles. Ont-ils saisi un objet quelconque, rien ne leur fait lâcher prise : ils se laissent arracher les membres et le corps par morceaux sans desserrer leurs mâchoires. S'ils atteignent la main ou la jambe de leurs agresseurs, le sang jaillit aussitôt. Chaque Termite en fait couler une quantité supérieure au poids de son propre corps. Aussi les nègres, privés de vêtements, sont-ils bientôt mis en fuite, et les Européens ne sortent du combat qu'avec leurs pantalons largement tachés de sang.

Tout en soutenant la lutte, les soldats frappent de temps à autre sur le sol avec leurs pinces, et les ouvriers répondent à ce signal par une sorte de sifflement. L'attaque est-elle suspendue, les maçons se montrent en foule, apportant tous une bouchée de terre toute prête. Chacun à son tour s'approche du point à réparer, y applique sa part de mortier et se retire sans jamais gêner ou retarder ses compagnons. Aussi le nouveau mur avance-t-il rapidement sous les yeux de l'observateur. Pendant ce temps, les soldats sont rentrés, à l'exception d'un ou deux par mille travailleurs. L'un d'eux semble chargé de surveiller les travaux : placé près du mur en construction, il tourne lentement la tête en tous sens, et chaque deux ou trois minutes frappe rapidement le dôme de ses pinces en produisant un bruit un peu plus fort que le balancier d'une montre. Chaque fois, on lui répond par un sifflement qui part de tous les points de l'édifice, et les ouvriers manifestent un redoublement d'activité. Si l'attaque recommence, en un clin d'œil les ouvriers disparaissent, et les soldats sont à leur poste, luttant sans relâche et défendant le terrain pouce à pouce. En même temps, les ouvriers sont à l'ouvrage : ils masquent les passages, murent les galeries et cherchent surtout à sauver leurs souverains. Dans cette intention, ils comblent au plus vite les salles de service, si bien qu'en arrivant au centre d'un monticule Smeathman ne pouvait distinguer la cellule royale, perdue au milieu d'une masse informe d'argile. Mais le voisinage de ce palais se trahissait par la foule même des travailleurs et des soldats réunis tout autour et qui se laissaient écraser plutôt que d'abandonner la place. La cellule elle-même en renfermait toujours quelques milliers restés autour du couple royal et qui s'étaient fait murer avec lui. Smeathman les a toujours vus se laisser emporter avec ses objets de leur dévouement et continuer leurs services en captivité, tournant sans cesse autour de la reine, lui donnant à manger, enlevant les œufs et, faute de couvoirs, les empilant derrière quelque morceau d'argile ou dans un angle du bocal qui servait de prison.

De Quatrefages.

LXX

Les Bourdons.

Comme les Abeilles, les Bourdons vivent en société ; mais, si l'on compare les habitations des premières, le nombre des mouches qui y sont rassemblées, les ouvrages dont elles sont remplies, avec les logements des Bourdons et tout ce qui s'y trouve, les unes paraîtront par rapport aux autres ce qu'est une très grande ville, très peuplée et où les arts sont en honneur, par rapport à un simple village. Après s'être plu à faire des réflexions sur tout ce qui se passe dans les plus grandes villes, on peut aimer à s'instruire de la vie des villageois. Les bourdons, que nous comparons à ces derniers, ne laissent pas d'avoir à nous apprendre des faits par rapport à la façon dont ils se conduisent, qui méritent d'être connus.

Les nids de Bourdons se trouvent principalement dans les champs de sainfoin et de luzerne. Je pensai donc que c'était aux faucheurs qu'il fallait s'adresser pour en avoir. Quand leur faux coupe l'herbe bien près de la terre, elle met à découvert les nids de Bourdons, qui s'élèvent au-dessus de la surface; souvent même, le tranchant de ce grand instrument divise ces nids en deux. Aussi n'ai-je point trouvé de faucheurs qui ne connussent les nids dont il s'agit.

Les premiers que je voulus engager à m'en procurer, en leur promettant de les leur payer chacun douze sols, furent extrêmement contents du marché. Je le fus fort moi-même d'avoir dès le même jour à leur donner le prix de cinq à six de ces nids. Bientôt il fut su par tous les faucheurs du pays que le commerce de nids de Bourdons méritait attention : on m'en offrit de toutes parts. Quoique j'en eusse beaucoup rabaissé la valeur, il me fut facile d'en avoir près d'une centaine, et il n'eût tenu qu'à moi d'en avoir davantage.

L'extérieur du nid ressemble à une motte de terre couverte de mousse. Il y en a de plus et de moins élevés, et de plus et de moins écrasés ; quelques-uns ont la convexité d'une demi-sphère, quelques-autres sont des segments bien plus petits que la demi-sphère. Une porte est ménagée au bas du nid, c'est-à-dire qu'il y a un trou qui permet aux Bourdons d'entrer et de sortir. Souvent cet orifice est en communication avec un chemin couvert, de plus d'un pied de long, par lequel chaque mouche peut arriver à la porte sans être vue. Ce chemin est voûté de mousse.

C'est une chose très aisée que de voir l'intérieur du nid, et comment tout y est disposé; on peut le découvrir sans s'exposer à aucune aventure fâcheuse. Quoique les Bourdons soient armés d'un fort aiguillon, et quoique le bruit qu'ils font entendre semble menaçant, ils ne laissent pas d'être assez pacifiques. Quand on ôte le toit de leur habitation, quelques-uns ne manquent pas d'en sortir; mais ils ne cherchent point à se jeter sur celui qui les a mis à découvert, comme le feraient les Abeilles en pareil cas.

Le premier objet qui se présente, lorsque le nid a été découvert, est une espèce d'épais gâteau mal façonné et composé d'un assemblage de corps oblongs comme des œufs, ajustés les uns contre les autres, et d'un jaune pâle ou blanchâtre. Il y en a de trois grandeurs différentes : le grand diamètre des uns a plus de sept lignes, et leur petit diamètre a environ quatre lignes et demie; il y en a dont le grand diamètre n'a pas trois lignes, et dont l'autre est plus petit à proportion; enfin il y a de ces corps d'une grandeur moyenne entre les précédentes. Il est aisé de juger des inégalités qui peuvent se trouver dans l'épaisseur d'un gâteau fait de ces trois sortes de corps, posés les uns contre les autres et d'ailleurs posés assez irrégulièrement. Dans certains temps, ceux qui composent un gâteau sont tous fermés par les deux bouts; et, dans d'autres temps, ils sont ouverts pour la plupart par leur bout inférieur. Tous ceux qui sont ouverts sont vides. Ces corps en forme d'œufs sont de solides coques de soie, renfermant des vers ou des nymphes. Enfin ceux qui sont ouverts par un bout sont des coques qui ont été percées par le Bourdon, lorsque, après s'être tiré de toutes ses enveloppes, il a été en état de paraître avec des ailes.

Outre les coques qui sont le corps de chaque gâteau, on ne saurait manquer de remarquer des masses de la figure la plus irrégulière d'une couleur brune, dont plusieurs sont posées en dessus et remplissent non seulement des vides que les coques laissent entre elles, mais s'élèvent assez pour cacher quelques-unes de celles qui leur servent de base. Les plus considérables de ces masses se trouvent sur les bords et les côtés du gâteau; il y en a quelquefois d'aussi grosses que de petites noix et que je ne saurais mieux comparer qu'à des truffes pour la figure et la couleur.

Ces masses, qui ne semblent être pour les gâteaux qu'une malpropreté et une difformité, sont le grand et l'important ouvrage des Bourdons. Si l'on enlève les couches extérieures avec un canif, on trouve un vide rempli par des œufs. Ces masses de matière sont donc des nids d'œufs, des nids qui peuvent le disputer en singularité à ceux qui sont faits avec le plus d'art, et cela parce qu'elles ne sont pas uniquement destinées à bien couvrir les œufs, mais encore à fournir la nourriture aux vers qui en doivent éclore. Leur matière est une espèce de pâtée, dont le ver qui sort de chaque œuf doit se nourrir.

Quand on ouvre certaines masses de pâtée, ce ne sont plus des œufs qu'on trouve dans leur intérieur ; on n'y trouve que des vers, plus ou moins nombreux, selon que la masse est plus ou moins grosse. Telle masse de pâtée est occupée par un seul, telle autre par deux ou trois vers. De là il suit qu'après leur naissance ils s'écartent les uns des autres, mangeant la pâtée qui les entoure. Les Bourdons du nid connaissent les endroits où les couches de cette matière, devenues trop minces, exposeraient le ver à être à découvert; ils ont soin d'y apporter de nouvelle matière, qui sert à le nourrir et à le mettre à l'abri.

Les poussières d'étamines font la base de la pâtée dont vivent les vers des Bourdons. Mais ces poussières trop sèches demandent à être humectées; elles le sont par un miel aigrelet. La consommation qui se fait de cette pâtée dans chaque nid doit être grande. On ne voit pas pourtant que les Bourdons qui y arrivent aient ordinairement les deux jambes postérieures chargées de pollen, comme le sont souvent celles des Abeilles qui rentrent chez elles; ce qui dispose à croire qu'ils font passer les poussières d'étamines dans leurs estomacs, qu'ils les mangent et les dégorgent après les avoir tenues en digestion.

A moins que les Bourdons, comme les vers, n'aiment la pâtée et ne la mangent, ils ne font pas de grandes provisions pour eux-mêmes. Tout ce qu'on trouve de plus dans leur nid et qu'on ne manque pas d'y trouver, ce sont trois à quatre espèces de petits pots, tantôt plus, tantôt moins, pleins d'un fort bon miel. Les faucheurs les connaissent et s'amusent volontiers à les ôter des nids qu'ils ont découverts, pour en boire le miel. Ces petits vases sont des gobelets presque cylindriques, d'une capacité égale au moins à celle d'une des grandes coques. Ils sont faits d'une sorte de cire grossière pareille à celle dont le nid est plafonné. Les Bourdons se servent peut-être du miel de ces pots pour humecter de temps en temps la pâtée qui se dessèche trop.

Revenons maintenant à la structure du nid de mousse. Dès qu'on cesse de les inquiéter, les Bourdons songent à réparer leur nid et n'attendent même pas que celui qui a fait le désordre se soit éloigné. Si la mousse du dessus a été jetée assez près du pied du nid, comme on y jette, même sans penser qu'on doit le faire pour épargner de la peine à ces mouches, bientôt elles s'occupent à la remettre dans sa première place. Les Bourdons des trois sortes, c'est-à-dire les grands, ceux de moyenne grandeur et les petits, y travaillent. Nos Bourdons ressemblent encore en ceci aux villageois, auxquels nous les avons comparés : tous se croient nés pour le travail, et tous travaillent. Il n'y a point parmi eux, comme parmi les Abeilles, des mouches qui aient la prérogative de ne rien faire, de passer leur vie dans l'oisiveté.

Les oiseaux et les insectes qui ont à construire des nids, ou de petits bâtiments équivalents, vont souvent prendre au loin les matériaux qu'ils y veulent faire entrer, ils s'en chargent et les transportent. La façon dont les Bourdons ont été instruits à faire parvenir sur leur nid la mousse qu'ils y veulent placer est différente. C'est en la poussant, et non en la portant, qu'ils l'y conduisent. Ils n'ont même en aucun temps à l'y conduire de loin : les environs du lieu qui a été choisi pour établir un nouveau nid en sont remplis. Le Bourdon, comme l'Abeille, a deux dents écailleuses très fortes dont le bout est large et dentelé. Avec ces dents, il lui est aisé d'arracher et même de couper des brins de ces petites plantes. Mais, lorsqu'il ne s'agit que de rétablir un nid autour duquel se trouve la mousse dont il a déjà été couvert, il serait inutile aux Bourdons de songer à en couper ou à en arracher de nouvelle; aussi leur unique objet est-il de remèttre l'ancienne en place.

Considérons-en un seul occupé à ce travail. Il est posé à terre sur ses jambes à quelque distance du nid; sa tête en est la partie la plus éloignée, et directement tournée vers le côté opposé. Avec ses dents, il prend un petit paquet de brins de mousse; les jambes de la première paire se présentent bientôt pour aider aux dents à séparer les brins les uns des autres, à les éparpiller, à les charpir pour ainsi dire; elles s'en chargent ensuite pour les faire passer sous le corps. Là, les deux jambes de la seconde paire viennent s'en emparer et les poussent plus près du derrière. Enfin les jambes de la dernière paire saisissent ces brins de mousse et les conduisent par delà le derrière aussi loin qu'elles les peuvent faire aller.

Après que la manœuvre que nous venons d'expliquer a été répétée un grand nombre de fois, il s'est formé un petit tas de mousse bien conditionnée par delà le derrière du Bourdon. Un autre Bourdon, qui a toujours le derrière tourné vers le nid, répète sur ce petit tas une manœuvre semblable et le conduit un peu plus loin. C'est ainsi que de petits tas de mousse sont poussés jusqu'au nid, et c'est ainsi qu'ils sont montés jusqu'à la partie la plus élevée. Enfin c'est toujours en poussant avec ses jambes et vers son derrière les brins de mousse, que le Bourdon les fait avancer.

Un toit de mousse suffit pour les mettre à l'abri pendant un certain temps. La surface intérieure des nids est alors de pure mousse comme la surface extérieure; mais, par la suite, la couverture doit être en meilleur état de résister à la pluie et aux autres injures de l'air. Les Bourdons mettent un enduit sur toute la surface intérieure; ils y font d'abord une sorte de plafond de cire brute et en recouvrent ensuite toutes les parois. La couche de cette matière n'a environ qu'une épaisseur double de celle d'une feuille de papier ordinaire; mais, outre qu'elle n'est pas pénétrable à l'eau, elle tient liés tous les brins de mousse qui parviennent jusqu'à l'intérieur, au moyen de quoi les brins qui se trouvent entrelacés avec ceux-ci sont plus solidement arrêtés. Les grands vents alors n'ont plus la même prise sur les nids, qu'ils y ont lorsque cet enduit leur manque. Enfin cet enduit donne du lisse et du poli à toutes les parois intérieures.

Réaumur.

LXXI

Le Fourmilion.

Le Fourmilion ne peut se nourrir que du gibier qu'il attrape; mais il ne joindrait pas à la course les insectes qui marchent le plus lentement : ce n'est pas que sa marche soit d'une lenteur excessive, c'est qu'il ne pourrait la diriger vers ceux qu'il voudrait atteindre; il ne sait aller qu'à reculons. Cependant il parvient à se saisir des insectes les plus agiles, au moyen de la ruse qui lui a été apprise. Il sait disposer le lieu où il se fixe de manière que le gibier y vient tomber entre ses cornes qui l'attendent.

Il se loge et se tient tranquille au fond d'un trou fait en entonnoir; il y est caché sous le sable au-dessus duquel s'élèvent seulement ses deux cornes, aussi écartées l'une de l'autre qu'elles le peuvent être. Malheur alors à tout insecte imprudent, à la fourmi, par exemple, qui cheminant passe sur les bords d'un trou dont le talus est raide et dont les parois sont toutes prêtes à s'ébouler; quelquefois il tombe dans l'instant au fond du précipice, dans la vraie fosse du lion.

Sa chute n'est pas toujours si précipitée. La fourmi, qui

sent le danger, tâche de se cramponner sur les grains de sable qui forment la pente ; plusieurs cèdent sous ses pieds, mais, au moyen de tentatives et d'efforts redoublés, elle en rencontre de moins mobiles, sur lesquels elle se retient ; souvent même, elle parvient à grimper vers le bord du trou. Mais le Fourmilion a encore une ressource pour se rendre maître de la proie qui lui échappe. Sa tête, dont le dessus

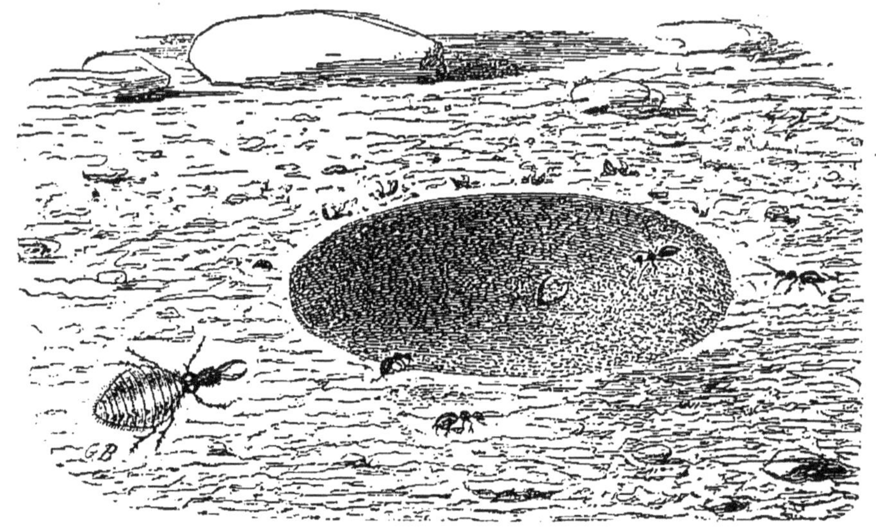

Fig. 53. — Fourmilion et son entonnoir.

est plat, peut jeter en l'air le sable qui la recouvre, comme nous le jetterions avec une pelle. Au moyen d'un coup de tête donné brusquement dans la direction convenable, il lance en l'air un jet de grains de sable. Cette pluie retombe sur la misérable Fourmi, qui ne trouvait déjà que trop de difficulté à monter ; les petits coups qu'elle reçoit d'un grand nombre de grains la poussent en bas. Elle n'en est pas quitte pour ces premiers coups : le Fourmilion ne tarde pas à ramener sa tête sous le sable, à la charger et à la mettre en état de faire partir un nouveau jet. Plusieurs jets qui se succèdent produisent l'effet pour lequel le premier n'a pas toujours suffi. La Fourmi, malgré tous ses efforts, est précipitée au fond du trou ; les deux cornes du Fourmilion, qui étaient ouvertes pour la recevoir, lui saisissent le corps et le pressent en se fermant. RÉAUMUR.

LXXII

Les Perles.

Les perles sont des corps globuleux de forme variable, composés de couches extrêmement nombreuses et serrées de la même substance nacrée qui revêt l'intérieur de beaucoup de coquilles. Ce sont des produits accidentels occasionnés par un état maladif de l'animal ou de sa coquille.

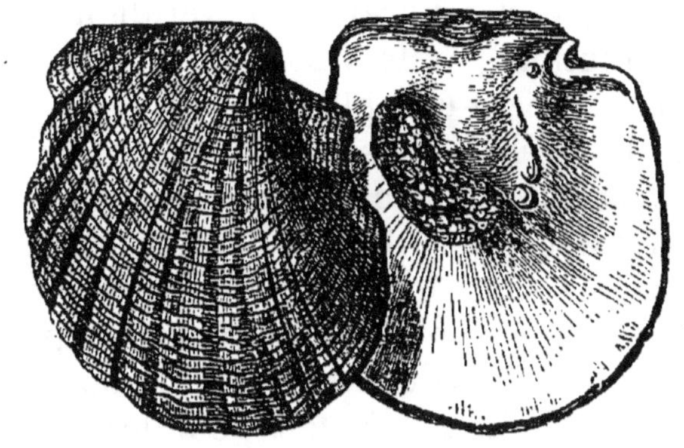

Fig. 54. — Huître perlière.

Lorsqu'une coquille a reçu à l'extérieur un choc assez considérable pour qu'il y ait eu perte de substance ou un simple enfoncement, la matière nacrée se dépose en plus grande abondance sur le point blessé et finit par former un tubercule plus ou moins gros et irrégulier; mais les perles ainsi formées adhèrent toujours à la coquille par une partie de leur surface; d'autres fois un corps étranger, un tout petit grain de sable qui pénètre par accident dans l'intérieur de la coquille, devient pour l'animal une cause d'irritation permanente. Autour de ce centre d'irritation s'effectue un dépôt continuel de matière nacrée, qui devient une perle régulière et sans adhérence avec la coquille.

J'ai essayé plusieurs fois de trouver dans les perles ce petit corps étranger, ce menu grain de sable qui leur sert de noyau, et j'y suis aisément parvenu, mais au bout de plusieurs jours et en employant comme dissolvant de la nacre un acide bien plus fort que le vinaigre, l'acide sulfurique. La dissolution de la perle même dans cet acide est si lente, qu'il est permis de révoquer en doute la célèbre anecdote relative à Cléopâtre. On raconte que cette reine, dans l'intention de dépenser à table une somme bien plus grande qu'Antoine n'avait fait dans ses repas les plus somptueux, où toutes les richesses de l'Orient étaient prodiguées, prit à ses boucles d'oreilles une perle de grosseur et de valeur considérables, la fit dissoudre dans du vinaigre et l'avala. Ce récit me paraît peu véridique, car, pour opérer la dissolution par le vinaigre, il aurait fallu plusieurs semaines et peut-être plusieurs mois.

Beaucoup de perles, dissoutes par un acide, m'ont montré le noyau intérieur, cause de leur formation ; d'autres ne renfermaient rien. Dans ce dernier cas, le dépôt de la nacre s'effectue sans doute autour d'un point maladif, siège d'une irritation dont la cause nous échappe.

On peut par artifice déterminer certaines coquilles à produire des perles. Linné l'a fait pour les Mulettes dans les rivières de la Suède. En perçant la coquille sur l'animal vivant, on détermine la formation d'une masse perlière, qui peut offrir une grosseur et une forme convenables pour être marchande. Le gouvernement suédois fit d'abord un secret de cette invention et établit de véritables perlières artificielles ; mais, au bout de peu d'années, il fut obligé de les abandonner, les bénéfices de l'entreprise étant bien loin de couvrir ses frais, parce que, dans le nombre de perles qui se formaient, bien peu avaient une valeur marchande.

Les habitants de l'Inde paraissent employer un moyen analogue. On trouve quelquefois, en effet, dans l'épaisseur de la coquille des Pintadines, un fil métallique qui fait légèrement saillie à l'intérieur et qui par son contact irritant doit provoquer le dépôt de la nacre.

La coquille qui produit les perles les plus estimées est la Pintadine, qui vit en bancs considérables, à d'assez grandes profondeurs dans les mers de l'Asie. Au commencement de février, époque où commence la pêche, toutes les barques qui doivent y être employées et qui en ont acheté le droit au gouvernement du pays se rassemblent et partent le soir au signal donné par le canon. Chacune est montée, outre le patron, par vingt hommes, dont dix rameurs et dix plongeurs. Ceux-ci, habitués dès leur enfance à leur rude métier, se partagent en deux bandes, de cinq chacune, qui plongent et se reposent alternativement. Chacun est pourvu d'un filet en forme de sac pour y mettre les coquilles perlières, d'une corde à laquelle est attachée une pierre pour faciliter la descente, et enfin d'une autre corde, dont une extrémité reste dans la barque et dont il se sert pour indiquer qu'il veut remonter. Au moment où il va plonger, il prend entre les doigts du pied droit la corde de sa pierre, entre les autres son filet, saisit sa corde d'appel de la main droite et se bouche les narines avec la gauche. Arrivé promptement au fond de l'eau, quelquefois à la profondeur d'une dizaine de mètres, il accroche son filet à son cou et travaille avec la main droite à arracher les coquilles dont il le remplit. Au bout d'une trentaine de secondes, il se fait remonter, en tirant sa corde d'appel, par les hommes qui sont restés dans la barque. Chaque plongeur peut répéter jusqu'à cinquante fois par jour la même opération, en rapportant chaque fois une cinquantaine de coquilles, mais quelquefois en rendant le sang par le nez et par les oreilles.

La pêche continue ainsi jusqu'à midi, où un nouveau coup de canon rappelle les barques au point de leur départ. Là, les propriétaires de la pêche, ou le gouvernement lorsqu'il s'en est réservé le droit, font déposer les coquilles dans un espace carré entouré de palissades. Au bout de quelque temps, quand les animaux sont morts, ce qu'on juge à l'ouverture des coquilles, on cherche attentivement les perles dans celles-ci. On choisit en outre les plus belles coquilles propres à fournir la nacre, et on laisse le reste. Malgré les exhalaisons pestilentielles qui s'exhalent d'un tel amas de pourriture, les pauvres du pays viennent ensuite glaner ce que les riches ont laissé par hasard.

Les perles libres sont ensuite choisies avec soin, nettoyées, perforées et enfilées par des ouvriers nègres, extrêmement adroits dans cette sorte d'industrie. Quant aux perles adhérant à la coquille, on les détache, puis on les arrondit, on les polit à leur point d'adhérence, ce qui se fait à l'aide d'une poudre fournie par les perles elles-mêmes.

Il est fort rare de trouver des perles possédant toutes les qualités recherchées, c'est-à-dire une grande régularité dans la forme ronde, ovale ou même de poire; une belle teinte blanche, vive, à reflets brillants; et enfin une grosseur considérable. Aussi celles qui réunissent toutes ces qualités sont-elles d'un prix excessif.

De Blainville.

Au nombre des perles célèbres par leur dimension et leur prix sont surtout les suivantes.

La perle que Cléopâtre fit, dit-on, dissoudre dans du vinaigre et avala pour surpasser Antoine en folies de tables, valait, d'après les auteurs, 1 500 000 francs. C'était un beau prix pour une gorgée de breuvage affreux.

Jules César offrit à Servilie une perle estimée à un million de sesterces, représentant 1 200 000 francs de notre monnaie. Ses brigandages en notre malheureux pays, la Gaule, devaient payer ce petit cadeau, ainsi que bien d'autres.

Il y a deux siècles, le schah de Perse acheta du voyageur Tavernier une perle au prix de 2 700 000 francs.

Dans des prix moins exorbitants, on cite: la perle donnée par la république de Venise à Soliman, empereur des Turcs, et estimée 400 000 francs; la perle achetée par Léon X au prix de 350 000 francs; la perle grosse comme un œuf de pigeon et de la valeur de 100 000 francs, qui fut présentée à Philippe II, roi d'Espagne.

J.-H. Fabre.

LXXIII

Les îles madréporiques.

Les Polypes sont de petits ouvriers silencieux, actifs, infatigables, qui sécrètent et organisent les gâteaux pierreux ou les axes qui les portent et les logent. Éclatante industrie, qui sera sans cesse un objet d'admiration ! population modeste, digne des plus grands éloges, réservée dans ce qu'elle consomme, magnifique dans ce qu'elle produit !

Fig. 55. — Vue d'une île madréporique.

Les Polypes aiment les régions chaudes de l'Océan et prospèrent mal dans les pays froids. Les uns forment des pelouses vivantes sous-marines qui tapissent les rochers; les autres composent des stalactites animées, de grands arbrisseaux, de petits arbres ou d'immenses forêts. Ces productions pierreuses, ou polypiers, occupent quelquefois des espaces immenses, qui grandissent sous les flots, s'élèvent en récifs, entourent les îles, les joignent entre elles, les unissent aux continents et comblent ainsi la profondeur des mers.

En 1702, un voyageur anglais, Strachan, observa que les Polypiers étaient capables de former de grandes masses de rochers. En 1780, Forster, savant compagnon du capitaine Cook, établit d'une manière positive que la plupart des îles de la mer du Sud doivent leur existence à la multiplication excessive et à l'agglomération compacte des Polypiers. Cette manière de voir a été confirmée par un grand nombre de marins, de zoologistes et de géologues.

Les Polypes sont réunis au fond de l'eau par masses innombrables. Ils absorbent les sels calcaires dissous dans les mers et en composent leurs cellules et leurs axes ; ils produisent ainsi des associations souvent colossales. Leurs germes tombent autour d'eux et donnent naissance à de

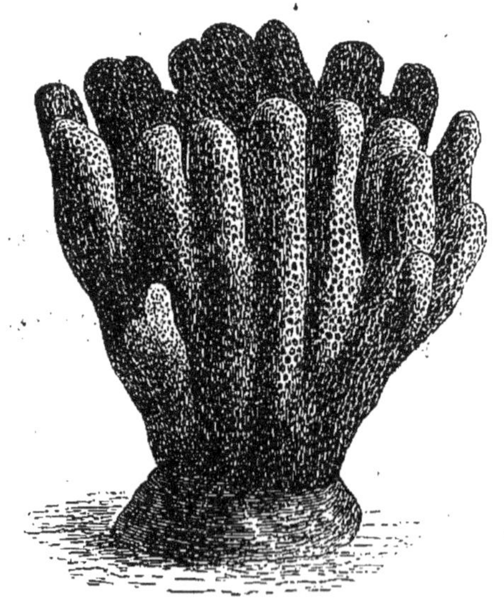

Fig. 56. — Madrépore.

nouveaux gâteaux. Les derniers venus s'élancent tout autour des premiers et au-dessus d'eux et les étouffent ; ceux-ci laissent après leur mort leurs cellules de pierre greffées les unes sur les autres. Ces couches de matière devenue inerte servent de fondement à de nouvelles générations, qui se superposent régulièrement comme les assises dans une maçonnerie. Il résulte de ces agglomérations gigantesques des rochers immenses qui atteignent jusqu'à deux ou trois cents lieues de longueur.

Ces rochers s'élèvent peu à peu du fond de la mer, sans trouble, sans effort, sans réaction. Au bout d'un certain temps, ils composent des îles; ces îles forment de vastes terres. Il faut des siècles, il est vrai, pour que ce travail s'accomplisse; mais le temps ne manque jamais à la nature.

Les auteurs de ces constructious séculaires sont des animalcules gélatineux, fragiles, chétifs, presque toujours microscopiques; mais ils sont extrêmement nombreux et se comptent par milliards. Ils peuvent donc produire, par l'entassement de leurs demeures, des maçonneries dont le

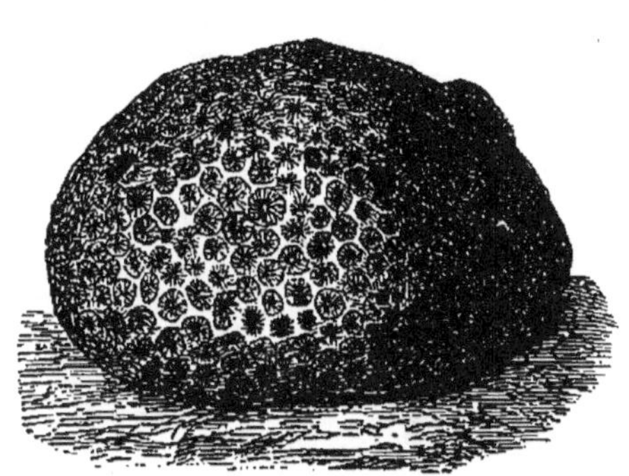

Fig. 57. — Madrépores.

genre humain tout entier, travaillât-il cent mille ans, ne bâtirait qu'une très faible partie!

Une fois arrivés à la surface de l'eau, les Polypiers cessent de croître, parce que leurs animalcules sont des êtres essentiellement aquatiques. Enfants de la mer, ils doivent vivre dans la mer; ils meurent à l'air et au soleil. Voilà pourquoi les couches les plus élevées de ces gigantesques édifices sont toujours privées de vie.

Les vagues qui se brisent contre ces îles ou ces rochers en détachent des quartiers, les roulent, les ballottent et les réduisent en poussière. Il en résulte d'abord un gravier blanchâtre parsemé de quelques blocs arrondis, puis un sable plus ou moins fin et plus ou moins grisâtre. Les flots apportent des restes de végétaux, de mollusques, de crustacés, de poissons. Ces restes se décomposent et se mêlent aux débris madréporiques : la terre végétale commence à se former. C'est ainsi que la Providence a fait surgir de l'Océan des espaces de terrains considérables.

Fig. 58. — Corail.

Le massif, monté au niveau de la mer, est bientôt envahi par la végétation et embelli par l'animalité. Les vagues y abandonnent quelques graines; celles-ci se développent. Les végétaux prennent pied dans le terrain, et l'île est bientôt couverte de verdure. Des troncs d'arbre arrachés par la mer sur les côtes voisines, et poussés par les courants, abordent sur la plage. Des vers, des coquillages, des insectes et d'autres petits animaux apportés avec ces troncs se hâtent de gagner la terre; ils y pullulent et en constituent la première population. Les tortues de mer accourent vers l'île naissante et viennent y déposer leurs œufs. Les oiseaux, attirés de loin par la verdure, arrivent pour s'y reposer et pour y construire leurs nids. Enfin, les habitants des îles voisines, chassés par quelque coup de vent ou séduits par la beauté du site et par l'abondance de ses fruits, s'y rendent avec leurs pirogues, y bâtissent des cabanes, y fondent une tribu; et l'industrie de l'homme complète et vivifie l'industrie des Polypes.

MOQUIN-TANDON.

LXXIV

Phosphorescence de la Mer.

La phosphorescence de la mer s'est montrée à moi sous deux formes différentes. Tantôt elle résultait d'étincelles plus ou moins nombreuses, mais toujours isolées, et ne donnant en rien l'idée d'un liquide lumineux par lui-même. Tantôt la lumière formait une teinte générale plus ou moins uniforme, et la matière phosphorescente semblait être dissoute dans l'eau elle-même.

Le premier mode de phosphorescence me paraît être propre aux côtes qui n'offrent que peu ou point d'abris, du moins dans nos parages. Je l'ai observé bien des fois sur les côtes occidentales de la France, même sur les points les plus exposés à l'action des courants et des vagues. A Chausey, j'ai vu des étincelles très nombreuses et très vives jaillir en quelque sorte sous chaque coup d'aviron. Le sillage de la barque semblait par moments comme semé de diamants; mais jamais ces étincelles, toujours très brillantes et pour ainsi dire instantanées, ne communiquaient à l'eau une teinte générale. Si, dans ces localités, la mer elle-même ne présente que rarement une phosphorescence remarquable, il n'en est pas de même des plantes marines qui viennent d'être abandonnées par la marée. J'ai vu des masses entières de fucus s'embraser, pour ainsi dire, lorsque je les secouais un peu rudement; mais alors même la lumière se montrait par points isolés et que l'œil distinguait assez aisément les uns des autres. Jamais les tiges ni les feuilles ne présentaient la teinte uniforme d'un métal rougi à blanc, et l'eau qui s'en écoulait librement n'était jamais lumineuse. En outre, le bord de la plage que la mer venait de laisser à sec restait parfaitement obscur. Tout au plus, en parcourant un espace quelquefois assez considérable, amenait-on l'apparition de quelques étincelles.

J'ai vu pour la première fois le second mode de phosphorescence autour du Stromboli. Ici, les effets de lumière devaient être favorisés par la teinte noire que présente la plage tout autour de ce cône volcanique. Du reste, à Boulogne, et probablement au Havre, à Dieppe, à Ostende, etc., ce phénomène se montre aussi complet et aussi curieux à observer que j'avais pu le voir au Stromboli.

A Boulogne, la phosphorescence se manifeste dans tout le port, excepté dans la portion qui reçoit immédiatement les eaux de la Liane. Elle est très prononcée dans la petite anse appelée le *Parc aux huîtres*.

Quelque favorables que fussent les circonstances dans lesquelles j'observais, l'eau tranquille était toujours parfaitement obscure; mais le moindre ébranlement amenait la manifestation de la lumière. Un grain de sable jeté sur cette surface sombre faisait naître une tache lumineuse, et les ondulations du liquide étaient autant de cercles lumineux. Une pierre de la grosseur du poing produisait les mêmes résultats d'une manière plus intense; et, de plus, chaque éclaboussure semblait une étincelle pareille à celles qui jaillissent d'un morceau de fer chauffé à blanc et frappé sur l'enclume. L'entrée d'un bateau à vapeur, dans les moments où la phosphorescence était très prononcée, était un spectacle magnifique; mais, une fois le calme revenu à la surface de l'eau, tout rentrait dans l'obscurité.

Le parc aux huîtres était toujours bordé d'une ceinture phosphorescente, résultant des ondulations incessantes de la mer, qui venaient heurter le rivage sous la forme de très petites vagues. A Boulogne comme au Stromboli, ces vagues lumineuses vues de loin présentent une teinte parfaitement uniforme d'un blanc mat, pâle. On dirait presque une simple écume résultant du choc du liquide contre la plage. A mesure que l'on se rapproche, cette apparence change : les vagues, en avançant vers le rivage, semblent comme couronnées par une légère flamme bleuâtre, justement comparée à celle d'un bol de punch. Arrivé tout à fait au bord du rivage, on voit ces mêmes vagues présenter souvent l'aspect de flots de plomb ou d'argent fondu, semés d'un nombre infini de petites étincelles d'un blanc vif ou d'un blanc verdâtre. Le spectacle est alors des plus beaux; et, après l'avoir vu sur une bien petite échelle, je comprends l'impression qu'il a dû laisser aux voyageurs qui ont pu le contempler, sous les tropiques, dans toute sa grandeur, dans toute sa magnificence. Voici les faits dont j'ai été témoin.

En se brisant sur le sable presque horizontal du parc aux huîtres, les vagues, quelque peu élevées qu'elles fussent, couvraient un espace assez étendu. Tout cet espace présentait alors une teinte uniforme blanche et luisante, sur laquelle se détachaient des myriades d'étincelles beaucoup plus vives et d'une teinte verdâtre ou bleuâtre. En promenant un peu rapidement un long bâton dans l'eau, le trajet présentait dans toute son étendue l'aspect d'une lame d'argent. De l'eau prise au hasard, et versée d'une certaine hauteur, ressemblait complètement à de l'argent fondu, et les moindres éclaboussures avaient la même apparence. Ces éclaboussures laissaient sur les mains et les habits des taches luisantes d'un éclat fixe, assez persistantes. Un chien étant venu aboyer après moi, je lui jetai le contenu d'une éprouvette. Il s'enfuit aussitôt pour éviter ce qu'il devait prendre pour du feu et ne menaça plus que de loin. Les mains plongées dans l'eau de la mer ressortaient d'abord entièrement lumineuses; mais, au bout de quelques secondes, elles étaient seulement marquées de nombreuses taches luisantes dont l'éclat constant et sans étincelles était assez durable. Le rivage récemment abandonné par la marée ne présentait d'abord aucune trace de phosphorescence; mais, au moindre ébranlement, il devenait lumineux et semblait littéralement s'embraser sous mes pas. Dans quelques circonstances, tout l'espace entourant le pied posé sur le sable prenait l'apparence de charbons ardents.

Les deux modes de phosphorescence que je viens de décrire ont également pour cause la présence d'animaux vivants, émettant directement la lumière; mais les espèces qui produisent le phénomène sont différentes.

1° A Chausey, à Bréhat, à Saint-Malo, à Saint-Vaast, j'ai bien des fois cherché quelle était la cause de ces vives étincelles que je voyais briller et disparaître si brusquement dans l'obscurité. Toujours j'ai rencontré des animaux vivants, et ces animaux étaient tous des Crustacés, des Ophiures ou des Annélides. Je trouvais d'ordinaire les premiers dans l'eau puisée à une certaine distance des côtes. Les seconds habitaient ou sous les pierres, ou dans les masses de fucus. C'était surtout aux Annélides que les fucus devaient leur éclat lumineux.

Ces résultats expliquent toutes les circonstances du premier mode de phosphorescence. Les Crustacés, animaux à mouvements énergiques et à locomotion étendue, ne peuvent guère s'accumuler sur un même point, en quantité suffisante pour que les étincelles se confondent en une lueur uniforme. Rien, d'ailleurs, dans les habitudes des espèces que j'ai observées, ne peut faire supposer qu'ils soient portés à se réunir en troupes nombreuses. La taille des Ophiures s'oppose à ce qu'il en soit ainsi pour eux. Les plus petits Annélides se prêtent difficilement, et par les mêmes raisons, à ce résultat. Aussi la lumière produite par ces divers animaux se montre-t-elle toujours par points plus ou moins rapprochés, mais jamais réellement confondus.

2° A Boulogne, au contraire, l'eau lumineuse s'est montrée exclusivement chargée de Noctiluques. La petitesse de ces animaux et leur extrême multiplication expliquent très bien le mode particulier de phosphorescence de la mer rendue lumineuse par leur présence. Le diamètre des Noctiluques varie de 1/5 à 1/3 de millimètre environ; mais leur multiplication extrême fait plus que compenser ces faibles dimensions, car chaque gouttelette d'eau en renferme plusieurs. Voici quelques nombres qui donneront une idée du nombre immense de ces animalcules.

En puisant au hasard dans une vague bien brillante, je remplis un tube de 1 décimètre environ de hauteur. Au bout de quelque temps de repos, la couche formée par les Noctiluques à la surface du liquide avait 1 centim. 5 d'épaisseur. Ainsi, les Noctiluques entraient pour 1/7 environ dans la composition de l'eau phosphorescente. En puisant seulement à la surface de la mer, le rapport était presque de 1/3.

D'après ces nombres, il est facile de comprendre comment la mer, rendue lumineuse par les Noctiluques, peut présenter cet éclat uniforme qui fait naître invinciblement l'idée d'une dissolution phosphorescente. Quand la surface de l'eau est tranquille, comme dans un port bien abrité, les Noctiluques, grâce à leur légèreté spécifique, forment une couche continue, et le plus petit ébranlement suffit pour que cette surface sombre se couvre pour ainsi dire d'une nappe lumineuse. Lorsque le mouvement du flot vient à la fois disséminer dans une masse liquide tous ces animalcules et en même temps provoquer d'une manière soutenue leur phosphorescence simultanée, ces myriades de points lumineux, placés dans les diverses couches de la vague, se confondent en une teinte générale. De loin, l'œil ne voit qu'une lueur continue uniforme, et de près il ne distingue que les étincelles les plus vives, ou celles qui sont émises par les animaux placés immédiatement à la surface du liquide. Ces vagues brillantes sont, pour ainsi dire, autant de nébuleuses que la vue ne résout qu'en partie.

De Quatrefages.

La *Noctiluque miliaire* est un des Infusoires pélagiens qui contribuent le plus à la phosphorescence de la mer. Un centimètre cube d'eau peut en contenir près de 800. C'est un globule de gelée transparente, de forme sphérique plus ou moins régulière; un peu déprimé au-dessous et portant au centre de la dépression un tentacule filiforme, qui figure a queue d'une pomme au centre de l'ombilic du fruit. Ce tentacule paraît être tubuleux et se terminer par un suçoir. Dans l'intérieur du globule gélatineux sont des points lumineux, qui s'éteignent et se rallument avec rapidité. La moindre agitation provoque leur éclat.

La phosphorescence de la mer est encore déterminée par des Méduses, des Astéries, des Mollusques, des Annélides, des Crustacés et même des Poissons. Ces animaux engendrent la lumière comme la Torpille engendre l'électricité. Ils multiplient et diversifient les effets du phénomène. La lumière qu'ils produisent passe tantôt au verdâtre, tantôt au rougeâtre. A certains moments, on croit voir, dans le sombre royaume, des disques rayonnants, des plumets étoilés, des franges flamboyantes. Plusieurs animaux paraissent de loin comme des masses métalliques chauffées à blanc, ou comme des bouquets de feu lançant des étincelles. Il y a des festons de verre de couleur comparables aux guirlandes de nos illuminations publiques, et des météores incandescents, allongés ou globuleux, qui se poursuivent à travers les vagues, montent, descendent, s'atteignent, se groupent, se confondent, se disjoignent, décrivent mille courbes capricieuses, et s'éteignent pour se rallumer et se poursuivre de nouveau.

Spallanzani a fait un grand nombre d'expériences sur la lumière des Méduses, particulièrement sur celle de l'*Aurélie phosphorique*. La source de la phosphorescence est due à la sécrétion d'un liquide visqueux qui suinte à la surface du corps. Si l'on mêle cette humeur à d'autres liquides, ceux-ci deviennent plus ou moins lumineux. Une seule Aurélie pressée dans 850 grammes de lait de vache rendit ce lait si brillant, qu'on put lire une lettre à un mètre de distance.

MOQUIN-TANDON.

Les mers, surtout dans les régions tropicales, sont extrêmement riches en espèces animales phosphorescentes. Les plus remarquables sont les *Noctiluques* et les *Pyrosomes*

Les *Noctiluques* sont de petits points gélatineux, transparents et terminés par un filament mobile. Cinq de ces animalcules placés bout à bout mesureraient un millimètre. Les *Pyrosomes* ont la forme de cylindres creux de la grosseur du doigt. Ils sont aussi gélatineux et transparents.

Ici, la surface de l'Océan brille dans toute son étendue et paraît rouler des métaux en fusion. Le vaisseau qui fend la vague fait jaillir sous sa proue des flammes rouges et bleues. On dirait qu'il s'ouvre un sillon dans du soufre embrasé. Des étincelles montent par myriades du sein des eaux; celles de nos feux d'artifice pâliraient à côté. Des nuages phosphorescents, des écharpes de lumière, errent dans les flots. Ailleurs, sur la mer sombre, voici des bandes de Pyrosomes qui se laissent bercer par la vague. Groupés en guirlandes et resplendissants d'éclat, ils feraient croire à des chapelets de lingots de fer chauffés à blanc. Comme l'acier se refroidissant au sortir du brasier, ils varient de nuance d'un moment à l'autre : du blanc étincelant, ils passent au rouge, à l'aurore, à l'orangé, au vert, au bleu d'azur; puis, ils se rallument soudain et jettent des éclairs plus vifs. Par intervalles, quelqu'une de ces guirlandes de feu ondule, pareille à un serpenteau d'artifice, se déploie, se reploie, se pelotonne et plonge dans les flots, semblable à un boulet rouge. Ailleurs encore, la mer, aussi loin que la vue peut porter, n'est qu'une plaine de lait, tout imprégnée d'une douce lueur, comme si du phosphore était dissous dans ses eaux.

J.-H. FABRE.

FIN

TABLE DES MATIÈRES

Coulommiers. — Typ. Paul BRODARD.

A LA MÊME LIBRAIRIE

COURS ÉLÉMENTAIRE DE COSMOGRAPHIE, destiné aux institutions et pensions de jeunes personnes, par M. A. DUMOUCHEL, ancien inspecteur d'Académie. 1 vol. in-18, avec planches, cartonné. 1 10

PREMIÈRES NOTIONS D'HISTOIRE NATURELLE, par M. FÉLIX HÉMENT, professeur à l'École Turgot. 1 vol. in-18 jésus, avec figures, broché. 2 25
Cartonné. 2 50

ÉLÉMENTS D'HISTOIRE NATURELLE, par M. C. DE MONTMAHOU, professeur à l'École Turgot. 3 vol. in-18 jésus, avec figures, cartonnés :
- 1re partie. PHYSIOLOGIE ET HYGIÈNE. 1 75
- 2e partie. ZOOLOGIE. 2 50
- 3e partie. BOTANIQUE. 2 50

PREMIÈRES NOTIONS DE MÉTÉOROLOGIE et de physique du globe, par M. FÉLIX HÉMENT. 1 vol. in-18 jésus, cartonné. 1 75

LE CIEL. Leçons élémentaires de cosmographie, par M. HENRI FABRE, professeur au lycée d'Avignon. Nouvelle édition. 1 vol. in-18 jés., avec figures, cartonné. . . . . 2 »

LA TERRE ou physique du globe, par LE MÊME. Nouvelle édition. 1 vol. in-18 jésus, avec figures, cartonné. . . . . 2 »

PHYSIQUE, par LE MÊME. Nouvelle édition. 1 vol. in-18 jésus, avec figures, cartonné. . . . . 2 »

ATLAS CLASSIQUE de géographie physique et politique, ancienne, du moyen âge et moderne, par MM. CH. BARBERET et CH. PÉRIGOT. 1 vol. grand in-4, contenant 79 cartes gravées sur acier et coloriées, cartonné. . . 12 50

LA FRANCE ET SES COLONIES. Climat, administration, industries, commerce, grandes villes, population, etc., par M. E. LEVASSEUR (de l'Institut). 1 vol. in-18 jésus, avec figures, cartonné. . . . . 3 »
— Atlas correspondant, par MM. LEVASSEUR et CH. PÉRIGOT. Petit in-4, cartonné. . . . . 3 »

LES GRANDES ÉPOQUES DE LA FRANCE, des origines jusqu'à la Révolution, par MM. HUBAULT et MARGUERIN. 2 vol. in-18 jésus, cartonnés. . . . 3 50

MYTHOLOGIE. (Cours élémentaire), par MM. RIQUIER et TIVIER. 1 vol. in-18, cartonné. 1 25

HISTOIRE DE FRANCE, par M. G. OZANEAUX (ouvrage couronné par l'Académie française). Nouvelle édition, 2 forts vol. in-18 jés., avec vign. br. 7 50

RÉCITS HISTORIQUES ou choix de lectures puisées dans les écrivains anciens, par M. C.-A. DAUBAN, conservateur à la Bibliothèque impériale. 4 vol. in-12, avec vignettes, cartonnées :
- 1re partie. HISTOIRE SAINTE. . . . . » 75
- 2e partie. HISTOIRE ANCIENNE (Orient). . . . . » 75
- 3e partie. HISTOIRE GRECQUE. 2 25
- 4e partie. HISTOIRE ROMAINE. 3 75

TRAITÉ DE L'ART ÉPISTOLAIRE à l'usage des maisons d'éducation, par M. l'abbé J. VERNIOLLES. 1 vol. in-18 jésus, cartonné. . . . . 2 »

COURS ABRÉGÉ DE LITTÉRATURE à l'usage des jeunes personnes, par LE MÊME. Nouvelle édition. 1 vol. in-18 jésus, cartonné. 2 75

PRINCIPES DE RHÉTORIQUE ET DE LITTÉRATURE appliqués à l'étude du français, par M. A. DIDIER. 1 vol. in-18 jésus, cartonné. 1 75

Sceaux. — Impr. et stér. de Charaire et fils.

www.ingramcontent.com/pod-product-compliance
Lightning Source LLC
LaVergne TN
LVHW011945220826
846092LV00001B/90

9782019228095